普通高等教育"十四五"规划教材

# 弧焊电源

主编　李　娟　罗少敏　赵宏龙

扫码获取本书资源

北　京
冶　金　工　业　出　版　社
2023

## 内 容 提 要


本书以电弧物理基础和弧焊电源基础为依据，对各类弧焊电源的组成结构、工作原理、电气特性进行了系统阐述。内容主要包括弧焊变压器、直流弧焊发电机、硅弧焊整流器、晶闸管式弧焊整流器以及逆变式弧焊电源，重点对应用广泛的晶闸管式弧焊整流器和逆变式弧焊电源进行了阐述。最后，对弧焊电源的数字化控制和选择使用进行了简述。

本书可作为普通高等教育材料成型及控制工程专业、焊接技术与工程专业的教材，亦可供焊接加工的工程技术人员参考。



**图书在版编目(CIP)数据**

弧焊电源/李娟，罗少敏，赵宏龙主编. —北京：冶金工业出版社，2021.5（2023.11 重印）

普通高等教育“十四五”规划教材

ISBN 978-7-5024-8832-1

Ⅰ.①弧…　Ⅱ.①李…　②罗…　③赵…　Ⅲ.①电弧焊—电源—高等学校—教材　Ⅳ.①TG434.1

中国版本图书馆 CIP 数据核字（2021）第 097547 号

**弧焊电源**

| | | | |
|---|---|---|---|
| **出版发行** | 冶金工业出版社 | **电　话** | (010)64027926 |
| **地　址** | 北京市东城区嵩祝院北巷 39 号 | **邮　编** | 100009 |
| **网　址** | www. mip1953. com | **电子信箱** | service@ mip1953. com |

责任编辑　高　娜　美术编辑　吕欣童　版式设计　郑小利

责任校对　梁江凤　责任印制　禹　蕊

北京富资园科技发展有限公司印刷

2021 年 5 月第 1 版，2023 年 11 月第 2 次印刷

787mm×1092mm　1/16；13 印张；314 千字；197 页

**定价 39.00 元**

**投稿电话　(010)64027932　投稿信箱　tougao@cnmip. com. cn**

**营销中心电话　(010)64044283**

**冶金工业出版社天猫旗舰店　yjgycbs. tmall. com**

（本书如有印装质量问题，本社营销中心负责退换）

# 前　言

焊接技术是制造业的重要组成部分，而焊接电源则是焊接领域的重要分支。为满足高等院校、企事业单位的焊接技术专业人才的培养要求，我们编写了本书。

本书共包含8章。第1章为绪论，主要介绍弧焊电源的发展、分类、特点以及本课程的任务。第2章为电弧物理基础，主要介绍电弧的物理基础、电弧的电特性以及电弧的分类。第3章介绍弧焊电源基础，主要讲述电弧对弧焊电源的要求，以及弧焊电源的外特性、调节特性及动特性的概念和要求。第4章讲述弧焊变压器，从普通电力变压器基础出发，引出弧焊变压器与普通电力变压器的区别，进一步阐述弧焊变压器的工作原理和电气特性。第5章为直流弧焊变压器和硅弧焊整流器，从发电机的基础出发，引出弧焊发电机的工作原理和特性控制，再简单介绍硅弧焊整流器的工作原理和特性控制。第6章介绍晶闸管式弧焊整流器，从晶闸管弧焊整流器基础开始，首先阐述所涉及的电学基础和概念，然后重点讲述整流主电路工作原理、输出波形和外特性控制。第7章讲述逆变式弧焊电源，从介绍各类半导体功率器件开始，然后重点讲述输入整流滤波电路、逆变主电路、输出整流滤波电路的工作原理以及逆变式弧焊电源的特性控制。第8章简单介绍弧焊电源的数字化控制和选择使用。

本书是在参考现行弧焊电源相关教材、焊接相关书籍、电学相关书籍的基础上进行编写的，注重弧焊电源知识与基础知识之间的衔接，注重各章节内容所需基础知识的补充，同时避免一些深奥的理论，对部分相对深入的理论进行了详细阐述，特别适合于电学基础相对薄弱的读者快速进入弧焊电源学习状态。本书在讲述科学知识的基础上，根据编者的理解，加入了部分与工匠精神、哲学思维、个人品格相关的课程思政内容，力图为本书注入新意。

本书主要由贵州理工学院材料与能源工程学院从事焊接专业教学的教师编

写完成。赵宏龙负责第 1 章、第 8 章的编写，其余各章由李娟、罗少敏编写，李娟负责全书的统稿工作。

本书在编写过程中，参阅了有关书籍和文献资料，在此向其作者表示衷心的感谢。

由于编者水平所限，书中难免有不足之处，敬请读者批评指正。

编 者

2021 年 1 月

# 目　录

# 1 绪　论

焊接技术作为一种先进的制造技术，在工业生产和国民经济建设中起着非常重要的作用，广泛地应用于机械、汽车车辆、船舶制造、石油化工、电力、电子、国防工业和航空航天等领域。目前，在工业发达国家工业生产中，焊接结构件的钢材量占钢材产量的50%左右，大量有色金属和高温合金的结构件也采用焊接技术实现连接。随着科技革命的兴起，具有特殊性能的新型结构材料的不断涌现，对焊接技术也提出了更高的要求，焊接技术也越来越受到各行各业的密切关注；同时，随着我国从制造大国向制造强国的边进，作为钢铁缝纫机技术的焊接技术将具有举足轻重的作用。

焊接有很多种方法，电弧焊接技术作为一种传统的焊接方法，其采用电极与工件之间的电弧作为热源来熔化工件进行焊接，是目前应用最广泛的焊接方法。根据其工艺特点的不同，电弧焊又可以分为焊条电弧焊、氩弧焊、埋弧焊（熔剂层下埋弧焊）、钨极氩弧焊、$CO_2$ 气体保护焊、MAG/MIG 气体保护焊和等离子弧焊等。

不同的电弧焊工艺需要配备相应的电弧焊机。焊条电弧焊的焊机由弧焊电源装置和焊钳组成；气体保护焊和等离子弧焊均是由弧焊电源装置、送丝机构、焊枪以及气路和水路系统组成的半自动、自动电弧焊机。

弧焊电源作为对焊接电弧提供电源的专用设备，是电弧焊接机中的核心部件。它必须具备电弧焊接所要求的主要电气特性。也就是说，焊接电源具有给焊接电弧供给电能（电流和电压）和适宜电弧焊（电弧切割）工艺所需电气特性的作用。弧焊电源的控制，即对弧焊电源电气性能的静动态特性以及参数进行控制和调节。本课程将对弧焊电源及其数字化控制技术的核心内容给予系统性的讲解。对于与其配套的其他设备和附件部分，将在有关课程中进行讲述。

显然，要保证电弧的稳定燃烧和焊接过程的顺利进行，并且获得高质量的焊接接头，性能良好、工作稳定的弧焊电源及其控制技术是非常关键的。先进的弧焊电源和控制技术也是先进弧焊工艺实现的必备条件。因此，只有对弧焊电源及其数字化控制技术的基本原理、结构特点和电气特性进行深入的研究，才能更好地认识和使用弧焊电源，从而创造出新型的弧焊电源，促进电弧焊接技术的工业化进程。

## 1.1　弧焊电源的分类

弧焊电源的分类方法很多，不同的分类方法其结果也不相同。按照电源输出电流的种类分类，可以分为直流弧焊电源、交流弧焊电源和脉冲弧焊电源；根据弧焊电源结构原理可以分为交流弧焊电源、直流弧焊电源、脉冲弧焊电源、逆变式弧焊电源（或称弧焊逆变器）；根据弧焊电源的输出特性可以分为平特性（恒压特性）电源、缓降特性电源、垂直陡降特性（恒流）电源以及多特性电源等；根据不同焊接方法应用的弧焊电源分类，又可分为焊条电弧焊电源、埋弧焊电源、等离子弧焊电源、氩弧焊电源和 $CO_2$ 气体保护焊电源等。

根据弧焊电源结构特点的不同，还可以将其细分为多种形式，如图 1-1 所示。

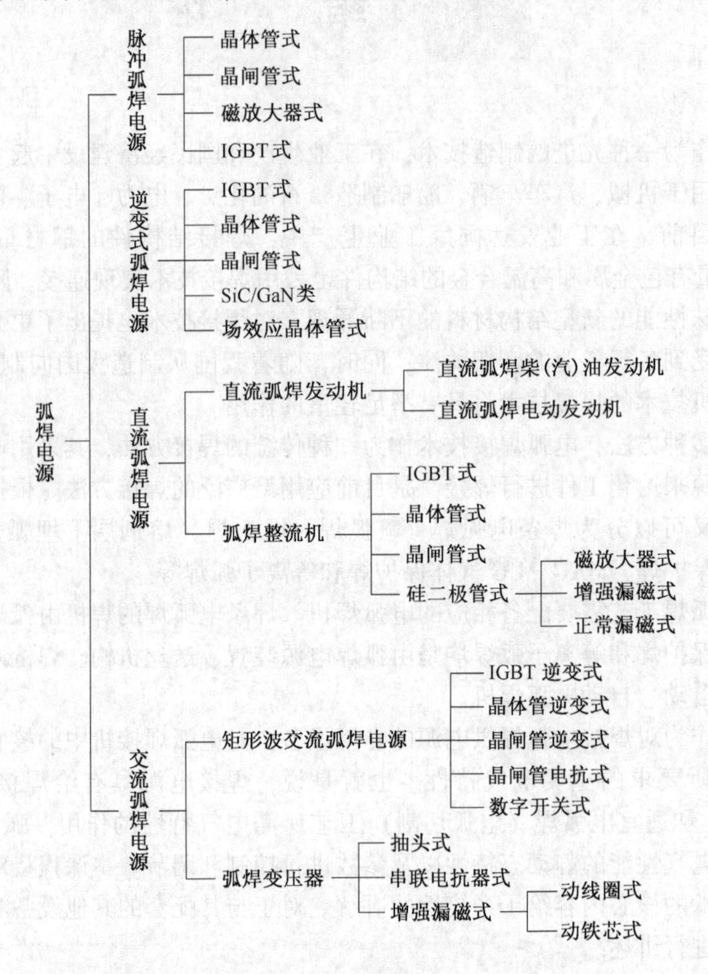


图 1-1 弧焊电源的分类

弧焊电源的控制技术则可以分为以下几种类型：

(1) 机械式控制。

(2) 电磁式控制。

(3) 模拟电子式控制。

(4) 数字式控制。其中包括：1) 单片机控制；2) PLC/PLD 控制；3) ARM 控制；4) DSP 控制。

## 1.2 各种弧焊电源的特点和应用

(1) 交流弧焊机。交流弧焊机又称弧焊变压器，是一种特殊的变压器，它把电网上的交流电转变为适宜于弧焊的低压交流电，由主变压器和所需的调节部分和指示装置组成。它具有结构简单、易造易修、成本低、磁偏吹小、噪声小和效率高等优点，但是其电流波形为正弦波，电弧稳定性差，功率因数低，空载损耗小，磁偏吹现象很少产生，一般应用于手工焊、埋弧焊和钨极氩弧焊等焊接方法。

（2）脉冲弧焊电源。焊接电流以低频（或高频）调制脉冲方式周期性的馈送，包括基本电流和脉冲电流两部分，一般由普通的弧焊电源与脉冲发生电路组成，也可以由一个弧焊电源产生脉冲波形。它具有电弧稳定性好、效率高、热输入较小、电弧工艺参数可调性好、热输入可控范围宽、裂纹倾向小、多参数变换与优化匹配等优点。主要用于气体保护焊、等离子弧焊、埋弧焊等，对于对热输入较为敏感的合金材料、对线能量要求严格的结构以及薄板和全位置焊接方面具有独特的优势。各种脉冲弧焊电源引领着脉冲电弧工艺进入了一个新的发展时期，其应用也越来越广泛。

（3）矩形波交流弧焊电源。它采用半导体控制技术（电子电路）来获得矩形波交流电流以及所需的外特性和动特性。与传统的正弦波交流弧焊电源相比，它的电源换向时间短，电弧稳定性好，可调参数多，功率因数高，并能适应多种焊接方法的要求，能用于有色金属及合金材料的焊接。

（4）直流弧焊发电机。它是在焊接过程中提供直流电的发电机，主要由三相交流异步机和直流发电机构成的同轴发电机组、控制箱和电流调节器等组成。它的空载损耗较大、效率低、噪声大、造价高、制造复杂、维修难，但其过载能力强、输出脉动小、输出电流稳定，电弧稳定，焊接质量好，可用作各种弧焊方法的弧焊电源，也可由柴（汽）油机驱动用于没有供电网的野外施工。

（5）弧焊整流器。它是一种用整流元件将交流电整流为直流电的焊接电源。由主变压器、半导体整流元件和外特性调节机构等组成。与传统的直流弧焊发电机相比，具有噪声小、空载损耗小、成本低和制造方便等优点，并且大多数可以实现远距离调节，能够自动补偿因电网电压波动对输出电压及电流的影响。它可以作为各种弧焊方法的电源。

（6）弧焊逆变器。它把单相（或三相）交流电输入整流器，经整流由逆变器转换为几千至几万赫兹的中高频电流，经降压后输出交流或直流电。整个过程由模拟电子电路控制或数字电路控制及反馈电路比较控制，使弧焊电源具有符合需要的外特性、调节特性和动特性，以及输出焊接电压、电流波形，甚至可以实现多特性、多参数交换与优化匹配的柔性控制。它具有高效节能、体积小、重量轻、适应性强、可控性能好、功率因数高和焊接性能好等独特的优点，可应用于各种弧焊方法，是一种最有发展前途的新型焊接电源。

## 1.3　弧焊电源的发展历程及趋势

19 世纪初俄国科学家发现了电弧放电现象。1885 年俄国人别那尔道斯发明的碳极电弧可看作是电弧作为热源应用的开始，从此开创了焊接技术发展的新纪元。而电弧真正应用于工业是 1892 年发明金属极电弧后，尤其是 1930 年前后出现了药皮焊条，金属极电弧得到了发展，电弧焊从此真正大量用于工业生产。20 世纪 40 年代焊接技术的发展又迈入了一个新时期，首先是埋弧焊的研制成功；而随着航天与原子能等技术的发展，为了满足铝、镁及合金等新材料的焊接，出现了氩弧焊。20 世纪 50 年代又相继出现了 $CO_2$ 等各种气体保护焊，并研究出高能量密度的等离子弧焊等。

随着焊接技术的发展，弧焊电源也得到发展。最初用于电弧焊的弧焊电源是直流弧焊发电机，20世纪20年代，除直流弧焊发电机外，已开始采用成本低廉、结构简单的交流弧焊变压器；20世纪40年代出现了用硒片制成的弧焊整流器；到了20世纪60年代，由于大量硅整流元件、晶闸管的研制成功，为硅弧焊整流器、晶闸管式弧焊整流器等的发展提供了有利条件；到20世纪70~80年代，弧焊电源的发展更是出现飞跃：多种形式的弧焊整流器相继出现和完善，成功研制出多种形式的脉冲弧焊电源。自从1972年成功研制第一台晶闸管逆变弧焊电源后，各种高效节能的晶闸管式、晶体管式、场效应管式、绝缘栅双极型晶体管（IGBT）式的逆变弧焊电源研制成功，尤其是到了20世纪90年代，功率半导体器件取得了突破性的进展，逆变弧焊电源的工业化进程也随之发生跃变。目前逆变弧焊电源已经成为主要的弧焊电源产品之一。在美国，逆变弧焊电源的产量占弧焊电源总产量的比例已经超过30%，而日本则已超过50%。

20世纪90年代初期Fronius公司的Lahnsteiner Robert指出，现代气体保护电弧焊（GMAW）电源应该满足多方面不同的需求，例如脉冲焊接、短路过渡焊接、射流过渡焊接和高熔敷率焊接等；大量焊接参数的设计应满足Synergic控制（一元化控制）以使焊接电源便于操作。为了满足新的质量控制要求，焊接电源必须实时记录焊接参数、识别偏差量。在此思想的基础上，并随着新型的功能强大的数字化处理器DSP的研发成功，1994年Fronius公司推出了全数字化焊接电源，随后各大焊接电源生产企业也推出了各自的数字化焊接电源产品。因此，弧焊电源开始进入了一个新的发展时期。

从弧焊电源诞生到现在已经有了100多年的发展历史，它总是伴随着科技的进步而发展。20世纪70年代以来，弧焊电源的发展是日新月异的，其发展主要表现在以下几个方面：

（1）多种形式的弧焊整流器相继出现和完善，它们正在逐步取代直流弧焊发电机。在某些工业发达国家，除在野外作业采用以柴（汽）油机作为原动机的弧焊发电机外，基本上都采用弧焊整流器。

（2）多种型号脉冲弧焊电源的研制成功，为焊接质量的提高和适应全位置焊接提供了性能优良的弧焊电源。

（3）高效节能、轻便小巧、性能好的晶体管式、晶闸管式和场效应晶体管式弧焊逆变器的陆续研制成功，在焊接领域具有更新换代的重要意义，并正在逐渐推广和工业化应用。

（4）传统式弧焊变压器被半导体控制的矩形波交流弧焊电源逐步取代，从而进一步提高了交流电弧的稳定性，扩大了交流弧焊电源的应用范围。

（5）现代控制理论和技术的应用，例如模糊理论控制技术、数字控制技术、变结构控制技术、复合控制技术等，实现了任意外特性的控制与切换、动特性控制、熔滴过渡波形控制、焊接参数程序控制、焊接参数一元化控制、焊接专家系统控制等。

（6）微机控制技术在弧焊电源中得到广泛的应用，弧焊电源具备了记忆、存储、预置以及焊接过程中焊接参数自动变换等功能，计算机网络技术使弧焊电源可实现远程控制、性能升级等。

（7）弧焊电源控制技术的改进与发展。它具体包括：

1）单旋钮调节，即用一个旋钮就可以同时对弧焊电压、电流和短路电流上升率等进行调节，并获得最佳配合。

2）通过电子或数字化控制电路获得多种形状的外特性，以适合各种弧焊工艺发展的需要，除了获得常用的平特性、下降特性和恒流特性之外，还可以获得各种形状的外特性。

3）可以提供多种电压、电流波形，以满足某些弧焊电源的特殊需要。

4）低压小电流引弧，在钨极氩弧焊引弧时，空载电压仅有6V或更低，工作电压在引弧后迅速增加。在短路接触引弧时，由于电压低而不会出现过大的冲击电流，可以防止工件和钨极严重污染；其次，不必加高频电压或脉冲高压就可以引燃电弧，防止对微机控制的干扰。

5）电压电流值测试、显示系统的改进。从指针式电压、电流表，发展到数字电表和具有检测报警功能的检测系统，并且可以在焊接前预置好焊接电压值和焊接电流值。

6）随着微机控制技术的发展，出现了微机控制的弧焊电源，具有记忆、预置焊接参数和焊接过程中自动变换焊接参数等功能，使弧焊电源的控制智能化。

在20世纪末21世纪初，弧焊电源及其控制技术的发展进入高效、高性能和数字化的新阶段。

随着国民经济和各工业部门的发展，尤其是在20世纪七八十年代，我国实行对外开放政策以来，电弧焊机的研制和生产迅速发展，新型电弧焊机相继涌现。国外所拥有的各种基本形式的电弧焊机，大多数在国内已能实现自主设计和制造，并且已经拥有数千家电弧焊机制造厂家，能够设计和生产几百个规格的电弧焊机，其中弧焊电源就拥有100多个型号。

然而，目前我国弧焊电源和电弧焊机制造、研制的状态，与正在蓬勃发展的工业需求仍不相适应，产品的类型、数量、质量、性能和自动化程度远远不能满足各使用部门的需求，广大焊接技术工程人员努力从事弧焊电源的研制和开发，充分利用电子技术和大功率电子元件，不断改善和提高产品的质量、可靠性和稳定性，特别是要大力发展高效节能省料、性能优良的新型弧焊电源，研制和发展弧焊电源及其控制技术的基础理论，积极研制微机控制的智能弧焊电源，进而使弧焊电源的发展迈进新阶段。具体体现在以下几方面：

（1）IGBT式弧焊逆变器的研制成功，经历了晶闸管式→晶体管式→场效应晶体管式→IGBT式等结构形式、品种的变化和发展历程，IGBT式逐渐成为主导的弧焊逆变器，迅速发展和推广，从硬开关型发展到软开关型，最近几年又在现有Si基功率器件的基础上，向宽带隙、高热导率、高击穿电场、高稳定性等的新一代SiC、GaN基功率器件发展，并在大功率应用场合下具有更高的可靠性、更高性能、更高效率以及更加轻量化、智能化和模块化。

（2）短路熔滴过渡电流波形的数字化控制的成功应用使飞溅减少，提高了焊接过程的稳定性。借助现代微电子、信息技术，设计专用的新型控制系统，在短路弧焊过程中降低电弧重燃时出现的局部能量高峰，让电弧“变冷”成为“冷电弧”，以满足超薄镀锌板、铝合金、异种材料及复合材料等的焊接，实现了低热能、无飞溅、精密优质焊接工艺的特殊需求；完善一元化的调节技术；开发研制了双脉冲MIG弧焊电源，高精度控制脉冲MIG焊的多参数及其优化匹配，扩大稳定的工作调节范围，使焊缝的成形与质量得到了明显的改善。

(3) 数字化的控制技术向纵深发展，实现了从单片机控制→PLC/PLD 控制→ARM 控制→DSP 控制的发展过程。对弧焊电源电气性能的静动态特性与多参数的变换，优化匹配，以及对输出的电压、电流波形等进行任意的控制、调节和储存，做到一机多功能，可对多种焊接材料进行高质量的焊接。为获得最佳的脉冲弧焊的工艺效果和便于对脉冲多参数的调节和优化匹配，还设有专家系统，进而对弧焊电源的静、动态特性的原理及其优化、协调数字化/智能化控制技术进行研究，特别是充分了解和掌握动态特性，把熔焊工艺这个“粗活”做细、做好、做精。

(4) 多个弧焊电源的组合工作与协同数字化控制，实现了双丝、三丝高速高效 MIG/MAG 脉冲焊/弧焊新焊接工艺。

随着社会的不断进步，经济建设的发展，对制造加工技术也不断提出新要求，计算机视觉、人工智能、机器人、大数据等先进技术的飞速发展促使制造业的进步与变革。对于焊接加工而言，如何提高焊接生产效率，保证焊接接头的质量成为现代焊接加工的关键。而引入计算机提高视觉技术、数字化信息处理技术、机器人技术、大数据技术、人工智能技术等现代高科技技术，也促使了弧焊技术向着焊接工艺高效化、焊接电源数字化、焊接质量控制智能化、焊接生产柔性化等方向发展。而今后的弧焊电源将进一步向轻量化、模块化、柔性化、集成化、智能化、信息化、节能、环保等方向发展，并且随着人们能源意识、环保意识的增强，节能环保型的绿色弧焊电源必将是未来弧焊电源发展的主要方向之一。

## 1.4 本课程的性质、任务、要求和分工

(1) 性质。本课程是理论性和实践性结合较强的专业课。

(2) 任务。使学生掌握各种常用弧焊电源的分类及其工作原理的基本理论、基本知识和实验技能，并能够根据不同弧焊工艺方法正确地选择、使用和维护弧焊电源，并制定简单的焊接工艺方案。

(3) 要求。通过本课程的学习，学生应达到以下基本要求：

1) 了解电弧产生的基本机理，电弧静特性的形成，电弧的动特性，交流电弧的特点以及稳定燃烧的条件和影响因素。

2) 深入了解弧焊电源的性能与电弧稳定性和焊接参数稳定性之间的关系，并且能够从工艺的角度对弧焊电源提出相应要求。

3) 掌握常见弧焊电源获得不同外特性的基本原理和调节方法。

4) 熟悉弧焊电源的性能特点，能够正确地选择与合理使用各种类型的弧焊电源和具备排除常见故障的能力。

5) 掌握弧焊电源的控制和数字化技术的基本方法、特点、原理与应用。

6) 了解领域最新弧焊电源的研制与应用。

本课程与其他课程的联系和分工：

1) 本课程的先修课程为“电工学”，包括其中的磁路、电抗器、变压器、直流发动机、硅整流电路、晶闸管、晶体管、场效应晶体管、IGBT、SiC 和 GaN 功率器件、快速整

流管、电力元件、微电子、磁性材料等及其应用等与本门课程有关的基础理论知识部分。

2）本课程应安排在认知学习之后，以便在授课前学生对各种弧焊方法及所用设备已有一定的感性认知。

3）本课程作为专业先行课之一，为学习其他专业课提供必要的弧焊电源知识。

4）本课程在电弧方面只讲授电弧的电特性，电弧的其他知识会在其他课程中讲授。

# 2 电弧物理基础

焊接是一门实践性很强的专业，本章所要学习的焊接电弧的相关知识是经过很多年的研究与发展，从实践中总结出来的，因此学习这些理论的过程，实际上就是爬上巨人肩膀的过程。当然，学习理论是为了更好地指导实践，在本门课程后面的学习中，大家会体会到焊接电弧基础理论对焊接电源发展的重要影响。这实际上也是“实践和认识的辩证关系”，也是人类认识事物的重要方法之一：（1）实践决定认识，是认识的基础。实践是理论的来源，是理论发展的根本动力、是理论的最终目的、是检验真理的唯一标准。（2）认识对实践有能动的反作用，认识产生的最终目的是为了更好地指导实践。真理和科学理论对实践有巨大的推动作用。通过本章的学习，相信读者更能领会弧焊电源设计制造中的核心要义。

本章主要讲述焊接电弧的物理本质、焊接电弧的引燃、焊接电弧的结构及压降分布、焊接电弧的电特性、交流电弧的特点及连续燃烧条件、影响交流电弧稳定性的因素及提高其电弧稳定性的措施。焊接电源是为电弧提供能量的设备，其设计和制造与电弧的本质和特性息息相关，在学习本章内容的过程中，应对焊接电弧进行追根溯源，了解电弧的本质和特征。理论来源于实践，又指导实践，工程师只有基于对电弧的清楚认识，辅之以精益求精、勇于创新的精神，才能设计制造出满足电弧和生产制造需求的高质量电源。

## 2.1 焊接电弧的本质

焊接电弧是由焊接电源提供能量，在具有一定电压的两电极之间或电极和母材之间的气体介质中产生的强烈持久的放电现象。当两电极之间存在电位差时，电荷会从一极穿过气体介质达到另一极（如图 2-1 所示）。但是，并不是所有的气体放电现象都是电弧，电弧仅是其中的一种。

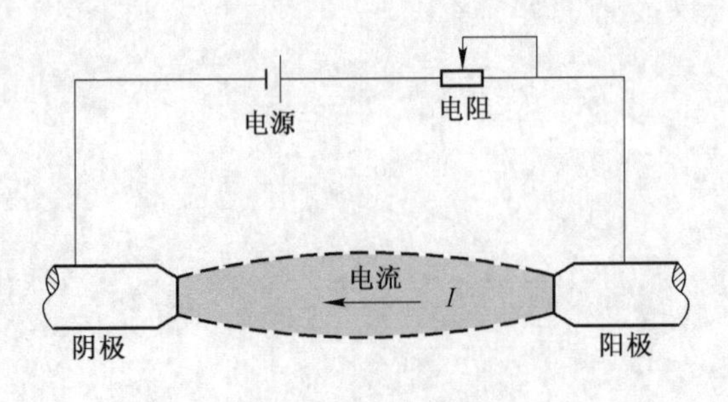


图 2-1　电弧示意图

图 2-2 是一对电极气体放电的伏安特性曲线，根据气体放电的特性，可分为两个区域：非自持放电区和自持放电区。非自持放电是指气体导电所需要的带电粒子需要外加措

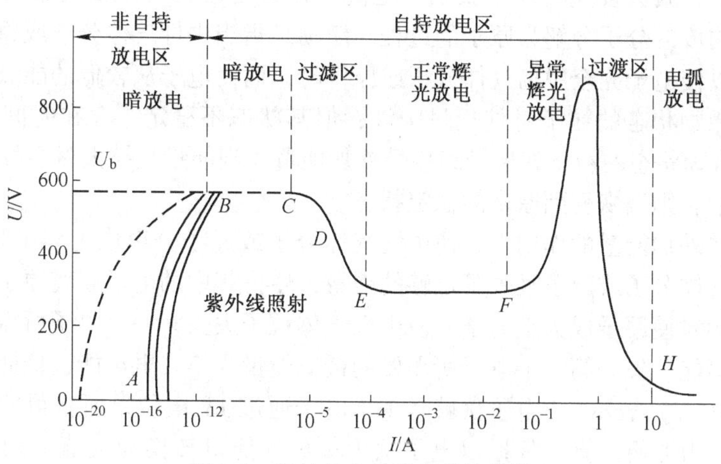

图 2-2 气体放电的伏安特性曲线

施（加热、施加一定能量的光量子等）才能产生，外加措施撤除后，放电停止。自持放电是指当通过外加措施产生带电粒子并发生放电后，即使撤除外加措施，放电过程仍可持续。比如说，采用紫外线照射触发气体导电后，对于自持放电来说，即使紫外线撤除，在电源供电下仍然能维持气体放电过程；而对于非自持放电来说，一旦紫外线撤除，气体放电停止。一般当导电电流大于一定值时，就会产生自持放电。

在自持放电区域内，当电流数值不同时，可以发生暗放电、辉光放电和电弧放电三种形式。其中电弧放电的电流最大，电压最低，温度最高，发光最强，这就是工业上用来进行焊接的电弧。综上所述，电弧的物理本质是一种在具有一定电压的两电极之间的气体介质中所产生的电流最大、电压最低、温度最高、发光最强的自持放电现象。

## 2.2 电弧中带电粒子的产生和消失

气体是由中性分子或原子组成的，其不含有带电粒子，因此一般情况下，气体是不导电的。气体中的中性原子或分子是可以自由移动的，但不受电场的作用，不能产生定向移动。但当两电极之间存在带电粒子就不同了，在电场作用下，带电粒子能产生定向移动，从而产生气体导电的现象。气体导电与金属导电不同。金属导电时，整个导电区间的导电机构基本不发生变化，电压和电流之间服从欧姆定律；而气体导电时，在不同的条件和不同的导电区间具有不同的导电机构，其电压和电流之间关系相对复杂。

电弧中的带电粒子是指电子、正离子和负离子。赖以引燃和维持电弧的主要是电子和正离子。这两种带电粒子主要是依靠电弧中气体介质的电离和电极电子发射这两个物理过程而产生的。在电弧的引燃和燃烧过程中，除了存在电离和发射这两个过程外，还伴随着气体解离、激励、生产负离子、复合等过程。

### 2.2.1 气体的电离

#### 2.2.1.1 电离、激励和解离

当气体受到外加能量（如电场、光辐射、加热等）作用时，气体分子热运动加剧，

当能量足够大时，就会发生解离、激励和电离。解离是指当气体吸收的外加能量足够大时，由多原子构成的分子分解为原子的过程。激励是指当中性气体分子或原子受到外加能量的作用不足以使电子完全脱离气体分子或原子时，而使电子从较低的能级转移到较高的能级的现象。激励状态的粒子对外仍呈中性，但其状态不稳定，存在时间很短，一般为 $10^{-8}\sim10^{-2}$s。激励状态的粒子如果继续接受外加能量，当能量足够大时会发生电离；若其能量被释放出来，则又恢复到原来的稳定状态。

电离是指在外加能量的作用下，使中性气体分子或原子分离成正离子和电子的现象。电离时，中性气体分子或原子吸收了足够的能量，使得其中的电子脱离原子核的束缚而成为自由电子，同时使原子成为正离子。使中性气体粒子失去第一个电子所需要的最低外加能量为第一电离能，失去第二个电子所需要的最低能量为第二电离能，依此类推。电离能通常以电子伏（eV）表示，1 电子伏就是 1 个电子通过 1V 电位差所获得的能量，其数值为 $1.6\times10^{-19}$J。为方便计算，常把以电子伏为单位的能量转换为数值上相等的电压来处理，单位为伏（V），称为电离电压。电弧气氛中常见气体粒子的电离电压见表 2-1。

**表 2-1　常见气体粒子的电离电压**

| 气体粒子 | 电离电压/V | 气体粒子 | 电离电压/V |
|---|---|---|---|
| H | 13.5 | Fe | 7.9（16，30） |
| He | 24.5（54.2） | W | 8.0 |
| Li | 5.4（75.3，122） | Cu | 7.68 |
| C | 11.3（24.4，48，65.4） | $H_2$ | 15.4 |
| N | 14.5（29.5，47，73，97） | $N_2$ | 15.5 |
| O | 13.5（35，55，77） | $O_2$ | 12.2 |
| F | 17.4（35，63，87，114） | $Cl_2$ | 13 |
| Na | 5.1（47，50，72） | CO | 14.1 |
| Cl | 13（22.5，40，47，68） | NO | 9.5 |
| Ar | 15.7（28，41） | OH | 13.8 |
| K | 4.3（32，47） | $H_2O$ | 12.6 |
| Ca | 6.1（12，51，67） | $CO_2$ | 13.7 |
| Ni | 7.6（18） | $NO_2$ | 11 |
| Cr | 7.7（20，30） | Al | 5.96 |
| Mo | 7.4 | Mg | 7.61 |
| Cs | 3.9（33，35，51，58） | Ti | 6.81 |

注：括号内的数字依次为二次、三次……电离电压。

不仅原子状态的气体可以被电离，而且分子状态的气体也可以直接被电离，但一般分子状态时的气体电离电压比原子状态时要高一些。在电弧空间中，一般同时存在几种不同的气体，比如保护气、金属蒸气，此时由电离电压低的气体粒子首先电离。如果这种粒子供应充足，电弧空间的带电粒子将主要依靠这种气体的电离来提供，外加能量也主要取决于这种气体的电离电压。当采用 Ar+20%$CO_2$ 混合气体焊接 Fe 时，由于 Fe 的电离电压为

7.9V，比 $CO_2$（13.7V）和 Ar（15.7V）低很多，如果焊接电流足够大，则铁蒸气充足，电弧空间将充满由铁蒸气电离而产生的带电粒子，外加能量也相当较低。

2.2.1.2 电离的分类

根据外加能量种类的不同，电离可分为以下三类：

（1）热电离。气体粒子受热的作用而产生的电离称为热电离。其实质是气体粒子受热后温度升高，从而产生高速运动和相互之间激烈碰撞而产生的一种电离。

（2）场致电离。当气体中有电场作用时，气体中的带电粒子被加速，电能被转换为带电粒子的动能，当其动能增加到一定程度时能与中性粒子产生非弹性碰撞，使之电离，这种电离称为场致电离。一般而言，在同一电场作用下，电子可以获得4倍于离子的动能，又由于粒子之间发生非弹性碰撞时的能量传递效率是与粒子的质量有关的，粒子越小，其将能量传递给被撞粒子的效率越高，因此，在电场的作用下电子最易引起中性粒子电离。电弧中的场致电离现象主要就是由于电子与中性粒子的非弹性碰撞引起的。

（3）光电离。中性粒子接受光辐射的作用而产生的电离现象称为光电离。不是所有的光辐射都可以引发电离。气体都存在一个能产生光电离的临界波长，气体的电离电压不同，其临界波长也不同，只有当接受的光辐射波长小于临界波长时，中性气体粒子才可能被直接电离。

### 2.2.2 电极电子发射

电极表面受到一定外加能量的作用，使其内部的电子冲破电极表面的束缚而飞到电弧空间的现象称为电子发射。电子发射在阴极和阳极都会发生，但是从阳极发射出来的电子因受电场的作用，不能参加导电过程，只有从阴极发射出来的电子，在电场的作用下才能参加导电过程。阴极电子发射是电源持续向电弧供给能量的唯一途径，同时也是电弧产热及中性粒子电离的初始根源。因此，阴极电子发射在电弧导电过程中起着非常重要的作用。

一般情况下，电子是不能自由地离开电极表面而向外发射的，要使电子飞出电极表面，必须给电子施加一个外加能量，使其克服电极内部正电荷对它的静电引力。使一个电子从电极表面飞出所需最低能量称为逸出功（$W_w$），单位为电子伏（eV）。几种金属及其氧化物的逸出功见表2-2，当金属表面附有氧化物时，逸出功均会减小。

**表2-2 几种常见金属及其氧化物的逸出功** (eV)

| 金属种类 | W | Fe | Al | Cu | K | Ca | Mg |
|---|---|---|---|---|---|---|---|
| 纯金属 | 4.54 | 4.48 | 4.25 | 4.36 | 2.02 | 2.12 | 3.78 |
| 金属氧化物 | | 3.92 | 3.9 | 3.85 | 0.46 | 1.8 | 3.31 |

根据外加能量形式的不同，电子发射有以下几种：

（1）热发射。金属表面承受热作用而产生的电子发射现象称为热发射。金属电极内部的自由电子受到热作用后热运动加剧，动能增加，当自由电子的动能大于该金属的电子逸出功时，就会从金属电极表面飞出，参加电弧的导电过程。电子发射时从金属电极表面带走能量，对电极有冷却的作用。当电子被另外的金属接受时，将释放能量，使金属表面被加热。

（2）场致发射。当阴极表面空间有强电场存在并达到一定程度时，在电场的作用下，电子可以获得足够的能量克服阴极内部正电荷对它的静电引力，从而冲破电极表面飞入电弧空间，并受到外加电场的吸引加速，提高动能，这种现象被称为场致发射。

（3）光发射。当金属电极表面接受光辐射时，电极表面的自由电子能量增加，当电子的能量达到一定值时能飞出电极的表面，这种现象被称为光发射。产生光发射时，电子吸收的是光辐射能量，不从电极上带走能量，因而对电极没有冷却作用。电弧焊时，焊接电弧发出的光能够引起电极产生光发射，但发射量非常有限，在阴极电子发射中居于次要地位。

（4）粒子碰撞发射。当高速运动的粒子（电子或正离子）碰撞金属电极表面时，将能量传递给电极表面的电子，使电子能量增加并飞出电极表面，这种现象称为粒子碰撞发射。

在实际焊接过程中，以上几种电极电子发射形式常常同时存在，并相互补充。但不同条件下，有的形式较强，有的则较弱。当所用的电极是热阴极型且电流较大时，热发射起主要作用；当所用电极为冷阴极型或电流较小时，热发射不能提供足够的电子，此时场致发射起主要作用。

### 2.2.3 产生负离子

电弧中的带电粒子除了电子和正离子外，还有负离子。在一定条件下，电弧中的一个中性原子或分子吸附一个电子能形成负离子。中性粒子吸附电子形成负离子时，其内部的能量会减少，减少的这部分能量称为中性粒子的电子亲和能，通常是以热或辐射能的形式释放出来。元素的电子亲和能越大，越容易形成负离子，表 2-3 是几种原子的电子亲和能。

**表 2-3 几种原子的电子亲和能**

| 原子种类 | F | Cl | O | H | Li | Na | N |
|---|---|---|---|---|---|---|---|
| 电子亲和能/eV | 3.94 | 3.70 | 3.8 | 0.76 | 0.34 | 0.08 | 0.04 |

由于大多数元素的电子亲和能比较小，加之电子因质量小，在电弧中心部位的运动速度又远远大于中性粒子，致使中性粒子不易捕捉到电子以形成负离子。形成负离子的过程是一个放热的过程，温度越低越有利于负离子的形成和存在，因此负离子大多在温度相对较低的电弧周边形成和存在。其产生过程是：在电子分布密度差的推动下，电子从电弧中心部位扩散到电弧周边区域，并多次与温度较低的中性粒子碰撞，每一次碰撞都失去一部分动能，当其速度降低到一定值时，就附着于中性粒子中形成负离子。

虽然负离子也带有与电子相同的负电荷，但其质量比电子大得多，因此其运动速度低，不能有效地参加电弧的导电过程，特别是负离子的产生使电弧空间的电子数量减少，反而导致电弧导电困难，使电弧的稳定性降低。

### 2.2.4 电弧中带电粒子的消失

电弧导电过程中不仅有带电粒子的产生过程，而且有带电粒子的消失过程。当电弧稳定燃烧时，这两个过程处于动态平衡状态，即在单位时间内产生的带电粒子数目等于消失的带电粒子的数目。前面我们学习了带电粒子的产生，那么带电粒子是如何消失的呢？主要有带电粒子的扩散和带电粒子的复合两种方式：

（1）带电粒子的扩散。电弧空间中的带电粒子如果分布不均匀，它会从密度高的地方向密度低的地方移动而趋向密度均匀化，这种现象称为带电粒子的扩散。由于弧柱中的带电粒子密度高，因此电子和正离子都有向电弧周边扩散的趋势。这些带电粒子逃逸到电弧周边后，不再参与放电过程而“消失”，与此同时，还将弧柱中心的一部分热量带到电弧周边。为了保持电弧稳定地导电，电弧本身必须再多产生一部分带电粒子以弥补上述损失。因此，要求电弧在一定的条件下要有一定的电场强度来保证单位长度上有足够的产热量，与上述及其他损失相平衡。

（2）带电粒子的复合。电弧空间的正负带电粒子（电子、正离子、负离子）在一定条件下相遇而相互结合成中性粒子的现象称为带电粒子的复合。这里既有电子与正离子的复合，也有正离子与负离子的复合，在复合过程中释放大量的热和光。带电粒子的复合分为空间复合与电极表面的复合：

1）空间复合。研究表明，在电弧中心，虽然电了和正离了的数量多，但发生复合的可能性却很小，这是因为带电粒子的复合不仅与异种电荷相互吸引有关，而且与带电粒子的相对运动速度有关。相对运动速度越大，相互之间复合的概率越小，即使复合，由于温度高，也会很快分开。因此，在电弧中心难以发生复合。在电弧的周边，温度相对较低，带电粒子运动速度也较低，复合相对容易发生。如前所述，电弧中心部位的带电粒子容易向周边区域运动，在周边区域，当正离子与电子相遇或正离子与负离子相遇时，即可能发生复合。正是由于复合发生在温度较低的电弧空间，因而在交流电弧焊接时，由于电流过零的瞬间电弧熄灭，能使大量带电粒子复合，导致重新引燃电弧比较困难。

2）电极表面复合。在外加电场的作用下，阴极能吸引正离子与之碰撞，在碰撞过程中，正离子能从阴极表面拉出一个电子与之复合，形成中性粒子。在这个过程中，正离子要释放出电离能和动能，但从阴极表面拉出一个电子，要消耗电子逸出功。一般情况是中性粒子的电离能大于电子的逸出功，剩余的能量会加热阴极。如果剩余的能量足够大，还能使阴极再发射一个电子。

## 2.3 焊接电弧的引燃和结构

焊接开始时，焊接电弧经历了从无到有的过程，那么焊接电弧是如何产生的呢？焊接电弧作为一个特殊的负载存在于焊接回路中，其结构如何，其各部分是否均匀，电流流经电弧后又会在电弧的各区域形成怎样的压降分布呢？接下来，就对电弧的引燃以及电弧的结构和压降分布进行分析。

### 2.3.1 焊接电弧的引燃

电弧焊时，仅仅把焊接电源的电压加到电极和焊件两端是不能产生电弧的，首先需要在电极与焊件之间提供一个导电通道，才能引燃电弧。引燃电弧通常有两种方式，即接触引弧和非接触引弧。引弧过程的电压、电流的大致变化如图 2-3 所示。

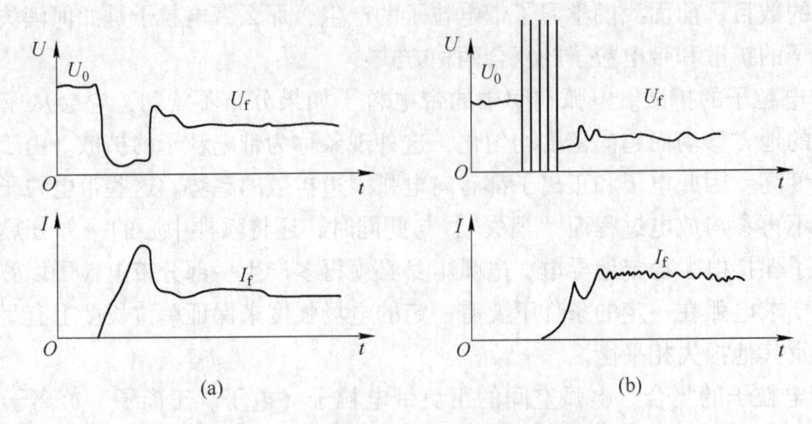


图 2-3 引弧过程的电压、电流变化曲线图

(a) 接触引弧；(b) 非接触引弧

$U_0$—空载电压；$U_f$—电弧电压；$I_f$—电弧电流

2.3.1.1 接触引弧

接触引弧是在弧焊电源接通后，电极（焊条或焊丝）与工件直接短路接触，随后拉开，从而把电弧引燃起来。这种引弧方式常用于焊条电弧焊、埋弧焊、熔化极气体保护电弧焊等。其常见的操作方法是将焊条（或焊丝）和焊件分别接通于弧焊电源的两极，将焊条（或焊丝）与焊件轻轻地接触，通电后迅速提拉（或焊丝自动爆断），这样就能在焊条（或焊丝）端部与焊件之间产生一个电弧。这是一种常见的引弧方式。焊接电弧虽然是在一瞬间产生的，但实际上包含了短路、分离和燃弧三个阶段。

接触引弧的原理如图 2-4 所示。在短路接触时，因电极和工件表面并不是绝对平整的，相互接触的只是在少数凸出点上接触，通常这些点的短路电流比正常焊接电流大很多，且面积又小，从而在这部分区域产生大量的电阻热，使电极金属表面发热、熔化，甚至汽化，引起热发射和热电离。随后拉开电极瞬间，产生强大的电场，从而引发场致发射，并使带电质点加速，加剧其相互碰撞。随着温度的增加，光电离和热电离也进一步加强，使带电质点的数量猛增，从而能维持电弧的稳定燃烧。

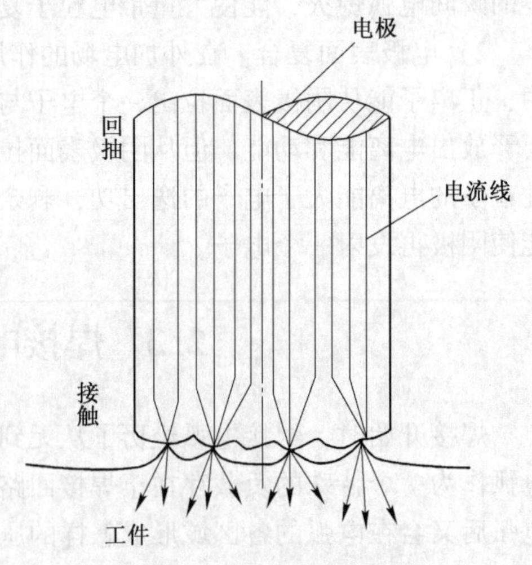


图 2-4 接触引弧示意图

2.3.1.2 非接触引弧

非接触引弧是指在电极与工件之间存在一定间隙，施以高电压来击穿间隙，使电弧引燃。非接触引弧需采用引弧器才能实现，可分为高频高压引弧和高压脉冲引弧，电压波形如图 2-5 所示。

高频高压引弧需用高频振荡器，它每秒振荡 100 次，每次振荡频率为 150~260kHz，电压峰值为 2000~3000V；高压脉冲引弧频率一般为 50Hz 或 100Hz，电压峰值为 3000~5000V。非接触引弧主要依靠高电压迫使电极表面产生电子发射，从而引燃电弧。这种方法主要用于钨极氩弧焊和等离子弧焊。引弧时，电极与工件不接触，不会污染电极和工件，不会损坏电极端部几何形状，有利于电弧的稳定燃烧，但同时存在高频干扰和给焊工带来疲劳等缺点。

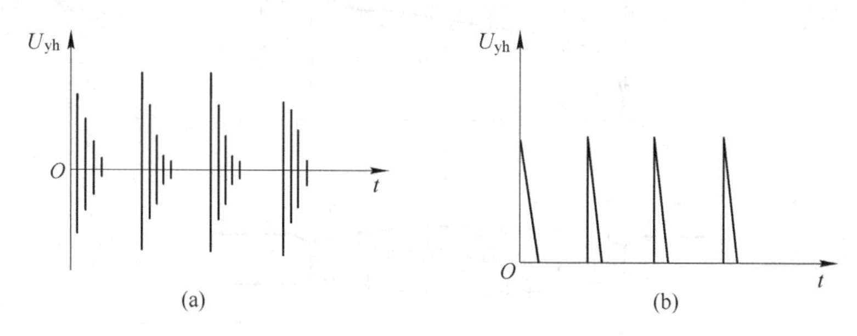


图 2-5　非接触引弧电压波形
（a）高频高压引弧；（b）高压脉冲引弧

接触引弧和非接触引弧都能达到引燃电弧的目的，那么什么时候用哪种呢？总体来说接触引弧是非常简单方便的，无须单独提供引弧装置，设备简单，只需电极与工件接触继而拉开一小段距离即可，因此，焊条电弧焊、熔化极气体保护焊一般都采用接触引弧。然而接触引弧如果应用于非熔化极焊接中，在接触短路时，会产生很大的电流，极易造成母材电弧擦伤和钨电极端部烧损，甚至使焊缝夹钨，因此，在非熔化极电弧焊时，一般采用非接触引弧。这看起来非常顺理成章的一件事情，其实里面蕴含了焊接工作者严谨、精益求精的工匠精神，即便是引弧这样一个极为短暂的过程，仍然应该根据实际使用过程，选择最为适宜的引弧方式。

### 2.3.2　焊接电弧的结构和压降分布

直流电弧和交流电弧是焊接电弧的两种最基本的形式，为了便于理解，下面以直流电弧（以下简称焊接电弧）为例，分析焊接电弧的结构和压降分布。

电弧是一个特殊的负载，带电粒子和电场在其长度方向的分布是不均匀的。为方便研究，沿长度方向将电弧分为三个区域，如图 2-6 所示。电弧与弧焊电源正极所接的一端称为阳极区，与负极相接的那端称为阴极区，阴极区与阳极区之间的部分称为弧柱区，或称电弧等离子区。阴极区的宽度为 $10^{-5}$ ~ $10^{-6}$ cm，而阳极区的宽度为 $10^{-3}$ ~ $10^{-4}$ cm，因此，电弧长度可以视为近似等于弧柱区长度。弧柱部分的温度高达 5000 ~ 50000K。

沿着电弧长度方向的电位分布是不均匀的。在阴极区和阳极区，电位分布曲线的斜率很大；而在弧柱区，电位分布曲线则较平缓，并可认为是均匀分布的。这三个区的电压降分别称为阴极压降 $U_i$、阳极压降 $U_y$ 和弧柱压降 $U_z$。它们组成了总的电弧电压 $U_f$，可表示为

$$U_f = U_i + U_y + U_z \tag{2-1}$$

由于阳极压降基本不变（可视为常数），而阴极压降在一定条件下（指的是电弧电流、电极材料和气体介质等）基本上也是固定的数值，弧柱压降则在一定气体介质下与弧柱长度成正比。由此可见，弧长不同，电弧电压也不同。

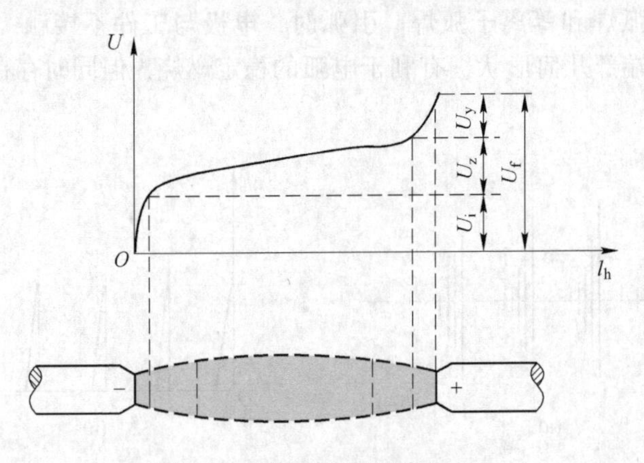


图 2-6　电弧结构及压降分布

### 2.3.3　最小电压原理

焊接电弧是两个电极之间的气体放电现象，电弧的导电截面是变化的。最小电压原理是指在电流和周围条件一定的情况下，稳定燃烧的电弧将自动选择一适当断面，以保证电弧的电场强度具有最小的数值，即在固定弧长上的电压最小。这意味着电弧总是保持最小的能量消耗。

也就是说，在电流和环境条件一定时，电弧会自动选定一个断面，电弧的实际断面既不能大于这个选定断面，也不能小于这个选定断面。如果实际断面大于选定断面，则电弧与环境接触面积大，电弧向周围散热过多，断面会自动收缩；如果实际断面小于选定断面，电弧内部电流密度增加，即在较小的断面里要通过相同数量的带电粒子，使电阻率增加，如维持相同的电流就必须增加电场强度，此时电弧会自动增大断面，以减少损耗。最终结果是电弧自动调节断面，以最小的电场强度增加达到能量增加与散热量增大的平衡。

## 2.4　焊接电弧的电特性

焊接电弧的电特性主要指的是焊接电弧的静特性和焊接电弧的动特性。

### 2.4.1　焊接电弧的静特性

焊接电弧的静特性是指在电极材料、气体介质和弧长一定的情况下，电弧稳定燃烧时，电弧电压 $U_f$ 和电弧电流 $I_f$ 之间的关系，称为焊接电弧的静特性伏安特性，简称电弧静特性。可以用式（2-2）表示：

$$U_f = f(I_f) \tag{2-2}$$

焊接电弧的静特性与普通金属电阻的静特性不同。当把金属电阻 $R$ 接入电路时，电阻两端的电压 $U$ 与电流 $I$ 的关系服从欧姆定律，即 $U=IR$，如图 2-7 所示。而焊接电弧是非线性负载，即电弧两端的电压与电流之间不成正比例关系。当焊接电流在很大范围内变化时，焊接电弧的静特性曲线是一条 U 形曲线，故称为 U 形特性，如图 2-8 所示。

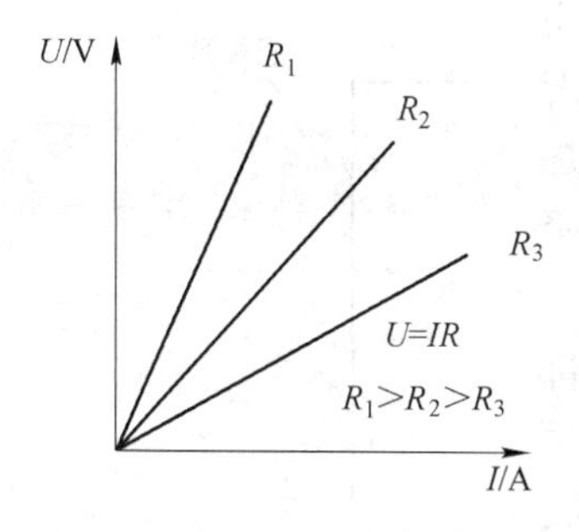

图 2-7　金属电阻伏安特性曲线

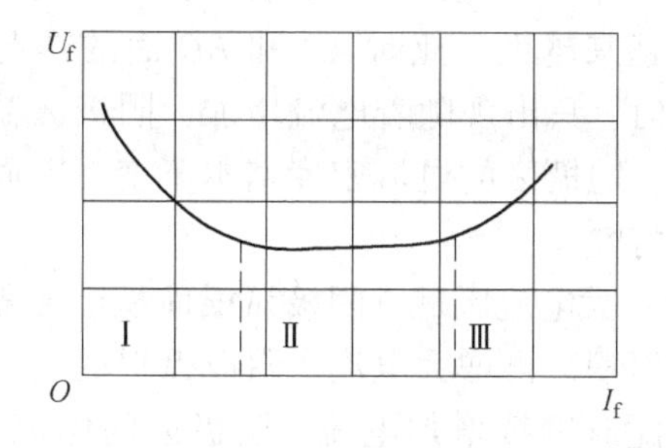

图 2-8　焊接电弧的静特性曲线

U 形特性曲线可看成由三段（Ⅰ、Ⅱ、Ⅲ）组成。在第Ⅰ段，电弧电压随电流的增加而下降，是下降特性阶段；在第Ⅱ段呈现等（恒）压特性，即电弧电压不随电流变化而变化，是平特性段；在第Ⅲ段，电弧电压随电流增加而上升，是上升特性段。

为什么电弧静特性会类似于 U 形呢？接下来就对此进行分析。电弧电压是阴极压降、阳极压降和弧柱压降之和，因此只需明确每个区域的压降和电流的关系，则不难理解电弧静特性曲线为何呈 U 形，电弧各区域压降与电流的关系如图 2-9 所示。

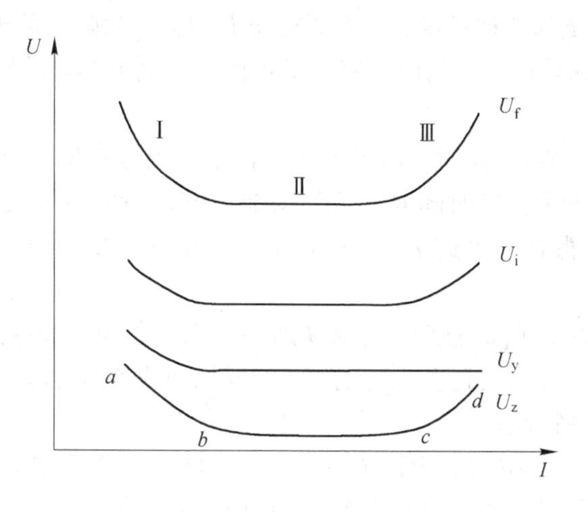

图 2-9　电弧各区域压降与电流的关系

2.4.1.1　阴极压降

阴极区域电压降与焊接电流的关系如图 2-9 中曲线 $U_i$ 所示，即在小电流区域呈下降特性，在中等电流区域呈平特性，在大电流区域呈上升特性。

（1）小电流区域。当电流增加时，阴极区遵循最小电压原理，通过成比例增加阴极区的截面积，来维持阴极区压降基本不变。那么小电流区域为何最终呈现下降特性呢？如图 2-10 所示，阴极区的功率不仅通过 *AB* 和 *CD* 面进行传递，同时会通过 *AD* 和 *BC* 面耗散。电流较小时，电弧温度较低，产热量较低，此时不能忽略 *AD* 和 *BC* 面的散热，这就需要增大阴极压降，提供更多能量来满足 *AD* 和 *BC* 面的热量损失，就要加大阴极压降。随着电流的增大，电弧温度升高，产热量增加，此时 *AD* 和 *BC* 面散失的热量比例有所下降，因此对于增大阴极压降来弥补热耗散的需求相对降低，故而呈现下降特性。

(2) 中等电流区域。随着电弧温度的升高，产生的热量越来越大，此时 $AD$ 和 $BC$ 面的热耗散可以忽略。此时，只出现随着电流增加，阴极区截面积增加的现象，阴极区的电流密度基本不变，因而阴极压降呈现平特性。

(3) 大电流区域。阴极弧根面积已覆盖阴极端部的全部面积，再增大电流，阴极弧根的面积已无法再增大。此时继续增加电流，阴极区的电流密度增大，电阻率升高，需要增大电场强度来维持焊接电流，因而随着电流继续升高，阴极压降增大，即呈现上升特性。

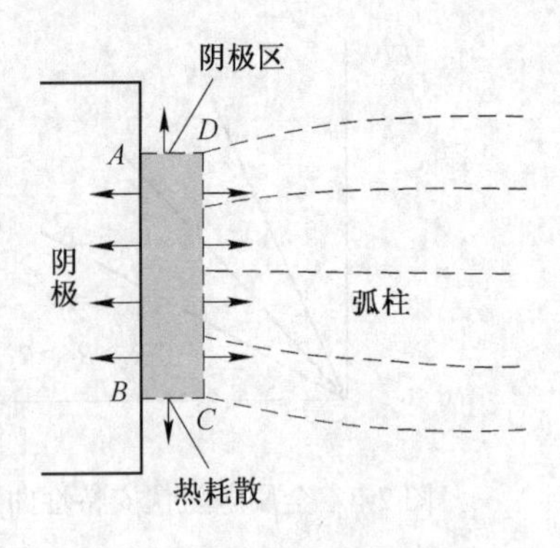

图 2-10 阴极区的热耗散

2.4.1.2 弧柱压降

弧柱区压降如图 2-9 中曲线 $U_z$ 所示，在 $ab$ 区呈下降特性，在 $bc$ 段呈平特性，在 $cd$ 段呈上升特性。弧柱区可以看作均匀导体，弧柱电压 $U_z$ 可以用式（2-3）表示：

$$U_z = I\frac{l_z}{S_z\gamma_z} = j_z\frac{l_z}{\gamma_z} \tag{2-3}$$

式中，$I$ 为焊接电流；$l_z$ 为弧柱长度；$S_z$ 为弧柱截面积；$\gamma_z$ 为弧柱的电导率；$j_z$ 为弧柱的电流密度。由此可知，弧柱区压降与电流密度呈正比，与电导率呈反比。接下来依次对三个区段进行讨论：

(1) 小电流区域。在 $ab$ 段时，电弧电流 $I$ 较小，当电流增加时，弧柱区的温度和电离程度增加，使得 $\gamma_z$ 增大；同时随着电流的增加，电弧断面也随之扩展，即 $S_z$ 增加；但此时 $S_z$ 比电流 $I$ 增加得快，因此 $j_z = I/S_z$ 减小。根据式（2-3）可知，此时曲线呈下降特性。

(2) 中等电流区域。在 $bc$ 段时，电流 $I$ 适中，弧柱的电导率 $\gamma_z$ 的增加已经达到较高程度，不再继续增加；弧柱截面积 $S_z$ 随电流 $I$ 的增加而成比例地增加，电流密度 $j_z$ 基本保持不变，此时曲线呈平特性。

(3) 大电流区域。在 $cd$ 段，电流 $I$ 很大，$\gamma_z$ 同样不再继续增加，弧柱截面积 $S_z$ 受电极尺寸和周围介质的限制，也不能继续增加，此时随着电流 $I$ 增大，电流密度 $j_z$ 增大，弧柱压降 $U_z$ 增大，因而呈现出上升特性。

2.4.1.3 阳极压降

阳极区电压降与焊接电流的关系如图 2-9 中曲线 $U_y$ 所示，在小电流区域呈下降特性，在中等电流和大电流区域呈平特性。

(1) 小电流区域。阳极区中正离子的获得主要依靠场致电离，只有阳极压降达到气体的电离电压才能发生，因此阳极压降较高。随着电流的增加，阳极区温度增加，各种粒子的运动速度加快，加剧了碰撞和电离，减小了对电场强度的需求，因而阳极压降降低，即呈现下降特性。

(2) 中等电流和大电流区域。此时焊接电流较大，阳极区温度高，通过热电离即可满足对正离子的需求，此时阳极压降降到很低，继续增加电流，阳极压降基本不变，呈现平特性。

电弧的U形曲线是由阴极压降、弧柱压降和阳极压降曲线叠加而成的。值得说明的是，焊接电弧的静特性曲线受气体介质的成分和压力、电极材料、电弧的约束等因素的影响很大，在不同的条件下，曲线的形状存在较大的差异。

## 2.4.2 焊接电弧的动特性

焊接电弧的动特性是指在一定的弧长下，当电弧电流发生快速变化时，电弧电压与电弧电流瞬时值之间的关系。即

$$u_f = f(i_f) \tag{2-4}$$

当焊接电弧燃烧时，直流电弧的电流恒定不变，是不存在动特性问题的，只有交流电弧和电流变动的直流电弧（如脉冲电流、脉动电流等）才存在动特性问题。

### 2.4.2.1 电弧的动特性曲线

典型的交流电弧电压和焊接电流的波形曲线如图2-11（a）所示，对应画出电弧电压和焊接电流之间的关系图即为交流电弧的动特性曲线，如图2-11（b）所示。动特性曲线中，*PQR*段是电流从0增加到最大值过程中电压的变化曲线；*RST*段是电流从最大值减小到0过程中电压的变化曲线。两条曲线不重合，形成回线形状。焊接电流和电弧电压在相反方向的增加或减小过程中也存在相同的现象，形成回线形状。

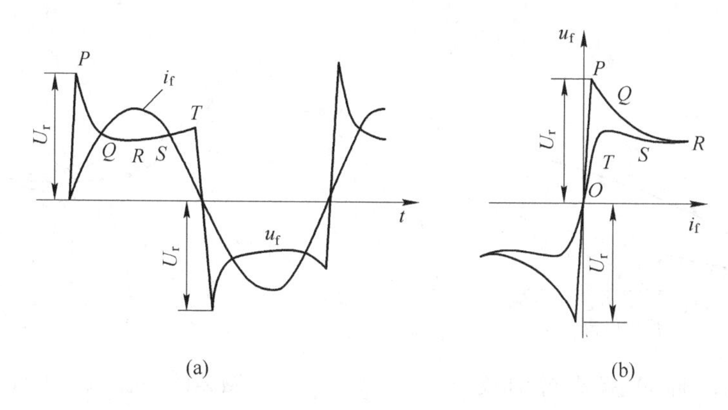


图2-11 交流电弧的动特性曲线
（a）随时间变化的电弧电压和焊接电流波形；（b）动特性曲线

典型的脉动电流电弧的电流波形和动特性曲线如图2-12所示，典型脉冲电弧动特性曲线如图2-13所示。

### 2.4.2.2 热惯性

动特性曲线呈回线形状是由于电弧弧柱具有一定的热容，存在热惯性所致。所谓热惯性是指当电流迅速增大或减小时，电弧空间温度会随之升高或降低，但后者的变化总是滞后于前者，这种现象被称为热惯性。

接下来分析热惯性为何会使动特性曲线呈回线形状。图2-14中，曲线*abcd*是电弧静特性曲线，当电流由$I_a$增加到$I_b$时，由于热惯性，电弧空间温度来不及达到$I_b$时的稳定状态温度，因而电弧电离程度相对较低，电导率较低，要流过一定大小的电流，只有提高电弧电压才行，从而此时维持电弧燃烧的电压不是$b$点对应电压，而是$b'$点对应电压。以此类推，对应于每一瞬间焊接电流的电弧电压就不在*abcd*上，而在$ab'c'd$上。同理，当

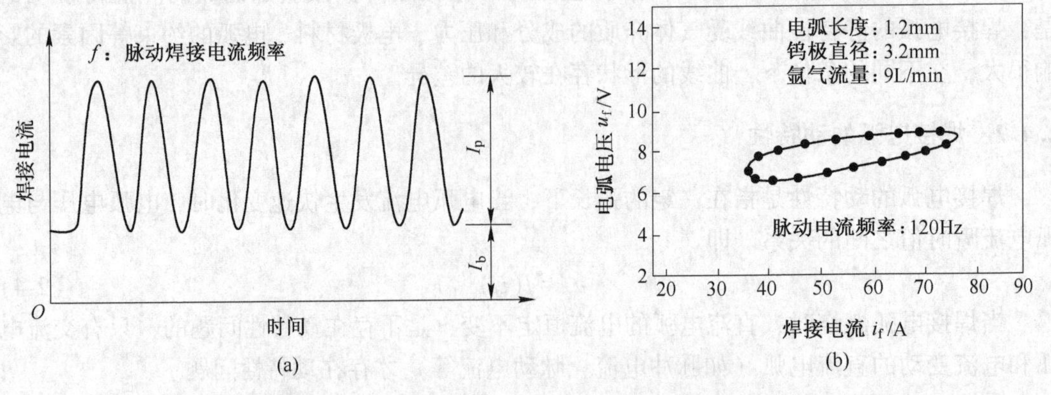


图 2-12 脉动电流电弧的电流波形和动特性曲线

（a）脉动电流波形；（b）脉动电弧动特性曲线

电流迅速减小时，由于热惯性，弧柱温度不能随电流同步下降，电弧中仍有较多的带电粒子，电导率仍然较高，要流过一定大小的电流，只需较低的电弧电压即可，使得对应于每一瞬间焊接电流的电弧电压就不在 $abcd$ 上，而在 $ab''c''d$ 上。

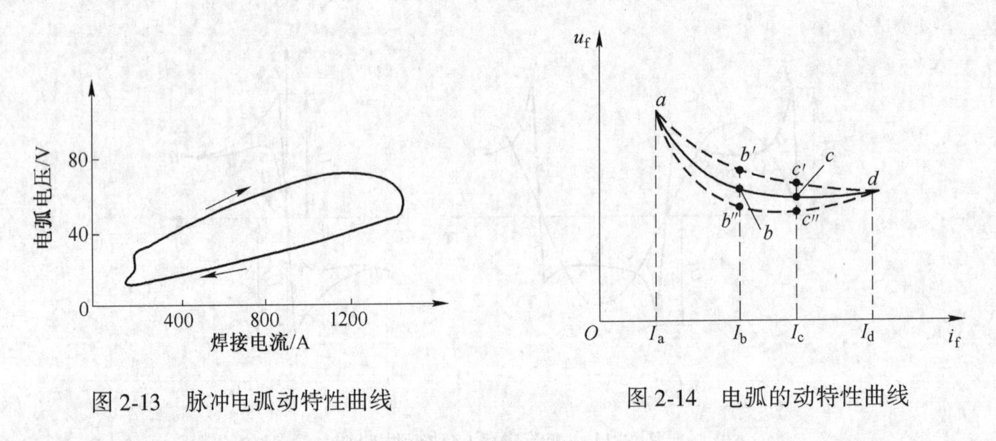


图 2-13 脉冲电弧动特性曲线

图 2-14 电弧的动特性曲线

电流按不同规律变化时将得到不同形状的动特性曲线，电流的变化速度越小，静、动特性曲线就越接近。

## 2.5 焊接电弧的分类

焊接电弧是一个特殊的负载，其主要特点如下：

（1）非线性负载。其静特性曲线形状为 U 形曲线。

（2）低电压，大电流。

（3）焊接电弧负载变化大。无论是在引弧过程还是在燃弧过程中，焊接电弧负载经常在短路、空载、燃弧等过程中变换，其电压、电流变化很大。

除以上一般特点外，焊接电弧负载与焊接方法、电弧状态、电弧周围介质以及电极材料等有关。

按照不同的分类方法，焊接电弧可以按下述方法进行分类：

（1）按电流种类不同分为直流电弧、交流电弧和脉冲电弧。

（2）按电弧形态不同分为自由电弧和压缩电弧。

（3）按电极熔化情况分为熔化极电弧和非熔化极电弧。

### 2.5.1 直流电弧

直流电弧是指在电弧燃烧过程中，电极极性不发生变化的电弧。直流电弧最大的特点是电弧稳定性好。根据焊接过程中电流变化的规律，直流电弧可以分为恒定电流的直流电弧和变动电流的直流电弧。

恒定电流的直流电弧是指在整个焊接过中，焊接电流恒定不变；变动电流的直流电弧是指在焊接过程中，弧焊电源按照事先设定的电流变化规律输出焊接电流进行焊接，焊接电流随时间按照某种规律变化，如直流脉冲电弧。

恒定电流的直流电弧是应用最为广泛的电弧形式之一，直流电弧也有熔化极电弧和非熔化极电弧之分，下面以直流电弧为例，简要分析熔化极和非熔化极电弧的特点。直流脉冲电弧则将在 2.5.3 节中进行介绍。

（1）非熔化极焊接电弧。焊枪一端的电极一般为钨电极，在焊接过程中不熔化，无熔滴过渡过程，保护气通常为氩气、氦气等惰性气体。因非熔化极焊接过程中，无熔滴过渡，电弧非常稳定。

（2）熔化极焊接电弧。焊枪一端的电极为金属焊丝（或焊条），在焊接过程中，作为电弧一极的焊丝（或焊条）不断熔化，形成熔滴过渡到焊接熔池中去。在熔化极电弧焊接过程中，为了维持电弧的稳定燃烧，必须以一定的速度向电弧区域送进焊丝，保证焊丝熔化速度与送丝速度相等，焊接过程才可能稳定进行。同时，电极熔化形成熔滴也需要一个过程，即熔滴长大的过程，而熔滴长大过程中会引起弧长变化。在焊条电弧焊，细丝 $CO_2$ 气体保护焊时，常常采用短路过渡的熔滴过渡方式，此时焊接过程不断在引弧、短路、燃弧过程中循环变换，此时焊接电弧是一个变化极快的动态负载，使得电弧稳定性不如非熔化极焊接电弧好。

### 2.5.2 交流电弧

交流电弧是指电弧燃烧过程中，电极极性随时间周期性交替变化的电弧。交流电弧的物理本质与前面所述直流电弧是相同的，交流电弧也是非线性负载。上述焊接电弧的静特性对于交流电弧也是适用的，对于交流电弧 $U_f$ 和 $I_f$ 分别表示电弧电压和焊接电流的有效值。但交流电弧作为弧焊电源的负载，还有其特殊性。

#### 2.5.2.1 交流电弧的特点

最常见的交流电弧是工频正弦波交流电弧，由按 50Hz 的正弦规律变化的电源供电，每秒内焊接电流极性变换 50 次，电流流经零点 100 次。这使得交流电弧放电的物理条件也随之改变，而表现出特殊的电和热的物理过程，这对电弧的稳定燃烧和弧焊电源的工作有很大的影响。交流电弧的特点如下：

（1）电弧周期性地熄灭和引燃。交流电弧每当经过零点并改变极性时，电弧熄灭，电弧空间温度下降，这使电弧空间的带电质点发生复合现象，降低了电弧空间的导电能力。在电压改变极性的同时，使上半周内电极附近形成的空间电荷力图往另一极运动，加强了复合作用，电弧空间的导电能力进一步降低，使下半周电弧重新引燃更加困难。只有当电源电压大于引燃电压 $U_{yh}$ 后，才能再次引燃，如图 2-15（a）所示。如果焊接回路中没有足够的电感，则从上半周熄弧到下半周重新引燃电弧之间就会存在一段电弧熄灭的时间。如果在熄弧时间内，电弧空间热量越少，温度下降越严重，将使引燃电压 $U_{yh}$ 增大，熄弧时间增长，电弧也越不稳定。

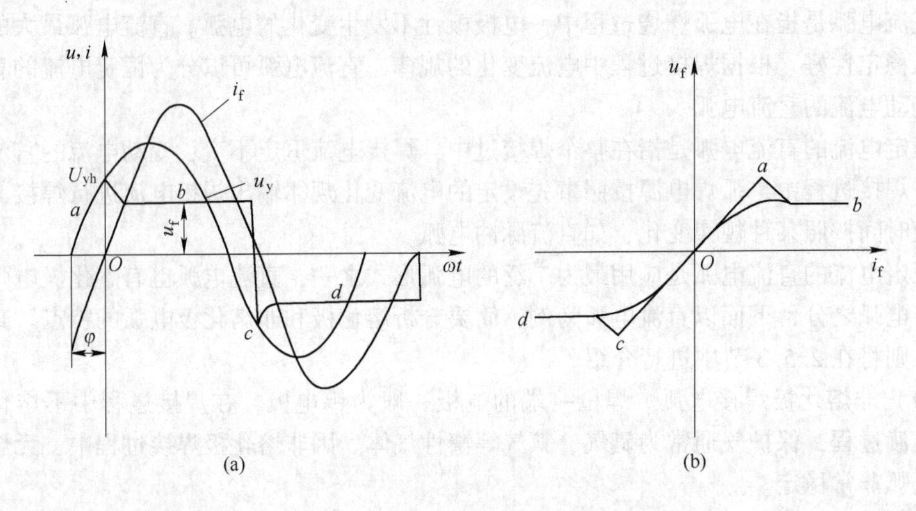


图 2-15 交流电源和电弧波形图

（a）交流电源电压 $U_y$、电弧电压 $U_f$ 和电流 $I_f$ 波形；（b）交流电弧动特性曲线

（2）电弧电压和电流波形发生畸变。由于电弧电压和电流是交变的，电弧空间和电极表面的温度也是随之变化的，电弧空间的电离程度是变化的，电弧电导率也是变化的。因而电弧电阻不是常数，而是随焊接电流 $i_f$ 的变化而不断变化的。因此，当电源电压 $U_y$ 按照正弦规律变化时，电弧电压 $u_f$ 和电流 $i_f$ 就不按正弦规律变化，而发生了波形畸变。电弧越不稳定，熄弧时间越长，电流波形畸变就越明显。

（3）热惯性作用较为明显。由于电弧电压 $u_f$ 和电流 $i_f$ 变化极快，电弧空间热的变化来不及达到稳定状态，电弧温度变化落后于电的变化，从而形成回线形状动特性曲线，如图 2-15（b）所示。

2.5.2.2 交流电弧连续燃烧的条件

前面分析了交流电弧燃烧时，如果有熄弧时间，则熄弧时间越长，电弧就越不稳定，重新引燃电弧越困难。为了保证焊接质量，必须将熄弧时间减小到零，使交流电弧连续燃烧。对于电阻性负载焊接回路（电路示意图如图 2-16（a）所示），电弧电压 $u_f$ 和焊接电流 $i_f$ 的电相位角是同步的，当焊接电流过零时，电弧熄灭，随后电压反向，只有当反向后的电压绝对值大于引燃电压 $U_{yh}$ 时，才能重新引燃电弧。

为了将熄弧时间缩短至零，使交流电弧能连续燃烧，通常在电路中加入电感 $L$，形成电阻-电感性负载焊接回路，如图 2-16（b）所示。由于电路中存在电感 $L$，所以电流 $i_f$ 比电源电压 $u_y$ 滞后了 $\varphi$ 角。要使电弧连续燃烧，首先要保证每半波内电弧能够顺利引燃，这就要求在前半波电流为零时（即图 2-15（a）中 $t=0$ 时），电源电压 $u_y$ 应大于交流电弧

的引燃电压 $U_{yh}$。即

$t=0$ 时，
$$u_y = U_m \sin\varphi \geqslant U_{yh} \tag{2-5}$$

这样，电弧在熄灭的瞬间就已重新引燃，而焊接电流 $i_f$ 已经反向，此时我们可以认为焊接电流是连续的，电弧燃烧稳定。由此可见，在交流电弧电路中，加入足够大的电感是保证交流焊接电流“连续”和电弧稳定燃烧的有效措施之一。

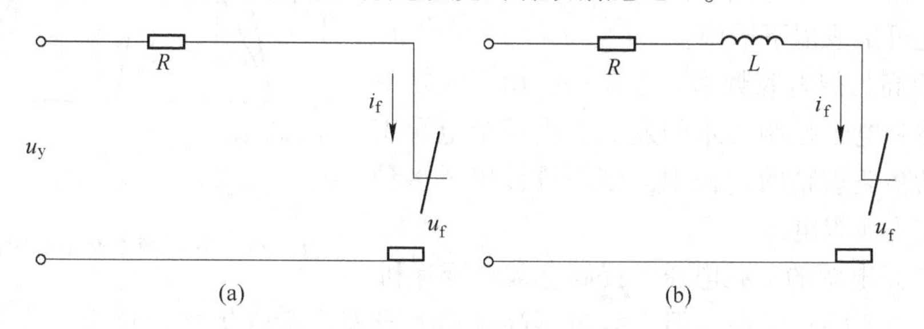


图 2-16 交流焊接电路示意图

（a）电阻性交流焊接电路；（b）电阻-电感性负载焊接电路

2.5.2.3 影响交流电弧稳定燃烧的因素

A 空载电压 $U_0$

如图 2-17 所示，在引燃电压 $U_{yh}$ 和频率一定的条件下，$U_0$ 越高，熄弧时间越短，电弧就越稳定。一般情况，为使电弧稳定燃烧，空载电压与电弧电压应存在如下关系：

$$\frac{U_0}{U_f} \approx 1.5 \sim 2.4 \tag{2-6}$$

B 引燃电压 $U_{yh}$

它对电弧的连续燃烧影响很大，$U_{yh}$ 越高，引燃电弧越难，电弧越不易稳定。

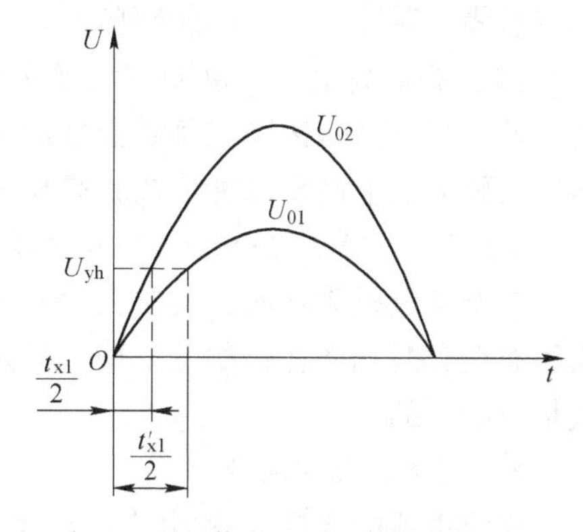


图 2-17 空载电压对熄弧时间的影响

C 电路参数

主电路的电阻参数 $R$ 和电感参数 $L$ 对交流电弧的连续燃烧影响较大。如前所述，只有电感 $L$ 足够大时，电弧才能连续燃烧；而电阻 $R$ 过大，则会使得电弧分得的电压减小，使焊接电流减小，不利于电弧的连续燃烧。可见，增大 $L$ 或减小 $R$ 均可使电弧趋向稳定地连续燃烧。

D 焊接电流

电弧电流越大，使电弧空间的热量越多。在频率一定的情况下，电流越大，电流变化率 $di_f/dt$ 也越大，热惯性作用越明显。也就是说，焊接电流较大时，当电流降至零的时候，在热惯性作用下，电弧空间温度相对较高，重新引燃电弧的引燃电压 $U_{yh}$ 则较低。

E 电源频率

如图 2-18 所示，在其他条件一定的情况下，频率越高，周期越短，电弧熄灭的时间也相应缩短，热惯性也会增强，从而使得电弧稳定性提高。

F 电极的热物理性能和尺寸

它们对电弧的连续燃烧有一定的影响。电极若有较大的热导率，较大的尺寸或熔点较低，就会使电极散热较快，电弧空间温度较低，使得引燃电压增大，不利于电弧的稳定燃烧。

2.5.2.4 提高电弧稳定性的措施

根据以上影响电弧稳定性的因素，为提高交流电弧的稳定性，除在焊接回路中加入足够大的电感量之外，还可采取以下措施：

(1) 提高弧焊电源频率。近年来，由于大功率电子元器件和电子控制技术的发展，在焊接电源工程师们不断精益求精的过程中，创新设计出了多种高频率的交流弧焊电源。

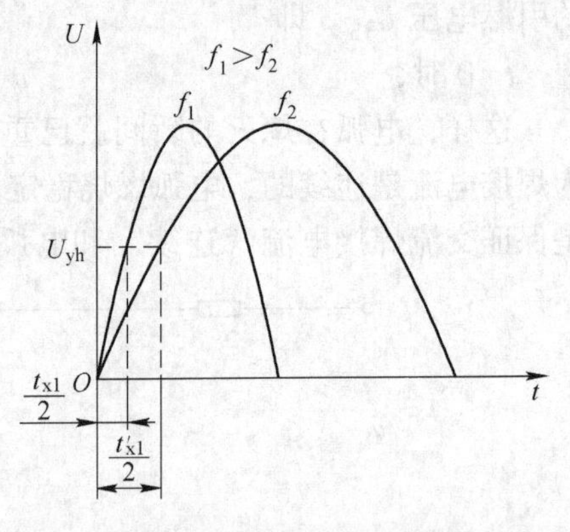

图 2-18 电源频率对熄弧时间的影响

(2) 提高电源的空载电压。提高空载电压有利于提高交流电弧的稳定性，但空载电压高会给人身安全带来更大的危险，会增加材料消耗，会降低功率因数等，因此，提高空载电压是有限的。

(3) 改善电流波形。比如使焊接电流波形为矩形波，则焊接电流过零点后将具有较大的增长速度，从而有减小电弧熄灭的倾向。再比如采用小功率高压辅助电源，在交流矩形波过零点时叠加一个高压窄脉冲。

(4) 叠加高电压。例如在钨极交流氩弧焊焊铝时，由于铝工件的热容量和热导率高，熔点低，尺寸大，因而在其负极性的半周再次引燃电弧比较困难。为此，需在这个半周期再次引弧时加上高压脉冲或高频高压电，使电弧稳定燃烧。

2.5.2.5 交流电弧的功率和功率因数

在交流电弧焊接时，要求充分利用电弧功率，以获得较高的效率。此外，还希望在弧长稍有变化时功率保持稳定，使焊接过程能顺利进行。因此，了解交流电弧功率和功率因数是有必要的。

A 交流电弧的功率

交流电弧的电压 $u_f$ 和电流 $i_f$ 时刻都在变化。所以，交流电弧的功率是指交流电弧在半个周期（π）内的平均功率，又称有功功率，即

$$P_f = \frac{1}{\pi}\int_0^{\pi} u_f i_f \mathrm{d}\omega t \tag{2-7}$$

式中，$P_f$ 为有功功率；$u_f$，$i_f$ 分别为电弧电压和焊接电流的瞬时值。

B 交流电弧的功率因数

交流电弧的功率因数 $\lambda_f$ 是指交流电弧的有功功率 $P_f$ 和电弧电压和焊接电流有效值乘积之比，即

$$\lambda_f = \frac{P_f}{U_f I_f} \tag{2-8}$$

假如电弧电压和焊接电流都是正弦波，则电弧的有功功率等于它的电压和电流有效值的乘积，即 $\lambda_f=1$；但实际上，正如上述，交流电弧的电压和电流会发生畸变，这就在有功功率与电压和电流有效值乘积之间产生了差异。

由此可见，$\lambda_f$ 表明了电弧电压和焊接电流畸变所带来的影响。当电弧燃烧的连续性差时，波形畸变严重，$\lambda_f$ 相应较小，电弧提供的有功功率就小。在焊接中，$\lambda_f$ 总是小于

1 的，通常 $\lambda_f=0.89\sim0.90$。

### 2.5.3 脉冲电弧

焊接电流为脉冲波形的电弧称为脉冲电弧。根据电弧燃烧过程中，电极极性变化情况可分为直流脉冲电弧和交流脉冲电弧。脉冲电弧与一般电弧的区别主要在于：焊接电流周期性的在基本电流（维弧电流）和脉冲电流之间转换。可以将脉冲电弧看成是由维持电弧和脉冲电弧两种电弧组成的。维持电弧用于在脉冲休止期间维持电弧的连续燃烧，脉冲电弧用于加热熔化工件和焊丝，并使熔滴从焊丝端部脱落，向熔池过渡。

脉冲电弧的电流波形有多种形式，如矩形波脉冲、梯形脉冲、正弦波脉冲和三角形脉冲等，图 2-19 为直流矩形波脉冲焊接电流波形，其基本参数有：

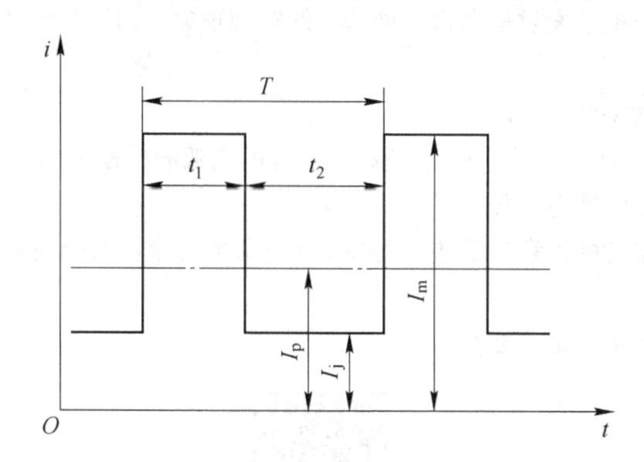


图 2-19　直流矩形脉冲焊接电流波形图

$I_m$——脉冲电流峰值；

$I_j$——基本电流（维弧电流）；

$t_1$——脉冲宽度（脉冲时间）；

$t_2$——脉冲间隙时间（脉冲休止时间）；

$T$——脉冲周期（$T=t_1+t_2$）；

$f$——脉冲频率（每秒的脉冲次数 $f=1/T$）；

$K$——脉冲宽度比（它表征脉冲的强弱，即在脉冲周期中脉冲时间所占的百分比，$K=t_1/T$），也称占空比；

$I_p$——脉冲平均电流，对于矩形波脉冲而言，平均电流计算方式如下：

$$I_p=I_j+(I_m-I_j)\frac{t_1}{T}=I_j+(I_m-I_j)K$$

$\frac{\mathrm{d}i_m}{\mathrm{d}t}$——脉冲电流的上升率（脉冲前沿斜率）；

$-\frac{\mathrm{d}i_m}{\mathrm{d}t}$——脉冲电流的下降率（脉冲后沿斜率）。

脉冲电弧的电流并不是恒定的，而是周期性变化的，因此，电弧的温度、电离状态、弧柱尺寸的变化均滞后于电流的变化，其动特性曲线形成回线形状。脉冲电流的波形和频率不同，动特性曲线的形状也不同。

脉冲电弧应用于焊接中，由于其电流为脉冲波形，因而，在同样平均电流下峰值电流较大。熔池处于周期性加热和冷却的循环之中，而且其可调焊接参数较多，例如，脉冲波形、脉冲宽度、脉冲电流、基本电流、脉冲时间、占空比、电流的前后沿的斜率等。这样，它就具有了可以在较大的范围内调节和控制输入热量及焊接热循环，能有效控制熔滴的过渡、熔池的形成和焊缝的结晶等优点。

## 思 考 题

2-1 弧焊电源可分为哪几类，按什么分类？

2-2 焊接电弧的物理本质是什么，其结构和压降如何分布？请画出电弧结构和电位分布图。

2-3 气体原子的电离和电极电子发射是电弧中最基本的物理现象。请写出气体原子电离的形式和电极电子发射的形式。

2-4 焊接电弧的静特性、动特性是指什么？

2-5 焊条电弧焊、埋弧焊、$CO_2$ 气体保护焊、钨极氩弧焊的电弧静特性是怎样的？

2-6 交流电弧的特点有哪些？请简要分析。

2-7 影响交流电弧燃烧稳定性的因素有哪些，提高交流电弧的稳定性的措施有哪些？

2-8 什么是最小电压原理？

2-9 焊接电弧有哪几类，其特点是什么？

扫码看答案

# 3 弧焊电源基础

本章主要讲述对弧焊电源的基本要求，着重讨论弧焊工艺对电源空载电压、外特性、调节特性和动特性的要求。

## 3.1 弧焊电源的基本要求

### 3.1.1 对弧焊电源的基本要求

弧焊电源是电焊机的核心部分，它是一种为焊接电弧提供能量的专用装置。或者说弧焊电源是一种为焊接过程提供电压和电流，并具有适合于弧焊和电弧切割等工艺所需特性的装置。对于弧焊电源的要求，有些与普通电力电源一样，比如要求具有结构简单、制造容易、消耗材料少、节能省电、成本低等特点，以及使用方便、可靠、安全，性能良好和容易维护维修等。除此之外，由于弧焊电源的负载是电弧这个特殊的负载，电弧的负载特性与一般电阻、电动机等负载特性有所不同，因而，在弧焊电源的电气特性和结构方面，还具有一些不同于普通电力电源的要求。为了使弧焊电源具备对弧焊工艺的适应性，弧焊电源还应该能满足以下弧焊工艺的要求：

（1）保证引弧容易；

（2）保证电弧稳定；

（3）保证焊接参数稳定；

（4）具有足够宽的焊接参数调节范围。

为满足以上工艺要求，弧焊电源的电气性能应从以下四方面予以考虑：

（1）对弧焊电源的空载电压的要求；

（2）对弧焊电源外特性的要求，也就是稳态条件下弧焊电源的输出性能；

（3）对弧焊电源调节特性的要求，也就是弧焊电源输出的可调节性能；

（4）对弧焊电源动特性的要求，也就是动态变化条件下，弧焊电源的输出响应能力。

这是对弧焊电源的基本要求。除此之外，在特殊环境下（如高原、水下和野外等）工作的弧焊电源，还必须具备相应的适应性。为适应新型弧焊工艺发展的需求，必须研制出具有相应电气性能的新型弧焊电源，即随着焊接工艺的发展，对弧焊电源还可能提出新的要求。

只有考虑到了方方面面的要求，将每一方面都提高到极致，方能得到性能卓越的焊接电源，这种全面考虑问题的能力在任何时候都是很重要的。

### 3.1.2 弧焊电源中的相关电源技术

我国的工业电网基本上是采用三相五线制交流供电，频率为50Hz，相电压为220V，线电压为380V。通常电弧焊的电弧电压为14~44V，焊接电流在30~1500A范围内，因此在工业电网和焊接电弧负载之间必须有一种能量传输和变换的装置，这就是弧焊电源。

工业电网的电压远高于电弧需要的电压，将电网电压降低到适合电弧工作的电压是弧焊电源的基本功能之一。变压技术是弧焊电源的基本电源技术之一，弧焊电源中变压的基本方法是采用变压器。根据变压器的工作原理，降压变压器在降低电压的同时将提供大的输出电流，这正好满足焊接电弧低电压、大电流特性的要求。低电压、大电流是弧焊电源与电弧特性相适应的基本电特性之一。

弧焊电源中的变压器有两种基本形式，即工频变压器和中频变压器。直接将电网电压降低到焊接所需电压的变压器是工频变压器。工频变压器是传统弧焊电源的主要组成部分。在工频变压器中，独立作为交流焊接电源使用的多数采用单相变压器；在整流式弧焊电源中，有单相变压器和三相变压器。中频变压器主要用于逆变式弧焊电源中，大多是单相变压器，其工作频率从几千赫兹到20kHz，甚至更高。中频变压器的工作频率较高，其体积和重量大大降低，同等功率弧焊电源中，20kHz中频变压器的体积和重量仅为工频变压器的十几分之一。

在实际焊接工程中，根据需要可以采用直流或交流电弧进行焊接，其所用弧焊电源也相应地分为直流弧焊电源和交流弧焊电源。大多数直流弧焊电源都采用了整流技术，即利用整流器将交流电转换为直流电。整流器包括单相整流器和三相整流器，根据采用的整流器件的不同，可以分为可控整流器和不可控整流器。

随着大功率半导体器件及逆变技术的发展，逆变式弧焊电源已成为当代弧焊电源发展的主要趋势，其应用也越来越广泛。逆变式弧焊电源使弧焊过程、熔滴过渡等控制技术得到了迅速的发展，促进了弧焊工艺及质量过程控制技术的发展。逆变式弧焊电源是现代弧焊电源发展的主流，逆变技术、电子控制技术是现代弧焊电源的核心。

## 3.2 弧焊电源的外特性

外特性是弧焊电源的基本特性之一，它代表了弧焊电源的输出特性。选择合理的弧焊电源外特性是保证电弧稳定燃烧，保证焊接质量稳定的基本要求。接下来，将着重讨论外特性的概念和“电源-电弧”系统稳定性，探讨各种弧焊工艺方法，基于焊接参数稳定性和“电源-电弧”自身调节作用方面的考虑而对弧焊电源外特性曲线进行选择。

### 3.2.1 弧焊电源外特性的基本概念

所谓弧焊电源的外特性，是指在电源参数一定的条件下，改变负载时，电源输出的电压稳定值 $U_y$ 与输出的电流稳定值 $I_y$ 之间的关系：$U_y=f(I_y)$。对于直流电源而言，$U_y$ 和 $I_y$ 为平均值；对于交流电源则为有效值。

一般直流电源的外特性方程为：

$$U_y = E - I_y r_0 \tag{3-1}$$

式中，$E$ 为直流电源的电动势；$r_0$ 为电源内部电阻。一般直流电源的外特性如图3-1所示。当内阻 $r_0>0$ 时，随着 $I_y$ 增加，$U_y$ 下降，即其外特性是一条下倾的直线，而且 $r_0$ 越大，外特性下倾程度越大。当内阻 $r_0=0$ 时，$U_y=E_0$，这时输出电压不随电流变化，电源的外特性平行于横轴，成为平特性或恒压特性。

对于一般负载，如电灯、电炉等，要求供电电源的内阻越小越好，即尽可能接近于平特性，这样与电源并联运行的某个负载发生变化时，就不会影响其他负载的运行。对于弧焊电源来说，它与电灯、电炉等电阻性负载不同。接下来首先讨论弧焊电源的外特性有哪些类型，分别应用于哪些弧焊工艺。

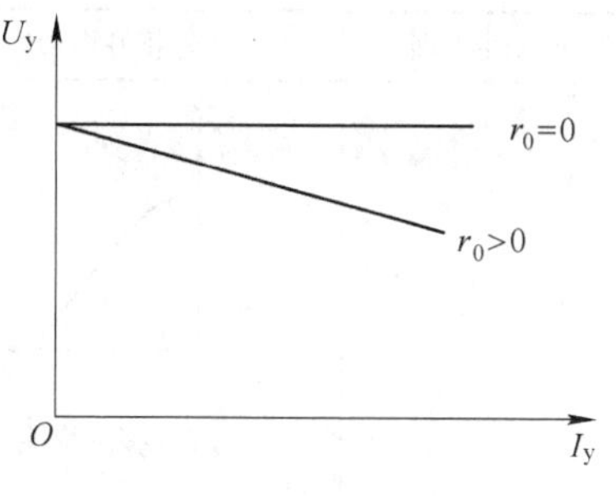

图 3-1　一般直流电源的外特性

### 3.2.2　弧焊电源外特性的分类

随着弧焊电源的发展，现已研制出具有各种各样外特性形状的弧焊电源。常用的弧焊电源外特性主要有下降特性、平特性以及双阶梯特性，其特点及适用范围见表 3-1。

（1）下降特性。当输出电流在运行范围内增加时，其输出电压随之急剧下降。一般而言，焊接电流每增加 100A，电源输出电压下降大于 7V。根据斜率不同，又分为垂直下降（恒流）特性、缓降特性和恒流带外拖特性等。

1）恒流特性。也称垂直下降特性。具备该特性的弧焊电源，在工作部分，当输出电压变化时，电流几乎不变，如表 3-1（a）所示。

2）缓降特性。其特点是当输出电压变化时，输出电流变化比恒流特性大，如表 3-1（b）所示。

3）恒流带外拖特性。其特点是在工作部分的恒流段，输出电流基本上不随电源输出电压的变化而变化。但在电源输出电压降至一定值之后，外特性变为缓降的外拖段，随着电压的降低，输出电流增加。如表 3-1（c）所示。

（2）平特性。平特性有两种，一种是在运行范围内，随着电流增加，电源输出电压接近于恒定不变（又称恒压特性）或稍有下降，但下降率不超过 7V/100A，如表 3-1（d）所示；另一种是在运行范围内随着电流的增加，电源输出电压略微上升，上升率不超过 10V/100A，如表 3-1（e）所示。

（3）双阶梯形特性。这种特性的弧焊电源用于脉冲电弧焊。维弧阶段工作于“└”形特性上，而脉冲阶段工作于“┐”形特性上。由这两种外特性切换而形成双阶梯形特性，如表 3-1（f）所示。

**表 3-1　弧焊电源外特性分类及其应用范围**

| 外特性类别 | 外特性图形 | 外特性描述 | 一般适用范围 |
|---|---|---|---|
| 下降特性 | U O I<br>(a) 恒流特性 | 在工作范围内，$I_f \approx$ 常数，即随电源输出电压的变化，焊接电流基本不变。又称垂直下降特性或陡降特性 | 一般适用于钨极氩弧焊，等离子弧焊等非熔化极电弧焊 |

续表 3-1

| 外特性类别 | 外特性图形 | 外特性描述 | 一般适用范围 |
| --- | --- | --- | --- |
| 下降特性 | 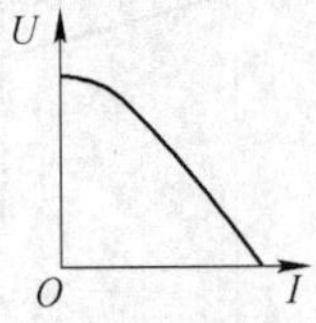 (b) 缓降特性 | 在工作范围内，随着焊接电流的增大，电源输出电压缓慢降低。部分电源的缓降外特性曲线近似于1/4椭圆的形状，部分电源的缓降外特性曲线近似于一条斜线 | 一般适用于焊条电弧焊，特别适合立焊、仰焊、粗丝 $CO_2$ 气体保护焊和埋弧焊等 |
| | 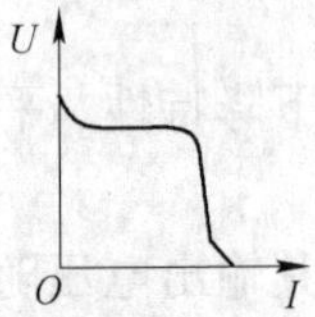 (c) 恒流带外拖特性 | 在工作范围内电源输出电压较高的区域表现出恒流特性，当电压降低到一定值后，表现出缓降外拖特性 | 一般适用于焊条电弧焊 |
| 平特性 | 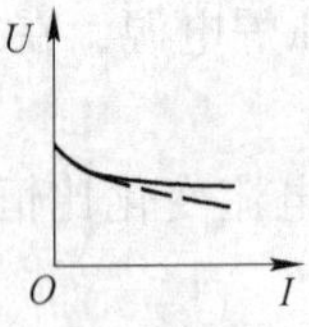 (d) 恒压和微降特性 | 在工作范围内，电源输出电压 $U\approx$ 常数，即随着焊接电流的变化，电源输出电压基本不变或者略微降低，下降率很小 | 一般用于等速送丝的粗、细丝气体保护焊和细丝（直径小于3mm）埋弧焊 |
| | 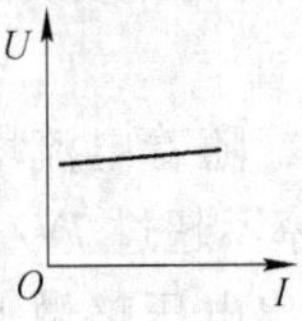 (e) 微升特性 | 在工作范围内，随焊接电流的增加，电源输出电压略微升高，上升率较小 | 等速送丝的细丝气体保护焊（包括水下焊） |
| 双阶梯形特性 | 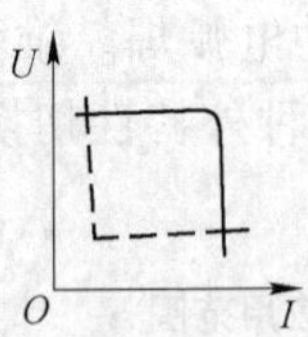 (f) 双阶梯形特性 | 由“∟”形特性和“¬”形特性切换而成双阶梯外特性 | 熔化极脉冲电弧焊，微机控制、数字化控制的脉冲自动化电弧焊 |

弧焊电源的外特性有多种类型，随着科学技术的发展，甚至还有更为特殊的一些弧焊电源外特性形状。那么对于某种电弧焊接工艺来说，要选择什么样的外特性才能使“电源-电弧”系统稳定工作呢？这是为特定焊接工艺选择外特性形状时必须考虑的基本问题之一。接下来，就来讨论“电源-电弧”系统的稳定性。

### 3.2.3 “电源-电弧”系统的稳定性

在焊接过程中，弧焊电源起供电作用，电弧作为用电对象，弧焊电源与电弧一起构成供电-用电系统，如图 3-2 所示。为了保证电弧的稳定燃烧和焊接参数稳定，必须保证“电源-电弧”系统稳定。“电源-电弧”系统稳定有如下两方面的含义。

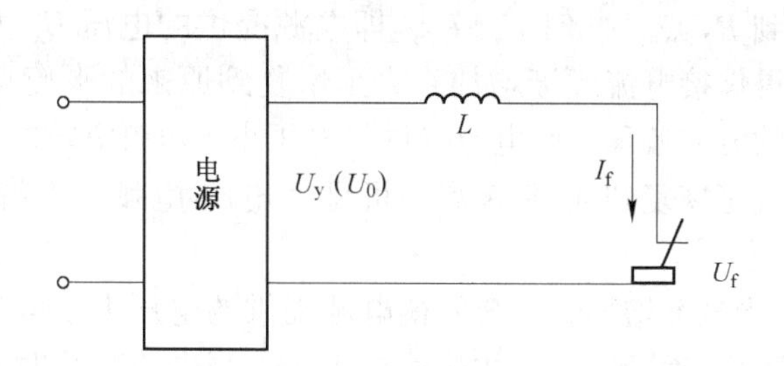


图 3-2 “电源-电弧”系统电路示意图

3.2.3.1 静平衡

当无外界干扰时，弧焊电源供给的能量等于电弧负载消耗的能量，从而保证电弧的稳定燃烧，这个供求平衡的状态即为静平衡状态。

图 3-3 为“电源-电弧”系统工作曲线，其中曲线 1 为弧焊电源的外特性曲线，它代表电源工作时的输出特性，即输出电流和电压的关系，代表电源工作时对外提供的电压和电流；曲线 2 为某工艺条件下电弧的静特性曲线，它代表电弧工作时需要的电弧电压和焊接电流之间的关系，代表了电弧的需求；交点 $A_0$ 和 $A_1$ 则代表电源提供的与电弧需求的恰好相等，即满足“电源-电弧”系统的静平衡。

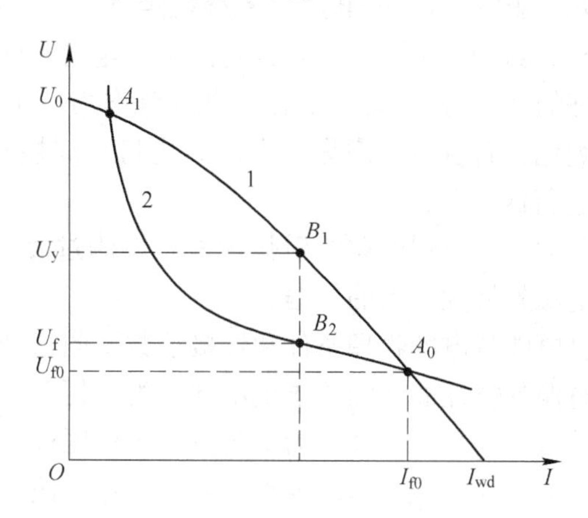


图 3-3 “电源-电弧”系统工作曲线

从静平衡的角度考虑，$A_0$ 和 $A_1$ 都满足“电源-电弧”系统稳定性的要求。但仅仅考虑静平衡是不够的，焊接过程是一个充满各种变化和波动的过程，对于“电源-电弧”系统除了有静平衡的要求，还有动平衡的要求。

3.2.3.2 动平衡

当系统受到瞬时干扰，破坏了系统原有的静平衡时，电弧电压和电流发生了变化；当干扰消失后，系统能够自动恢复到原来的平衡状态或者达到新的平衡状态，这就是“电源-电弧”系统的动平衡。

$A_0$ 和 $A_1$ 都满足“电源-电弧”系统的静平衡，接下来来分析它们是否都满足“电源-

电弧”系统的动平衡。

对于 $A_0$ 点，当某种因素使焊接电流向减小的方向偏移了 $\Delta I_f$ 时，电源工作点移到 $B_1$ 点，而电弧工作点移到 $B_2$ 点，此时 $U_y>U_f$，即电源提供的电压 $U_y$ 大于电弧需要的电压 $U_f$，供大于求，这使得焊接电流逐渐增加，直至恢复到原来的平衡点 $A_0$。同理，若干扰使得焊接电流向增大的方向偏移，则电源提供的电压小于电弧需求的电压，供小于求，这会使电流逐渐减小，直至恢复到 $A_0$ 平衡点。可见“电源-电弧”系统在 $A_0$ 点工作时，能满足动平衡的要求。

对于 $A_1$ 点而言，当电流增加时，会使得电源提供的电压大于电弧需求的电压，使电流进一步增加，直至工作点移到 $A_0$ 点才能达到平衡；当电流减小时，会使得电源提供的电压小于电弧需求的电压，使电流进一步减小，直至熄弧。因此 $A_1$ 点不能满足“电源-电弧”系统动平衡的要求。

“电源-电弧”系统恢复到稳定状态的速度，与弧焊电源电压与电弧电压之差和焊接回路电感 $L$ 有关。电源电压与电弧电压差值越大，恢复越快；回路电感越小，恢复越快，系统稳定性越好。

上面的结论是从直流弧焊电源和电弧系统的情况得出的，但同样适用于交流弧焊电源。

### 3.2.4 电源外特性曲线的选择

弧焊电源的外特性除了影响“电源-电弧”系统稳定性外，还影响焊接参数的稳定性以及“电源-电弧”系统自身的调节作用。事实上，从“电源-电弧”系统的角度进行考虑，焊接参数稳定和良好的“电源-电弧”系统自身调节作用是矛盾的，只能根据具体焊接工艺，选择其一进行优化，而暂不考虑另一个。后边将对焊接参数稳定性和“电源-电弧”系统自身调节作用进行深入分析。

弧焊电源的外特性还关系到弧焊电源的引弧性能、熔滴过渡过程以及使用安全性等，这些也都是考虑对弧焊电源外特性要求的依据。

在各种弧焊方法中，电弧放电的物理条件和焊接参数不同，则电弧静特性曲线的形状也不同，相应地对弧焊电源外特性曲线的要求也不同。为了便于分析，接下来分别讨论各种弧焊方法对弧焊电源外特性的要求，并分为空载点、工作区段和短路区段三个部分进行讨论。对于空载点而言，需讨论空载电压的要求；对于工作区段，主要分析对于外特性形状的要求；对于短路区段，主要分析熔滴过渡过程对其形状及短路电流的要求。

#### 3.2.4.1 对弧焊电源外特性曲线工作区段的要求

弧焊电源外特性曲线工作区段是指在稳定工作点附近的区段，电源正常工作时，一般工作在该区段。

A 焊条电弧焊

在焊条电弧焊中，电弧静特性是工作在水平段的。为了满足“电源-电弧”系统稳定性，即静平衡和动平衡，可以选择下降外特性的弧焊电源，包括恒流特性、缓降特性、恒流带外拖特性等。但是，到底哪种下降特性的外特性才更适合焊条电弧焊呢？

在焊条电弧焊中，由于工件或手工操作原因，电弧弧长的变化是不可避免的，这就会引起焊接参数的变化，特别是会引起焊接电流偏差，影响焊缝成形，甚至引起熄弧等问题。为了保证焊接质量，弧长波动过程中不能熄弧，焊接参数应尽可能稳定，特别是要保证焊接电流稳定。

在探讨适用于焊条电弧焊的外特性曲线工作区段形状前，先对焊接参数稳定和电弧弹性两个概念进行说明。

焊接参数稳定是指在焊接过程中，在存在外界干扰的情况下，焊接参数变化量越小，说明焊接参数越稳定。电弧弹性是指电弧长度在较大的范围内变化时，电弧能够稳定燃烧的性能。对于弧长稍有变化，电弧就不能稳定燃烧，甚至熄弧，这时候电弧弹性就比较差。

接下来通过图 3-4 来分析哪种外特性曲线的工作区段更适合焊条电弧焊。图 3-4 中，曲线 1、2、3 均为下降特性的弧焊电源外特性曲线，其中 2 最为平缓，3 最陡（恒流特性），1 居于中间。曲线 $l_1$ 和 $l_2$ 为电弧静特性曲线，代表了该焊接条件下，电弧对电弧电压和焊接电流的需求。

在焊接过程中，电弧以弧长 $l_1$，在 $A_0$ 点稳定工作，当外界干扰发生时，使弧长缩短为 $l_2$。对于外特性曲线 1，工作点由 $A_0$ 点偏移至 $A_1$ 点，电流偏差为 $\Delta I_1$；对于下降陡度稍小的外特性曲线 2，工作点由 $A_0$ 点偏移至 $A_2$ 点，电流偏差为 $\Delta I_2$；对于陡度最大的恒流特性曲线 3，工作点由 $A_0$ 点偏移至 $A_3$点，电流偏差为 $\Delta I_3$。$\Delta I_2 > \Delta I_1 > \Delta I_3$，可见焊接参数稳定性最好的为外特性曲线 3，其次是外特性曲线 1，最差的是最为平缓的外特性曲线 2。当弧长增长时，结果相同。

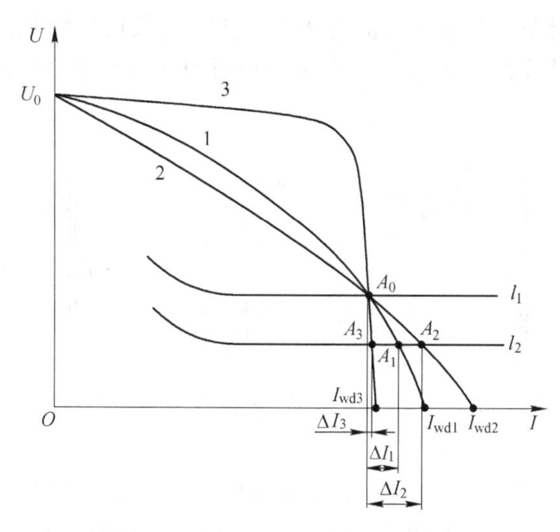


图 3-4　弧长变化时引起的电流偏移

由此可见，当弧长变化时，弧焊电源外特性下降的陡度越大，电流偏差越小，即焊接参数越稳定。与此同时，由于弧长变化引起的电流偏差较小，当弧长增长，焊接电流减小时，允许弧长变化的范围将较大。因为即使有较大的弧长变化，焊接电流也不至于减小到导致电弧熄灭的程度，即电弧弹性较好。

对于焊条电弧焊，从“电源-电弧”系统稳定性、焊接参数稳定和电弧弹性好的角度考虑，恒流特性的弧焊电源外特性是最合适的，然而，对于恒流外特性曲线 3 而言，它与水平轴的交点，也就是短路电流 $I_{wd3}$是比较小的，这将造成电弧推力弱，熔深浅，熔滴过渡困难。因此，对于焊条电弧焊而言，通常采用恒流带外拖的电源外特性，既满足了“电源-电弧”系统稳定性、焊接参数稳定和电弧弹性好的要求，又能增大短路电流，保证较大的电弧推力和正常的熔滴过渡。同时，根据焊条类型、板厚、工件位置的不同，还可以对外拖拐点的位置，外拖部分的斜率进行设计和控制，从而获得良好的焊缝。

B 熔化极电弧焊

熔化极电弧焊包括埋弧焊、熔化极惰性气体保护焊（MIG）、熔化极活性气体保护焊（MAG）以及 $CO_2$ 气体保护焊等。对于这些弧焊方法，不仅要考虑电弧的静特性形状，还需要考虑送丝方式来选择弧焊电源的外特性工作区段的曲线形状。根据送丝方式的不同，熔化极气体保护焊分为两类：第一类是等速送丝的熔化极气体保护焊；第二类是变速送丝的熔化极气体保护焊。二者区别主要在于其送丝系统及送丝控制方式不同。

等速送丝系统示意图如图 3-5（a）所示，它的送丝系统为开环系统，没有反馈调节，一旦由于外界干扰使得弧长发生变化，其送丝机不会产生任何响应，弧长的恢复只能依靠“电源-电弧”系统的自身调节作用，这就对电源外特性工作区段的选择提出了要求。所选弧焊电源的外特性应使“电源-电弧”系统具有良好的自身调节作用。所谓“电源-电弧”系统的自身调节作用是指当弧长变化时，引起电流和焊丝熔化速度变化，从而使弧长自动恢复的机制。

变速送丝系统示意图如图 3-5（b）所示，它的送丝系统为闭环系统，具有反馈调节作用，当外界干扰使得弧长发生变化时，反馈系统会感知到信号，迅速响应，并向送丝机发出调节送丝速度的指令，通过送丝机的调节，使得弧长迅速恢复。此时不再对“电源-电弧”系统的自身调节作用提出要求，而希望通过电源外特性的选择，使焊接参数更加稳定。

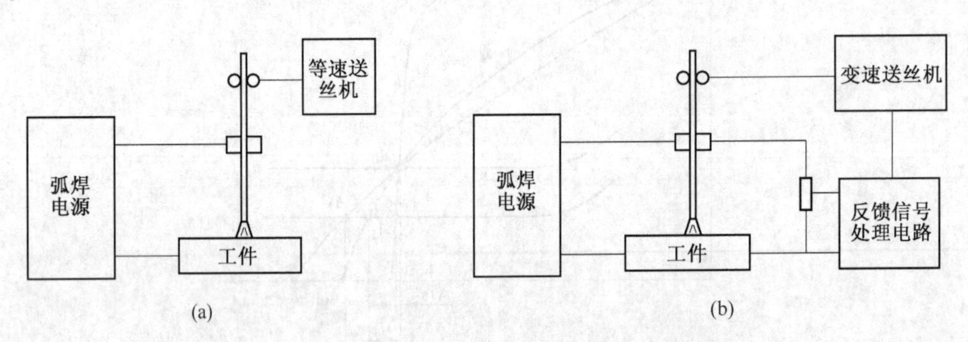


图 3-5 不同送丝方式的熔化极气体保护焊示意图
（a）等速送丝熔化极气体保护焊；（b）变速送丝熔化极气体保护焊

在熔化极气体保护焊焊接过程中，何时选用等速送丝系统，何时又选用变速送丝系统呢？对于熔化极氩弧焊、$CO_2$ 气体保护焊、熔化极活性气体保护焊以及细丝（焊丝直径不高于 3mm）的埋弧焊，一般焊丝直径较小，焊接时电流密度较大，焊接时“电源-电弧”系统的自身调节作用较好。通过搭配合适的电源外特性，当外界干扰造成弧长变化时，可以通过自身调节作用使弧长快速恢复，此时可以采用等速送丝系统。对于埋弧焊（焊丝直径大于 3mm）和粗丝熔化极气体保护焊，焊丝直径较大，焊接时电流密度较小，即使搭配特定的弧焊电源外特性曲线，当外界干扰造成弧长变化时，也难以通过自身调节作用使弧长快速恢复，此时就只能采用变速送丝系统，通过送丝系统的反馈调节来实现弧长的恢复。所以，在使用熔化极气体保护焊时，采用等速送丝系统还是变速送丝系统是根据具体的焊接方法和工艺而定的。

接下来分别讨论采用等速送丝系统和变速送丝系统时，对弧焊电源外特性工作区段有何要求。

a 等速送丝熔化极气体保护焊

等速送丝熔化极气体保护焊主要包括熔化极氩弧焊、$CO_2$ 气体保护焊、活性气体保护焊以及细丝（焊丝直径不大于3mm）的埋弧焊，其电弧静特性工作在上升段。仅从“电源-电弧”系统稳定性的角度来说，电源外特性采用下降特性、平特性以及陡度小于电弧静特性曲线的微升特性都可以。但是，如前所述，对于等速送丝系统，需考虑“电源-电弧”系统的自身调节作用。

在等速送丝熔化极电弧焊接过程中，焊接电源选择何种外特性曲线具有更好的“电源-电弧”系统自身调节作用呢？图3-6所示为电源外特性曲线对电流偏差的影响。曲线1和2分别为平外特性和缓降外特性的电源外特性曲线，曲线 $l_1$ 和 $l_2$ 表示上升段的电弧静特性曲线。“电源-电弧”系统稳定工作时，电弧以弧长 $l_1$ 稳定工作于 $A_0$ 点，当某外界干扰发生时，使得弧长从 $l_1$ 缩短为 $l_2$，此时，若采用平外特性曲线1，则工作点由 $A_0$ 移至 $A_1$，引起电流增大 $\Delta I_1$；若采用缓降外特性曲线2，则工作点由 $A_0$ 移至 $A_2$，引起电流增大 $\Delta I_2$。显然 $\Delta I_1>\Delta I_2$。

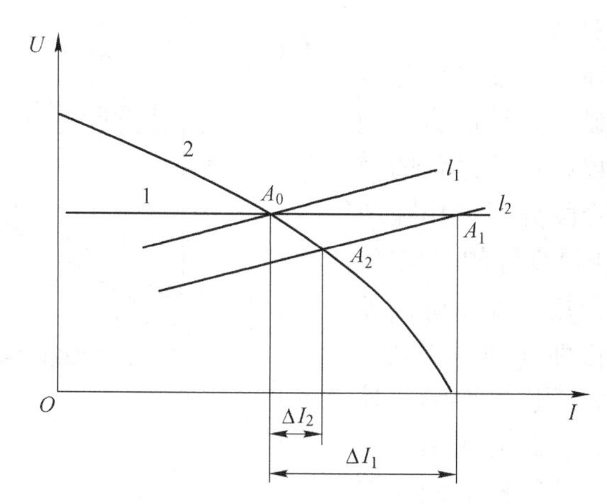


图3-6 电弧静特性在上升段时电源外特性对电流偏差的影响

无论采用外特性曲线1还是2，当弧长缩短时，电流都会增大，从而使得焊丝熔化速度增大。对于等速送丝系统，送丝速度是恒定的，它与 $A_0$ 点焊接电流对应的焊丝速度相等，然而电流增大后，会使焊丝熔化速度大于送丝速度，从而使弧长逐渐增长，直至恢复 $l_1$。电流增长得越多，即电流偏差越大，弧长恢复得越快，“电源-电弧”系统的自身调节作用越好。由于 $\Delta I_1>\Delta I_2$，可见采用电源外特性曲线1（平特性）时，“电源-电弧”系统的自身调节作用比采用外特性曲线2时好。同理，弧长增长时，电流减小，焊丝熔化速度降低，会使得弧长逐渐缩短，直至恢复稳定状态，弧焊电源外特性采用平外特性时比采用下降特性时的电流偏差大，弧长恢复快，“电源-电弧”系统的自身调节作用好。

b　变速送丝熔化极气体保护焊

采用变速送丝熔化极气体保护焊的主要包括埋弧焊（焊丝直径大于3mm）和粗丝熔化极气体保护焊，它们的电弧静特性工作在水平段。因为焊丝直径较大，焊接时电流密度较小，电弧自身调节作用较弱，只能采用变速送丝系统，当弧长发生变化时，利用送丝系统的反馈调节作用，帮助弧长恢复。

当弧长增大时，电弧电压升高，相应的电压反馈量增大，迫使送丝速度加快，使弧长得以恢复；当弧长减小时，电弧电压减小，相应的电压反馈量减小，迫使送丝速度减慢，使弧长得以恢复。此时，弧长恢复的快慢受送丝系统反馈控制的影响，而与弧焊电源外特性形状无关。选择陡度较大的下降特性，弧长变化时，电流偏差较小，有利于焊接参数稳定，其分析过程与焊条电弧焊焊接参数稳定性分析相同。

C　非熔化极气体保护焊

这种弧焊方法主要指钨极氩弧焊（TIG）和等离子弧焊，它们的电弧静特性工作在水平段或微升段。在焊接过程中电极不熔化，因此无论选择何种电源外特性曲线，当弧长发生变化时，都不能通过电流的变化引起电极熔化速度的变化，即不能通过“电源-电弧”系统的自身调节作用使弧长恢复。因此对于非熔化极气体保护焊，在选择电源外特性时不考虑“电源-电弧”系统的自身调节作用，而考虑焊接参数的稳定，主要考虑焊接电流的稳定性，因此最好采用恒流外特性的弧焊电源，其分析过程与图3-4中焊条电弧焊焊接参数稳定性的分析相同。

D　熔化极脉冲电弧焊

熔化极脉冲电弧焊，一般采用等速送丝，利用“电源-电弧”系统的自身调节作用来维持焊接参数和焊接过程的稳定，维弧阶段和脉冲阶段分别工作在两条电源外特性上。为获得良好的“电源-电弧”系统自身调节作用，维弧阶段和脉冲阶段都采用平外特性（即“平-平”特性）比较好；也可以采用“平-降”外特性或“降-平”外特性，最好采用双阶梯形外特性。双阶梯形外特性曲线如图3-7所示，当弧长为 $l_0$ 时，其维弧电弧工作在 $A$ 点，脉冲电弧工作在 $B$ 点。当受到外界干扰，使得弧长变短为 $l_1$ 时，则其维弧工作点移至 $A_1$，脉冲电弧工作点移至 $B_1$。由于脉冲阶段电源具有恒流特性，因此熔滴过渡均匀；在维弧阶段具有平外特性，“电源-电弧”系统的自身调节作用强，防止短路，且弧长迅速恢复。当外界干扰使弧长增长为 $l_2$ 时，则其维弧工作点移至 $A_2$，脉冲电弧工作点移至 $B_2$。由于维弧阶段电源工作在恒流特性阶段，保证小电流不断弧；脉冲阶段工作在平特性阶段，使电压不变，焊丝熔化速度减慢，防止焊嘴烧坏。

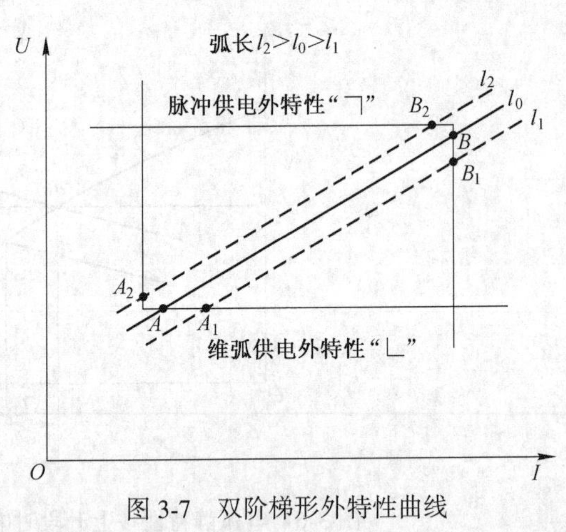

图3-7　双阶梯形外特性曲线

综上所述，对于不同的焊接方法和工艺，应该选择相适应的弧焊电源外特性曲线，具体见表3-2。

**表 3-2 弧焊电源外特性的选择**

<table>
<tr><th colspan="2">类　别</th><th colspan="2">选择理由</th><th>所选外特性</th></tr>
<tr><td colspan="2">焊条电弧焊</td><td rowspan="5">“电源-电弧”系统稳定性</td><td>焊接参数稳定</td><td>恒流带外拖特性</td></tr>
<tr><td rowspan="2">熔化极气体保护焊</td><td>等速送丝（熔化极氩弧焊、$CO_2$ 气体保护焊、熔化极活性气体保护焊以及细丝（焊丝直径不大于 3mm）的埋弧焊）</td><td>“电源-电弧”系统的自身调节作用</td><td>平外特性</td></tr>
<tr><td>变速送丝（埋弧焊（焊丝直径大于 3mm）和粗丝熔化极气体保护焊）</td><td>焊接参数稳定</td><td>陡降外特性</td></tr>
<tr><td>非熔化极气体保护焊</td><td>钨极氩弧焊、等离子弧焊等</td><td>焊接参数稳定</td><td>恒流外特性</td></tr>
<tr><td colspan="2">熔化极脉冲电弧焊</td><td>焊接参数稳定、“电源-电弧”系统的自身调节作用、小电流不熄弧等</td><td>双阶梯形外特性</td></tr>
</table>

#### 3.2.4.2 对弧焊电源空载电压的要求

弧焊电源的空载电压（$U_0$）是指电源输出为开路状态时，电源输出的电压值，或者说电源输出电流为零时，电源的输出电压值。

弧焊电源的空载电压对引弧、维持电弧的稳定燃烧有很大的影响。例如，在熔化极电弧焊接触引弧时，焊条（焊丝）和工件接触，因两者的表面往往有锈污或其他杂质，具有很大的接触电阻，只有较高的空载电压才能将其击穿，形成导电通路；此外，引弧时两极间隙的空气由不导电状态转变为导电状态，气体的电离和电极电子发射均需要较高的电场能，空载电压越高越有利。同样的道理，空载电压越高，对保证电弧的稳定燃烧越有利。但是空载电压过高不仅对操作人员的安全不利，还使弧焊电源的变压器体积、质量增大，能量损耗增加，效率降低，浪费材料和能量；在电子控制整流电源中，甚至会影响小电流时焊接电流的纹波系数，从而影响电弧燃烧的稳定性。

A 弧焊电源空载电压的确定应遵循的原则

（1）保证引弧容易。从保证引弧容易的角度考虑，空载电压越高越有利。

（2）保证电弧稳定燃烧。为保证交流电弧的稳定燃烧，要求：

$$U_0 \geqslant (1.8 \sim 2.25)U_f \tag{3-2}$$

（3）保证电弧功率稳定。为保证电弧功率稳定，一般要求：

$$2.5 > \frac{U_0}{U_f} > 1.57 \tag{3-3}$$

（4）良好的经济性。为保证引弧容易、焊接电弧稳定，空载电压越高越好，然而空载电压越高，电源所需要的铁铜材料就越多。材料的质量越大，越不利于经济性。

（5）保证人身安全。空载电压过高，对操作焊工安全性不利。

总而言之，在设计弧焊电源空载电压时，应在满足弧焊工艺需要，保证引弧容易、焊接电弧稳定的前提下，尽可能采用较低的空载电压，以利于焊工人身安全和经济效益。

B 对于交流和直流弧焊电源空载电压的规定

（1）交流弧焊电源。为了保证引弧容易和电弧连续燃烧，通常采用：

$$U_0 \geqslant (1.8 \sim 2.25) U_f \tag{3-4}$$

焊条电弧焊：$U_0=55\sim70$V；埋弧焊：$U_0=70\sim90$V。

(2) 直流弧焊电源。直流电弧比交流电弧稳定，但为了引弧容易，一般也取接近于交流弧焊电源的空载电压，只是下限减少 10V。

根据我国国家标准“GB 15579.1—2013/IEC 60974-1：2005”，在不同工作条件下的额定空载电压不允许超过如下规定的安全标准：

1）触电危险较大的环境：直流 113V 为峰值，交流 68V 为峰值和 48V 为有效值；

2）触电危险不大的环境：直流 113V 为峰值，交流 113V 为峰值和 80V 为有效值；

3）对操作人员加强保护增加机械夹持焊炬的情况下：直流 141V 为峰值，交流 141V 为峰值和 100V 为有效值（注：应满足焊炬不用手持，焊接停止时空载电压能自动切断，且防直接接触带电部件应具有最低防护等级 IP2X 或有防触电装置）。

4）特殊工艺如等离子切割：直流 500V 为峰值。

同时综合考虑引弧、稳弧工艺的需求，空载电压通常要求如下：

(1) 弧焊变压器：$U_0 \leqslant 80$V；

(2) 弧焊整流器、弧焊逆变器：$U_0 \leqslant 85$V；

(3) 弧焊发电机：$U_0 \leqslant 100$V。

一般规定空载电压不得超过 100V，在特殊用途中，若超过 100V 时必须具备自动防触电装置。

应当指出，上述空载电压范围是对下降特性弧焊电源而言的。在一般情况下，用于熔化极自动、半自动弧焊的平特性弧焊电源可以具有较低的空载电压，而且要根据额定焊接电流的大小做相应的选择。另外，对于一些专用性的电源，例如，带有引弧（或稳弧）器的非熔化极气体保护焊接电源，也可以降低空载电压。在特殊条件下，危险工作环境中，例如在锅炉体内或其他狭小的容器内，为了保证焊工的安全，用于焊条电弧焊的弧焊电源等，它们的空载电压应定得比较低，而为了提高引弧性能，可以附加专门的引弧装置。

#### 3.2.4.3 对弧焊电源稳态短路电流的要求

弧焊电源输出电压为零，即 $U_y=0(U_f=0)$ 时所对应的稳态电流为稳态短路电流 $I_{wd}$，如图 3-4 所示。

当电弧引燃和金属熔滴过渡到熔池时，经常发生短路。如果稳态短路电流过大，会使焊条过热，药皮容易脱落，薄板穿孔，熔滴缩颈爆断时蓄积的能量高而引起较为严重的飞溅；如果稳态短路电流过小，会因电磁收缩力不足而使得熔滴过渡困难、易粘丝。对于下降特性的弧焊电源，一般要求稳态短路电流 $I_{wd}$ 与焊接电流 $I_f$ 的比值范围为：

$$1.25 < \frac{I_{wd}}{I_f} < 2 \tag{3-5}$$

显然，这个比值取决于弧焊电源外特性工作部分至稳态短路点之间的曲线形状（或斜率）。由上述内容可知，对于焊条电弧焊，为了使焊接参数稳定，希望弧焊电源外特性的下降陡度大，最好采用恒流特性。与此同时，为了确保引弧和熔滴过渡时具有足够大的推动力，又希望稳态短路电流适当大些，即满足式（3-5）的要求。这就要求弧焊电源的外特性，在陡降到一定电压值（5~10V）后转入外拖阶段，形成恒流（或陡降）带外拖的外特性。自外拖起始点（拐点）到稳态短路点这区段，称之为短路区段。利用现代的大功率电子元件和电子控制电路，可以对这个区段进行任意控制。其主要参数是拐点的位置和外拖线段的斜率或形状。图3-8所示为恒流带外拖外特性示意图，这是目前外拖曲线的两种主要形式。其中图3-8（a）外拖段为一下倾斜线，通过大功率器件和电子控制电路，可对拐点位置、外拖段斜率进行控制；图3-8（b）外拖段为阶梯曲线，同样可以通过大功率器件和电子控制电路，对拐点位置和外拖段形状进行控制。根据弧焊工艺方法和焊接参数的不同，只要适当调节短路区段的外拖拐点和斜率形状，就可以有效地控制熔滴过渡和引弧过程，减少飞溅，获得更优质的焊缝质量。

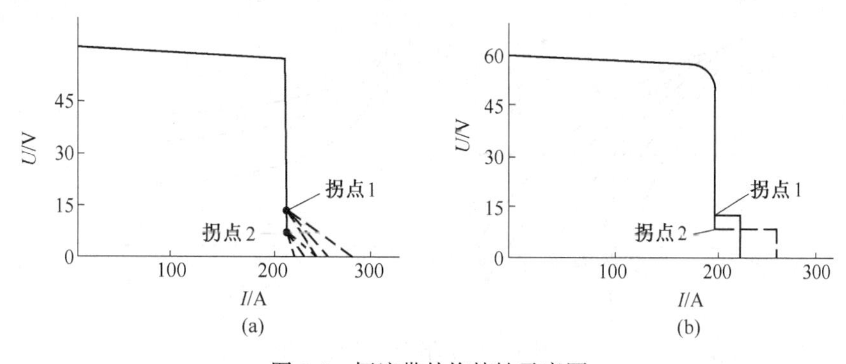


图3-8　恒流带外拖特性示意图

（a）外拖段为下倾斜线；（b）外拖段为阶梯曲线

# 3.3　弧焊电源的调节特性

众所周知，焊接时，根据工件材质、厚度、接头形式、坡口形式以及环境等因素的不同，需要选用不同的焊接参数，其中与弧焊电源密切相关的是电弧电压 $U_f$ 和焊接电流 $I_f$，为满足不同工况的焊接需求，焊接电源必须具备可调节的性能。本节主要学习弧焊电源调节特性的概念、可调参数及其调节范围，并了解弧焊电源的负载持续率与额定值。

## 3.3.1　弧焊电源调节特性的概念

如前所述，焊接过程中，电弧电压和焊接电流是电弧静特性曲线与弧焊电源外特性曲线相交的稳定工作点对应的电压和电流。在焊接工况确定后，对于一定弧长的电弧，其静特性曲线是确定的，如果只有一条弧焊电源外特性曲线，那么对于一定弧长只有一个交点，只有一组电压和电流可用于焊接，这是不行的。为了获得一定范围内所需的电弧电压和焊接电流，弧焊电源的外特性必须可以均匀调节，以便与静特性曲线产生很多交点，从而得到一系列稳定工作点。在焊接作业时，可根据需求调节电压和电流。

弧焊电源能满足不同工作电压、电流需求的可调节性能，即称为弧焊电源的调节特性或调节性能。它是通过电源外特性的调节来实现的。

在稳定工作的条件下，电源输出电压 $U_y$、焊接电流 $I_y$、空载电压 $U_0$ 和等效阻抗 $Z$ 之间的关系，可以表示为：

$$U_y = U_0 - I_y Z \tag{3-6}$$

$U_y$ 和 $I_y$ 的关系即为弧焊电源的外特性，当 $U_0$ 和 $Z$ 为定值时，则得到一条外特性曲线。为获得一系列外特性曲线，可以通过调节弧焊电源的空载电压 $U_0$ 和等效阻抗 $Z$ 来实现。当 $U_0$ 不变，改变 $Z$ 时，可得到一簇外特性曲线，图 3-9（a）所示为一簇下降外特性，图 3-9（b）所示为一簇平外特性。当 $Z$ 不变，改变 $U_0$ 时，也可得到如图 3-10 所示的外特性曲线簇。上述两种调节外特性的方式所表现出的调节性能是不同的，有的焊接电源会同时采用两种调节方式。若能保证在所需的宽度范围内均匀而方便地调节参数，并能满足保证电弧稳定，焊缝成形好等工艺要求，则称其调节性能良好。

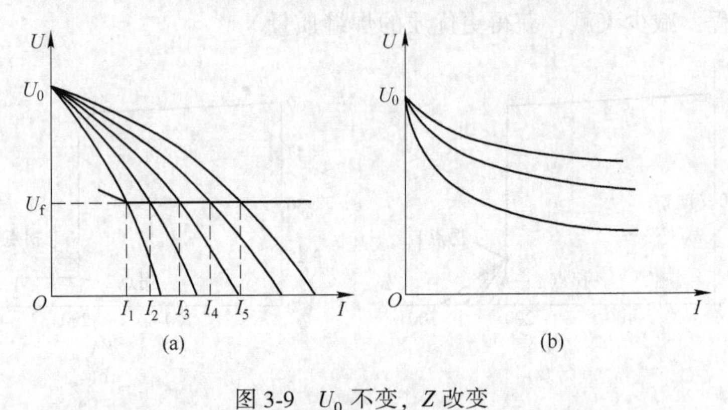


图 3-9　$U_0$ 不变，$Z$ 改变

（a）下降外特性；（b）平外特性

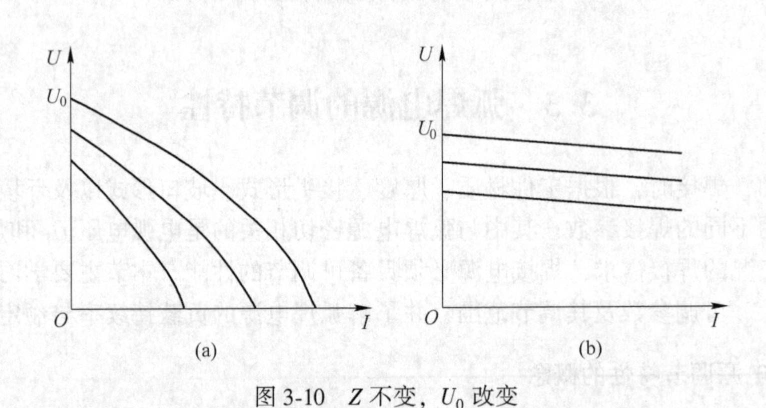


图 3-10　$Z$ 不变，$U_0$ 改变

（a）下降外特性；（b）平外特性

### 3.3.2　弧焊电源的输出参数及调节范围

前面讲解了弧焊电源的调节特性，那么弧焊电源的可调参数有哪些？调节范围是什么呢？在分析这些问题前，先学习一个概念——规定负载特性。在焊接时，对于弧焊电源而言，负载不仅包含电弧，还包括焊接回路的电缆在内，随着工作电流的增大，电缆上的压降也增大。为了保证一定的电弧电压，就要求工作电压 $U_f$ 随工作电流 $I_f$ 的增大而增大。由此，根据生产经验规定了工作电压与工作电流之间的关系为一条缓升的直线（见图 3-11 和图 3-12），即为规定负载特性。有了负载特性之后，就可以确定弧焊电源的电压和电流的调节范围了。

在国家标准中规定的有关焊接方法的负载特性有：

（1）焊条电弧焊和埋弧焊电源。

1）$U_f=(20+0.04I_f)$V，$I_f \leqslant 600$A；

2）$U_f=44$V，$I_f>600$A。

（2）TIG 焊和等离子弧焊电源。

1）$U_f=(10+0.04I_f)$V，$I_f \leqslant 600$A；

2）$U_f=34$V，$I_f>600$A。

（3）MIG 焊电源。

1）$U_f=(14+0.05I_f)$V，$I_f \leqslant 600$A；

2）$U_f=44$V，$I_f>600$A。

（4）等离子切割。

1）$U_f=(80+0.4I_f)$V，$I_f \leqslant 600$A；

2）$U_f=220$V，$I_f>600$A。

3.3.2.1 下降外特性弧焊电源的可调参数及其调节范围

下降外特性电源的可调参数，如图 3-11 所示。

（1）工作电流 $I_f$ 是指在进行弧焊时的电弧（焊接）电流或是弧焊电源输出的电流。

（2）工作电压 $U_f$ 是指在焊接时，弧焊电源输出的负载电压，包括电弧和焊接回路电缆所分得的电压。

（3）最小焊接电流 $I_{f,min}$是指弧焊电源通过调节所能输出的与负载特性相应的最小电流。

（4）最大电流 $I_{f,max}$是指弧焊电源通过调节所能输出的与负载特性相应的最大电流。

（5）电流调节范围是指在规定负载特性条件下，通过调节所能获得的焊接电流范围，即 $I_{f,min} \sim I_{f,max}$。

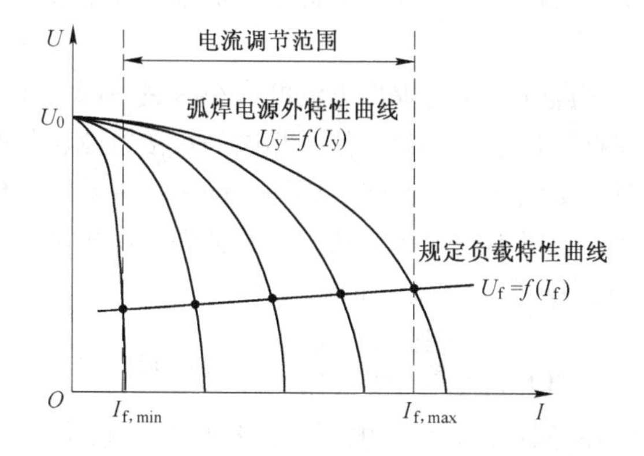


图 3-11 下降外特性弧焊电源的调节特性

3.3.2.2 平外特性弧焊电源的可调参数及其调节范围

平外特性弧焊电源的可调参数，如图 3-12 所示。

工作电流 $I_f$ 和工作电压 $U_f$ 均与下降外特性弧焊电源的定义相同，这里主要介绍最小工作电压 $U_{f,min}$、最大工作电压 $U_{f,max}$和工作电压调节范围。

（1）最大工作电压 $U_{f,max}$ 是指弧焊电源通过调节所能输出的与规定负载特性相对应的最大电压。

（2）最小工作电压 $U_{f,min}$ 是指弧焊电源通过调节所能输出的与规定负载特性相对应的最小电压。

（3）工作电压调节范围。弧焊电源在规定负载条件下，经调节而获得的工作电压范围，即 $U_{f,min} \sim U_{f,max}$。

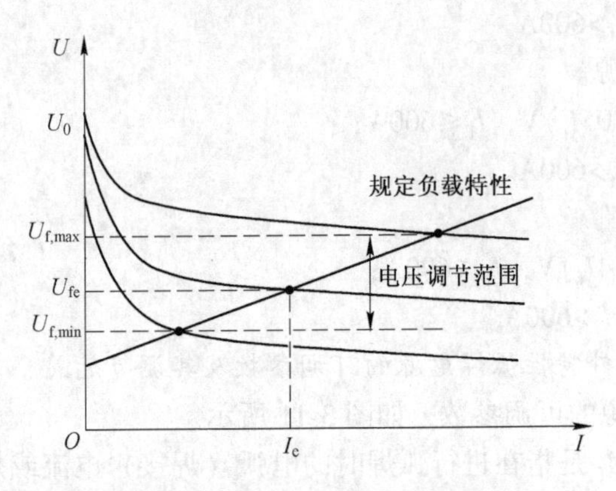


图 3-12 平外特性弧焊电源的调节特性

### 3.3.3 弧焊电源的负载持续率与额定值

前面讲解了弧焊电源的工作电流调节范围和工作电压调节范围，但这并不意味着，在任何工况下都可以让弧焊电源以极值功率去使用，特别是最大功率。弧焊电源能输出多大功率与它的温升有着密切的关系。如果温升过高，则弧焊电源的绝缘容易被破坏，甚至会烧坏有关元器件和整机。因此，在弧焊电源标准中对于不同绝缘级别，规定了相应的允许温升。

弧焊电源工作时，其温升不仅与焊接电流的大小有关，同时还与负荷状态有关，即长时间连续通电，或者间歇性通电。例如，使用相同的焊接电流，长时间连续焊接，温升自然要高些；间歇焊接时，则温升就会低些。因而，同一容量的弧焊电源在断续焊接时，它允许使用的电流就大些。对于不同的负荷状态，给弧焊电源规定了不同的输出电流。这里可以用负载持续率 $FS$ 来表示负荷状态，即

$$FS=\frac{\text{负载持续运行时间}}{\text{负载持续运行时间+休止时间}}\times 100\%=\frac{t}{T}\times 100\%$$

式中，$t$ 为负载持续运行时间；$T$ 为弧焊电源的工作周期，它是负载持续运行时间和休止时间之和。

弧焊电源的一个全工作周期定为 10min。负载持续率额定级原规定有 15%、25%、40%、60%、80%和 100%六种，按国家标准也曾规定为 35%、60%和 100%三种。焊条电弧焊电源一般取 60%，轻便型的可取 15%、25%或 35%。自动或半自动弧焊电源一般取 100%或 60%。按最新的标准规定，各制造厂家可根据市场和自己的产品特点与销售策略，自行设定负载持续率。

弧焊电源铭牌上规定的额定电流 $I_e$，就是指在规定的环境条件下，按额定负载持续率 $FS_e$规定的负载状态工作，即在符合标准规定的温升限度下所允许的输出电流值。与额定焊接电流相对应的工作电压为额定工作电压 $U_{fe}$。

在实际焊接作业中，弧焊电源经常工作在非额定负载持续率的状态下，实际工作时间与工作周期之比称为实际负载持续率 $FS$。不同负载持续率条件下，允许使用的最大焊接电流可按式（3-7）计算：

$$I_f = I_e \sqrt{\frac{FS_e}{FS}} \tag{3-7}$$

# 3.4 弧焊电源的动特性

## 3.4.1 弧焊电源动特性的概念

上面所述是针对焊接电弧处于稳定的工作状态，即电弧长度、电弧电压和电流在较长时间内不改变，处于静态的情况。然而，在熔化极电弧焊接过程中，电极（焊丝或焊条）在被加热形成金属熔滴进入熔池时，经常会出现短路。这样，就会使电弧长度、电弧电压和电流产生瞬间的变化。因而，在熔化极电弧焊时，焊接电弧对供电的弧焊电源来说，可能是一个动态负载，这就需要对弧焊电源动特性提出相应的要求。

所谓弧焊电源的动特性，是指电弧负载状态发生突然变化时，弧焊电源输出电压与电流的响应过程，可以用弧焊电源的输出电压和电流与时间的关系来表示，即 $u_y=f(t)$，$i_y=f(t)$，它表征了电源对负载瞬变的适应能力。

只有当弧焊电源的动特性合适，才能获得良好的引弧、燃弧和熔滴过渡状态（即电弧稳定、飞溅少等），从而获得良好的焊缝质量。一般而言，对于弧焊电源动特性的要求主要包括对瞬时短路电流峰值的要求、对短路电流上升速度的要求以及对恢复电压最低值和恢复速度的要求。对于一些新型弧焊电源，可能还有更多的动特性要求，这需要根据其具体的电源特点而定。

## 3.4.2 各种弧焊方法的负载特点及其电源动特性分析

对于不同的弧焊方法，其负载状态是不同的，因而对于其电源动特性的要求也不同，接下来就针对不同的弧焊方法，讨论其对弧焊电源动特性的要求。

对于非熔化极电弧焊来说，其焊接过程中电极不熔化，电弧长度、电弧电压和焊接电流基本没有变化，引弧过程一般采用非接触式引弧，可以将非熔化极电弧焊的电弧近似看作一个恒定的负载，因此可以不考虑对其弧焊电源动特性的要求。

对于熔化极电弧焊来说，其焊接过程中电极（焊丝或焊条）在电弧的作用下，会不断熔化形成熔滴然后落入熔池，发生熔滴过渡。采用的工艺方法和焊接参数不同，熔滴过渡的方式也不相同，电弧负载的变化也就各不相同，因此对动特性的要求也就有所不同。

图 3-13（a）为熔滴以细颗粒高速进入熔池的射流过渡，图 3-13（b）是熔滴以自由飞落形式进入熔池的滴状过渡。除滴状过渡过程中偶尔会出现大熔滴短路外，这两种熔滴过渡方式下，电弧电压和电流是基本不变的，可以把这时的电弧近似看作是静态负载。因

此，在射流过渡和滴状过渡的情况下，对弧焊电源的动特性没有特殊要求。

图 3-13（c）所示为短路过渡，熔滴从焊丝端部脱离之前就与熔池接触发生短路，因此在短路过渡焊接过程中，弧焊电源常在空载、负载、短路三种状态之间转换，此时的电弧是一种变化较大的动态负载，故需对弧焊电源的动特性提出要求。

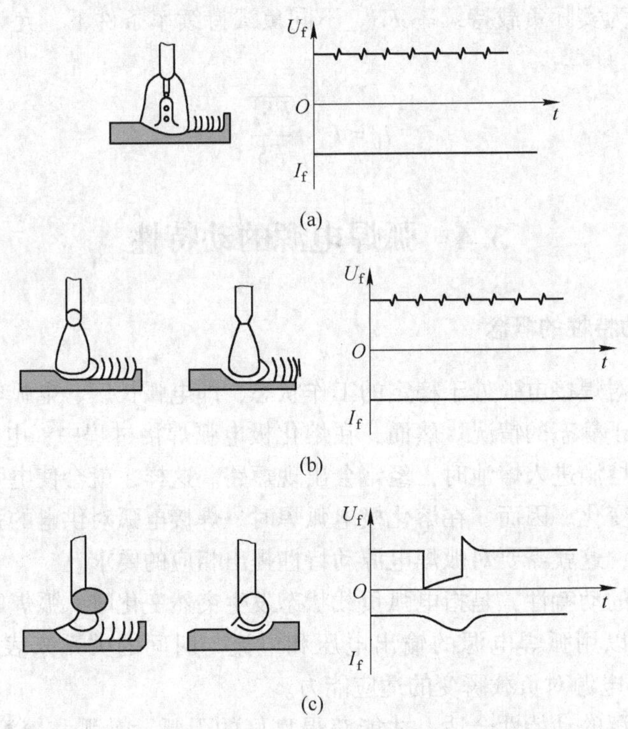


图 3-13 熔滴过渡形式及其电弧电压、电流的波形

（a）射流过渡；（b）滴状过渡；（c）短路过渡

实际焊接过程中，在焊条电弧焊、细丝 $CO_2$ 气体保护焊时，常常采用短路过渡的熔滴过渡方式，接下来就以这两种典型的短路过渡焊接工艺为例分析其弧焊电源的动特性曲线。

3.4.2.1 焊条电弧焊

焊条电弧焊一般采用接触引弧，在短路过渡的情况下，电源的电流和电压变化曲线如图 3-14 所示。

（1）引弧。焊接开始时，首先使焊条与工件之间接触短路，如图 3-14（c）中 1 所示，此时弧焊电源端电压迅速下降至短路电压 $U_d$，与此同时，电流迅速增大至最大电流值 $I_{sd}$，然后又逐渐下降到稳定短路电流 $I_{wd}$。待焊条与工件之间拉出距离后，弧焊电源的电压迅速上升，电流迅速下降，形成电弧，这就是引弧过程，如图 3-14（c）中 2 所示。

（2）负载。电弧引燃后，在电弧的作用下，焊丝端部会不断熔化，形成熔滴，熔滴会不断长大，此时电弧电压逐渐下降，电流逐渐上升，这就是燃弧过程，如图 3-14（c）中 3 所示。在这个过程中是有电弧负载存在的，我们把这个状态称为"负载"状态。

（3）短路。在熔滴从焊丝端部脱落前，熔滴就与熔池接触发生短路，这时电弧熄灭，这就是短路过程，此时电弧电压下降，电流又增至短路电流 $I_{fd}$，如图 3-14（c）中 4 所示。短路过程中，电弧熄灭，没有电弧负载存在，我们把这个状态称为“短路”状态。

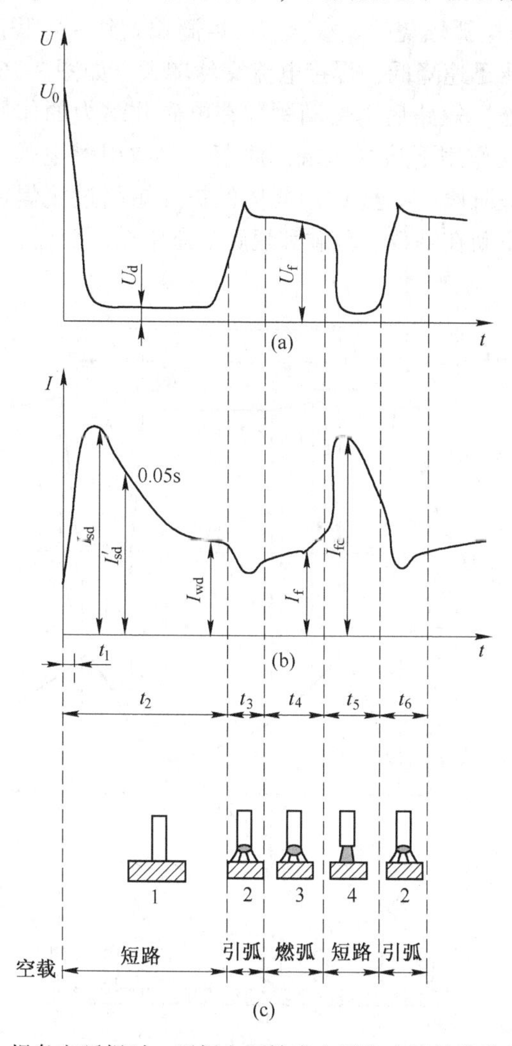


图 3-14　焊条电弧焊时，弧焊电源输出电压和电流的变化曲线

短路发生后，熔滴颈部在熔滴重力、电磁收缩力的作用下发生缩颈爆断，落入熔池，待熔滴脱落之后，又重新引燃电弧，进入“负载”状态。如此周而复始，电弧电压和焊接电流就出现周期性的变化。我们可以将整个循环过程概括为图 3-15 所示的负载状态循环示意图。

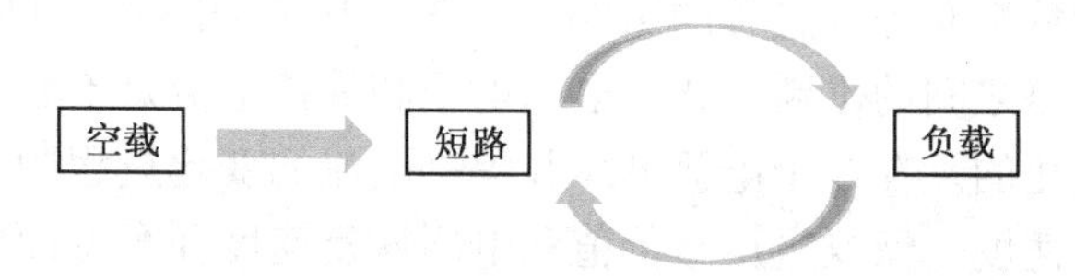


图 3-15　焊条电弧焊时，负载状态循环过程示意图

3.4.2.2　细丝 $CO_2$ 气体保护焊

细丝 $CO_2$ 气体保护焊短路过渡焊接时，电弧电压和焊接电流波形如图 3-16 所示。电

弧引燃后焊丝端部在电弧热的作用下不断熔化形成熔滴，并不断长大，如图 3-16（c）中 2、3、4 所示，这是有电弧燃烧的负载状态。熔滴长大到一定程度后与熔池接触短路，此时电弧熄灭，电弧电压迅速降低，焊接电流突然增大，如图 3-16（c）中 5 所示，这是没有电弧负载的短路状态。短路后，熔滴颈部在电磁收缩力的作用下形成缩颈，同时在重力、表面张力等的共同作用下从焊丝端部脱落，再次引燃电弧，如图 3-16（c）中 6、7 所示，随后又进入负载阶段。细丝 $CO_2$ 气体保护焊短路过渡焊接过程与焊条电弧焊短路过渡焊接过程一样，不断在空载、负载和短路状态中循环变化，而且频率更高。

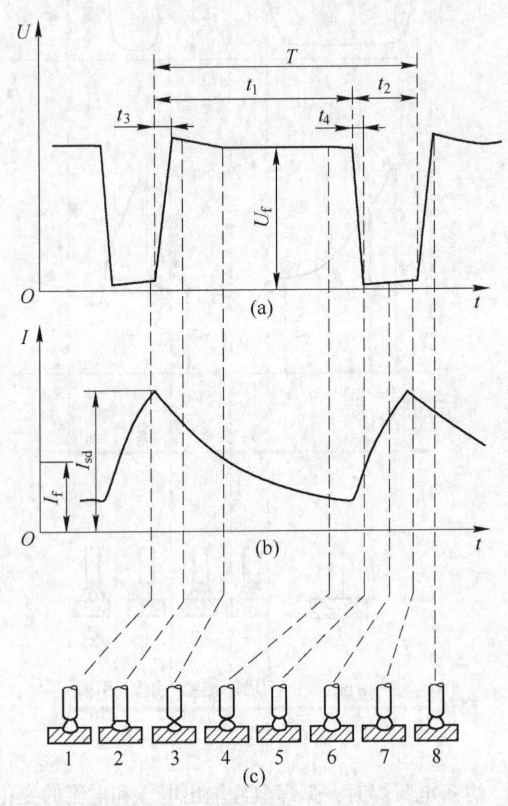


图 3-16　细丝 $CO_2$ 气体保护焊短路过渡过程的电流、电压波形图

### 3.4.3　动特性对焊接过程的影响

上一节对焊条电弧焊和细丝 $CO_2$ 气体保护焊短路过渡焊接的电源动特性进行了分析，接下来进一步分析动特性对焊接过程的影响。从图 3-14 和图 3-16 可以看到，随着负载状态在空载、负载和短路之间的不断变化，电弧电压和焊接电流是不断变化的，其变化过程不是跃变而是逐渐变化的。在这个电弧电压和焊接电流的变化过程中，一般会从短路峰值电流、短路电流增长速度、恢复电压最低值和电压恢复速度几个方面影响焊接过程。

（1）短路峰值电流 $I_{sd}$。引弧时，从空载到短路时的短路电流影响开始焊接时的引弧过程。短路电流过小，不利于热发射和热电离，使得引弧困难；短路电流过大，则造成飞溅大甚至引起工件烧穿。熔滴短路过渡时，从负载到短路时的短路电流影响熔滴过渡情况。短路电流过小，熔滴缩颈时所受到的电磁收缩力小，熔滴从焊丝端部脱落困难，造成熔滴过渡困难；若短路电流过大，熔滴缩颈爆断时能量高，飞溅严重，使焊缝成形变坏，甚至引起焊件烧穿，电弧不稳。

（2）短路电流增长速度 $dI_{fd}/dt$。从负载到短路的短路电流增长速度 $dI_{fd}/dt$，是影响熔滴过渡过程的一个主要参数，这个参数过大或过小都是不利的。短路电流增长速度过小，短路过渡频率减小，熔滴过渡时的小桥难以断开，这将使短路时间延长，以致焊丝成段爆断，产生大颗粒金属飞溅，电弧难以复燃，甚至造成焊丝插入熔池直接与工件短路使电弧熄灭。短路电流增长速度过大，则造成大量小颗粒金属飞溅，焊缝成形不好，金属烧损严重。对于不同直径的焊丝，合适的短路电流增长速度是不同的，表 3-3 中列出了对它的推荐参考值。

**表 3-3　推荐的短路电流增长速度**

| 焊丝直径/mm | 0.8 | 1.2 | 1.6 |
|---|---|---|---|
| 短路电流增长速度/$kA \cdot s^{-1}$ | 50~150 | 40~130 | 20~75 |

（3）恢复电压最低值 $U_{min}$。在接触引弧和短路过渡过程中，在焊条与工件拉开距离和熔滴脱落时，都会从短路转到空载，在此过程中，由于焊接回路中有电感的影响，弧焊电源的电压不能立即恢复空载电压 $U_0$，而是先出现一个尖峰值（时间极短），紧接着下降到电压最低值 $U_{min}$，然后再逐渐升高到空载电压 $U_0$，如图 3-17 所示。如果 $U_{min}$ 过小，则不利于电极电子发射和气体电离，使熔滴过渡后的电弧复燃困难。

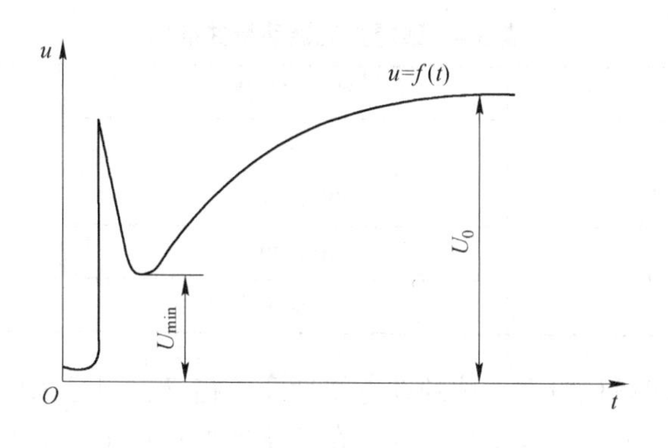


图 3-17　恢复电压最小值示意图

（4）空载电压恢复速度。当短路阶段结束后，希望立即引燃电弧，以免焊接过程出现中断的情况，这就要求弧焊电源要有足够快的空载电压恢复速度，否则会影响电弧稳定性，影响焊接质量。

通过前面的分析可以发现，动特性非常重要，它会影响焊接过程和焊接质量。当然，在生活的各方面，动特性也非常有意思。比如 2020 年，面对突如其来的新冠肺炎疫情，中国迅速响应，积极应对，迅速采取封城、隔离、管控等措施，快速建立火神山、雷神山、方舱医院，短短几个月就遏制住了疫情的蔓延。相比之下，部分国家在疫情防控上出现了拖延的现象，结果导致疫情肆虐，国家和民众蒙受损失，在痛苦中煎熬。可见，具有快速响应、积极应对的良好动特性对国家、民族来说都具有重要意义。对企业而言，当某个风险发生时，只有迅速采取措施，积极应对，及时止损，才能最大限度地避免损失。对于个人而言，当我们面对社会变革，世事变化，只有迅速响应，正确决策，果断执行，才能真正的与时俱进。可见，我们应该像弧焊电源一样，努力具备良好的动特性。

通过上述分析可以发现，动特性对于引弧过程、熔滴过渡过程、电弧稳定性等具有重要影响。不同弧焊电源的动特性各不相同，这取决于电源本身的结构、原理和参数。工程人员需要了解弧焊电源动特性对焊接过程的影响，进而从保证引弧、燃弧、熔滴过渡能处于良好状态的角度出发，对弧焊电源动特性提出若干参考性指标，用以指导弧焊电源的设计制造和评价弧焊电源对弧焊工艺过程的适应能力。

### 3.4.4　动特性的标准和评价方法

对弧焊电源动特性好坏的评定，就主观评定而言，是由操作者经试焊后做出的。所谓动特性好，一般指引弧和重新引弧容易，电弧稳定和飞溅少。就客观评定而言，是用测定一些参数后做出评定的（按有关国家标准规定的技术指标来评价）。

不同的焊接电弧、焊接方法对弧焊电源的动特性要求不同。由于引起焊接电弧、焊接过程瞬态变化的影响因素很多，因此通过一些具体的参数来衡量弧焊电源动态特性的优劣是很困难的，目前国内外对弧焊电源动特性的客观评价标准还处于研究中。我国对于弧焊整流器提出了一个动态特性指标，见表 3-4。该动态特性指标主要针对诸如电磁惯性比较大的电磁控制型弧焊整流器而制定的。弧焊变压器、晶闸管式弧焊整流电源、逆变式直流弧焊电源等很容易达到表 3-4 列出的动态性能指标，无需以此来考核。

**表 3-4　弧焊整流器动特性指标**

| 项　目 | | 整　定　值 | 指　　标 |
|---|---|---|---|
| 空载至短路 | $I_{sd}/I_f$ | 额定值 | ≤3.0 |
| | | 20%额定值 | ≤5.5 |
| 负载至短路 | $I_{fd}/I_f$ | 额定值 | ≤2.5 |
| | | 20%额定值 | ≤3.0 |

多数现代弧焊电源虽然没有具体的动态特性评价指标，但是都要求保证引弧容易且可靠、焊接电弧稳定、飞溅小、成型良好等。在熔化极电弧焊中，引弧与飞溅情况往往是考核电源动态性能的重要内容。

在检测弧焊电源引弧情况时，一般可以采用记忆示波器、光线示波器等仪器记录焊接引弧过程的焊接电流和负载电压波形，以三次引弧时间平均值的大小来确定引弧的难易。在评价熔化极气体保护焊引弧性能方面，有人采用如下综合性指标：

$$\overline{X}_Z = \frac{1}{n}\sum_{i=1}^{n}\overline{X}_{Zi}(n = 10) \tag{3-8}$$

式中，$\overline{X}_{Zi}$为某次引弧过程中断次数，如图 3-18 所示；$\overline{X}_Z$为 10 次引弧过程的平均中断次数。具体指标如下：

（1）机械化熔化极气体保护焊对引弧性能的要求：$\overline{X}_Z \leqslant 3$；

（2）微机控制或机器人熔化极气体保护焊对引弧性能的要求：$\overline{X}_Z \leqslant 0.5$。

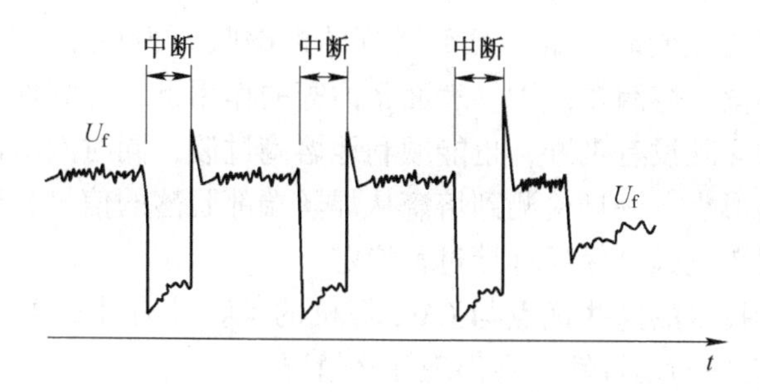


图 3-18 引弧过程电压波形

在检测弧焊电源飞溅情况时，往往采用称重法，即试件清洗称重，焊丝焊前、焊后称重，试件堆焊不小于 250mm 长的焊缝。

飞溅量=焊前试件重+(焊前焊丝重-焊后焊丝重)-焊后试件重

$$飞溅率=\frac{飞溅量}{焊前焊丝重-焊后焊丝重}\times 100\% \tag{3-9}$$

按给定的焊接参数焊接三次，以平均值作为该弧焊电源在该焊丝直径下的飞溅率，以此来评价弧焊电源的飞溅大小。

随着自动控制技术在弧焊电源中的广泛应用，也有人提出了采用自动控制系统中评价系统动态响应的方法来评价弧焊电源的动特性，它包括系统响应的超调量、调节时间、系统响应曲线的振荡次数等。值得指出的是，采用该方法也存在一个评价指标问题。

### 3.4.5 动特性的创新应用

图 3-19 所示为冷金属过渡（cold metal transfer，CMT）自动焊接系统示意图。冷金属过渡焊接技术是在短路过渡基础上发展而来的一种先进焊接技术。与传统短路过渡焊接相比，冷金属过渡焊接具有无飞溅、热输入小、电弧稳定等优点。那么它是如何具有这些优点的呢?

CMT 焊机采用了先进的数字控制系统，一旦检测到熔滴与熔池短路信号时，立即降低焊接电流，如图 3-20（b）的电流波形所示，此时流经熔滴的电流小，在熔滴过渡过程

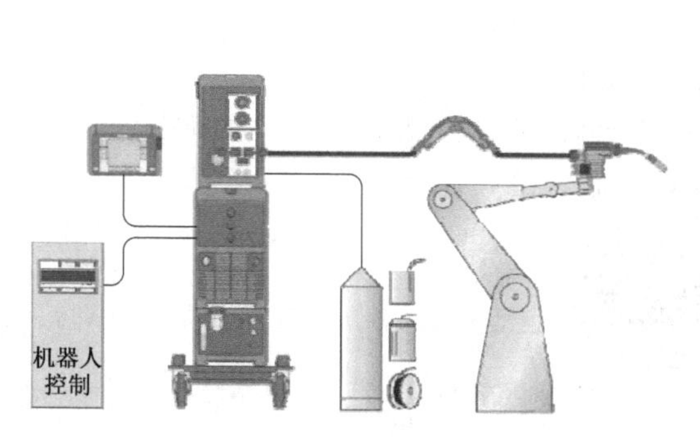


图 3-19 CMT 自动焊接系统示意图

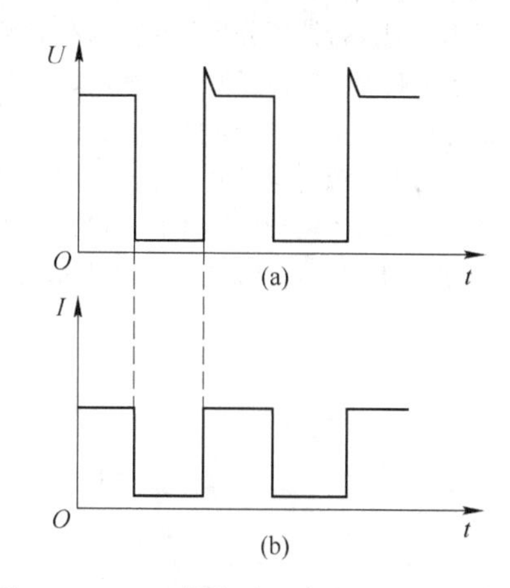


图 3-20 CMT 焊接过程中电压、电流波形
（a）电压波形；（b）电流波形

中不会产生飞溅。但与此同时，熔滴颈部受到的电磁收缩力也小，熔滴过渡困难怎么办呢？这时立即回抽焊丝，熔滴在重力、表面张力等的作用下，与焊丝端部分离，从而实现正常的熔滴过渡。这样既没有飞溅，也能顺利地熔滴过渡，同时因电流降低，焊接过程热输入低，焊后工件变形小。一旦检测到熔滴从焊丝端部脱落的信号，则迅速叠加高电压脉冲，从而快速重新引燃电弧，保证焊接过程稳定。

冷金属过渡焊接技术的这些优点与 CMT 焊机的动特性有什么关系呢？接下来分析假设 CMT 焊机不具备良好的动特性，会出现什么情况：

（1）假设 CMT 焊接电源不具备良好的动特性，当检测到短路信号时，焊接电流不能及时降低，则熔滴过渡将在大电流状态下进行，无飞溅的特点就不存在了。

（2）假设当检测到短路信号时，焊接电流及时降低了，但焊丝却不能及时回抽，则熔滴过渡不能正常进行，焊接过程不能正常进行了。

（3）假设短路时焊接电流能及时降低，焊丝能及时回抽，但当检测到熔滴脱落信号时，不能及时叠加高电压，则快速重新引燃电弧，促进焊接电弧稳定的特点也不存在了。

综上所述，动特性在弧焊电源的创新设计中非常重要，对于 CMT 冷金属过渡焊接电源，脱离了良好的动特性，不仅其优点都不存在了，甚至无法正常工作。随着科学技术的发展，对于焊接的要求已经不再停留在实现连接的层次了，更要求自动化、智能化、智慧化、绿色、安全、环保等，弧焊电源工程师们正是在这种需求的引领下经过不断的精益求精、创新设计才创造出了众多的先进电源。

## 思　考　题

3-1 什么是弧焊电源的外特性、负载持续率、弧焊电源动特性以及负载特性？

3-2 弧焊工艺对电源电气性能提出的要求是什么？

3-3 什么是“电源-电弧”系统稳定性？

3-4 在焊条电弧焊中，一般工作于电弧静特性的水平段上，请从焊接参数稳定性和电弧弹性两方面分析图 3-4 中 1、2、3 三条电源外特性曲线中，哪一条最适合焊条电弧焊？分析其原因。

3-5 弧焊电源外特性可分为哪几种基本形状（可作图说明），如何定量划分？

3-6 焊条电弧焊、钨极氩弧焊、埋弧焊、$CO_2$ 气体保护焊各用什么形状的弧焊电源外特性？

3-7 请分析什么是“电源-电弧”系统自身调节作用。

3-8 一般弧焊电源的空载电压在什么范围内，空载电压有何要求？

3-9 请问弧焊电源调节外特性的方式有哪两种？请画图说明。

3-10 弧焊电源的动特性是什么，哪些焊接方法在哪种熔滴过渡形式下需要考虑电源的动特性？

扫码看答案

# 4 弧焊变压器

弧焊变压器是一类交流弧焊电源，具有结构简单，便于制造和维修，工作可靠性高，成本低廉等优点，目前主要用于焊条电弧焊、埋弧焊、钨极氩弧焊等焊接中。

弧焊变压器是一种特殊的变压器，其基本原理与一般的电力变压器的基础理论是相同的，而且变压器的基础理论也适用于整流弧焊电源的三相变压器。

本章主要介绍变压器的基础理论以及弧焊变压器的工作原理和特点，以及几种常见的弧焊变压器。

## 4.1 变压器的基础知识

变压器在弧焊电源中是一种非常重要的装置，通过变压器降压，得到电弧燃烧需要的电压。变压器的基本理论就是利用电磁感应原理从一个电路向另一个电路传递电能。

### 4.1.1 电与磁的基本概念

(1) 磁感应强度 $\boldsymbol{B}$。表征磁场强弱及方向的物理量，它是一个矢量，单位为 T（特斯拉），即 $Wb/m^2$（韦伯/米$^2$）。磁感应强度可以通过电流产生，它的方向与产生它的电流方向可以用右手螺旋定则来确定。

(2) 磁通 $\boldsymbol{\Phi}$。在均匀的磁场中，磁感应强度 $\boldsymbol{B}$ 与垂直于此方向的面积 $S$ 的乘积，为通过该面积的通量，称为磁通量，简称磁通 $\boldsymbol{\Phi}$，其单位为 Wb（韦伯）。

由于 $\boldsymbol{B} = \boldsymbol{\Phi}/S$，$\boldsymbol{B}$ 也称为磁通密度。若用磁感应线来描述磁场，则通过单位面积的磁感应线疏密反映了磁感应强度（磁通密度）的大小以及磁通量的多少。

(3) 磁场强度 $\boldsymbol{H}$。磁场强度 $H$ 是计算磁场时所用的一个物理量，也是一个矢量，单位为 A/m。$\boldsymbol{B} = \mu \boldsymbol{H}$，其中 $\mu$ 是表示物质的导磁能力的物理量，真空时的磁导率是 $\mu_0 = 4\pi \times 10^{-7}$ H/m，铁磁材料的磁导率 $\mu \gg \mu_0$。

### 4.1.2 磁路

磁通所通过的路径称为磁路。磁通的路径可以是铁磁物质，也可以是非铁磁物质。如图 4-1 所示，变压器的线圈（绕组）套装在铁芯上，当线圈内通有电流时，线圈周围的空间（包括铁芯内、外）就会产生磁场。由于铁芯的导磁性能比空气好很多，所以绝大部分的磁通将从铁芯通过，这部分磁通称为主磁通。围绕着线圈，在部分铁芯和铁芯周围的空间，还存在少量分散的磁通，这部分磁通称为漏磁通。主磁通和漏磁通所通过的路径分别称为主磁路和漏磁路。

用以激励磁路中磁通的载流线圈称为励磁线圈，励磁线圈中的电流称为励磁电流。若励磁电流为直流，磁路中的磁通是恒定的，这种磁路称为直流磁路。若励磁电流为交流，磁路中的磁通是随时间变化的，这种磁路称为交流磁路。

### 4.1.3 铁芯磁性材料的磁性能

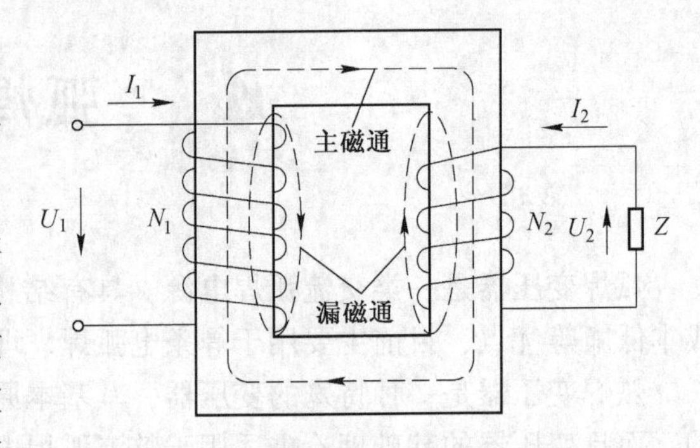

图 4-1 磁路中的磁通

变压器的铁芯常用磁导率较高的铁磁材料制成。

铁磁材料包括铁、镍、钴等材料。铁磁材料在外磁场中呈现很强的磁性，此现象称为铁磁物质的磁化。铁磁物质能被磁化的原因是在它内部存在着许多很小的被称为磁畴的天然磁化区。在没有外磁场作用时，各个磁畴排列混乱，磁效应相互抵消，对外不显示磁性。在外磁场作用下，磁畴就顺着外磁场方向排列整齐并显示出磁性，也就是说铁磁物质被磁化了，由此形成的磁化磁场，叠加在外磁场上，使合成磁场大为加强。

由于磁畴产生的磁化磁场比非铁磁物质在同一磁场强度下所激励的磁场强得多，所以铁磁材料的磁导率 $\mu_{Fe}$ 要比非铁磁材料大得多。非铁磁材料的磁导率接近于真空的磁导率 $\mu_0$，工频变压器中常用的铁磁材料磁导率 $\mu_{Fe}=(6000\sim10000)\mu_0$。

## 4.2 变压器的结构和基本原理

变压器是一种能量转换装置，其工作原理就是“电动生磁，磁动生电”，即将电能转化为磁能，再将磁能转换成电能，从而实现能量转换。接下来简单介绍一般电力变压器的结构及工作原理。

### 4.2.1 变压器的结构

变压器的基本结构是铁芯和线圈（绕组）。

（1）铁芯。铁芯既是变压器的主磁路，又是变压器的机械骨架。为减小变压器的铁损，弧焊变压器的铁芯采用高导磁的 0.35mm 或 0.5mm 硅钢片叠制而成。铁芯由铁芯柱和铁轭组成，铁芯柱上套有线圈。铁轭连接铁芯柱，使磁路形成闭合回路。

（2）线圈（绕组）。线圈是变压器的电路部分，它一般由铜、铝等圆线或扁线绕制而成，而且这些导线都要经过绝缘处理，或在绕制过程中采取必要的绝缘措施。比较多的是筒形结构或盘形结构。

变压器的结构主要有心式变压器和壳式变压器两类。心式变压器的特点是线圈包围铁芯，如图 4-2 所示。壳式变压器的特点是铁芯包围线圈，如图 4-3 所示。

心式变压器结构简单，线圈安装和绝缘处理方便，在弧焊变压器中得到广泛运用；壳式变压器机械强度好，铁芯易散热，在焊接领域主要用在电阻焊变压器中。一般电力变压器的高、低压线圈大多绕在同一铁芯柱上，低压线圈在内，靠近铁芯柱，高压线圈套在低压线圈外面。高、低压线圈之间有空隙，既可散热，又有利于绝缘。而弧焊变压器为了获得所需特性，其结构有明显区别。

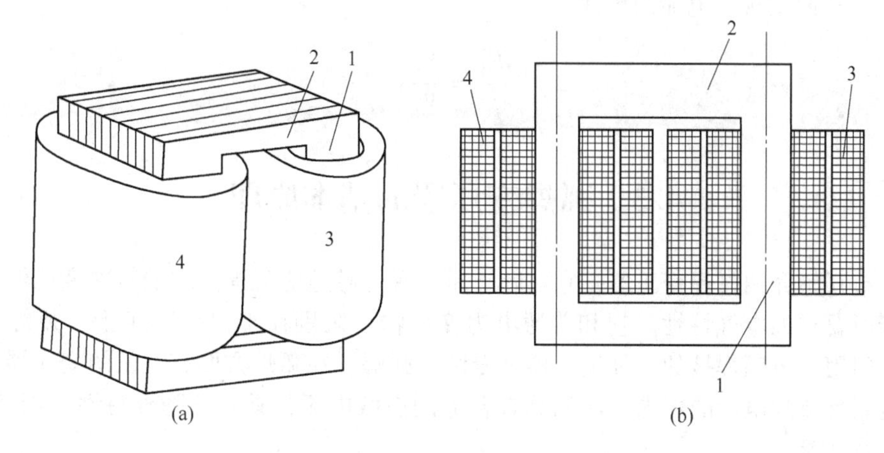


图 4-2 心式变压器
（a）单相心式变压器外观；（b）单相心式变压器结构
1—铁芯柱；2—铁轭；3—一次绕组；4—二次绕组

### 4.2.2 变压器的工作原理

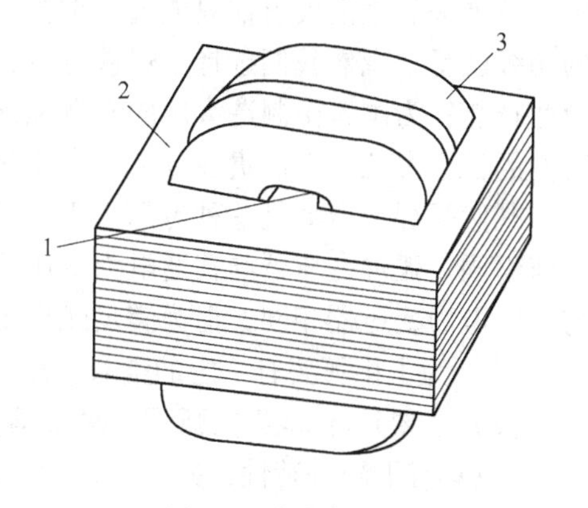


图 4-3 壳式变压器
1—铁芯柱；2—铁轭；3—绕组

变压器是利用电磁感应原理，将一种等级的交流电压和电流转换为频率相同的另一种或几种等级交流电压和电流的电气设备。

变压器由闭合铁芯和两个或两个以上匝数不同、相互绝缘的线圈（绕组）构成，如图 4-4 所示。接到交流电源的绕组称为一次绕组或原边绕组、初级绕组，用 $N_1$ 表示，连接负载的绕组称为二次绕组或副边绕组、次级绕组，用 $N_2$ 表示。

图 4-4 是一个双绕组的变压器原理图，为便于分析，将一次和二次绕组分别绕在铁芯两侧（弧焊变压器经常采用这种结构），匝数分别为 $N_1$、$N_2$，变压器的负载阻抗为 $Z$。当一次绕组外加交流电源 $\dot{U}_1$ 时，便有电流 $\dot{I}_1$ 流过一次绕组，并在铁芯中产生频率与外加电源电压频率相同的交变磁通 $\dot{\Phi}$，这就是电动生磁，$\dot{\Phi}$ 同时经过一次、二次绕组而产生感应电动势 $\dot{E}_1$、$\dot{E}_2$，其大小与绕组匝数成正比，如式（4-1）所示，这就是磁动生电。改变一次、二次绕组匝数之比，可以达到改变电压的目的。一次绕组、二次绕组之间没有电的联系，只有磁的联系，二次绕组产生的电动势 $\dot{E}_2$ 向负

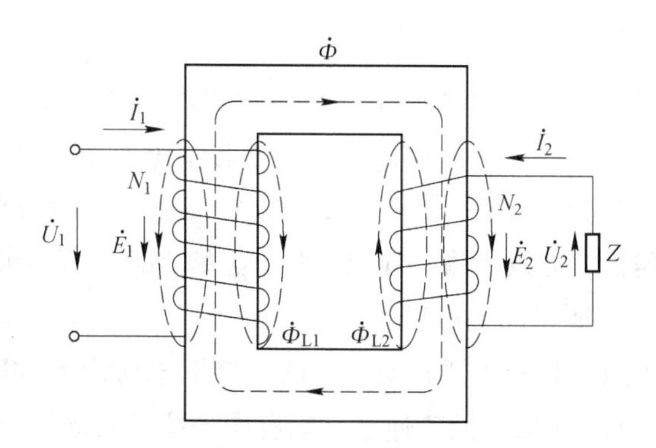


图 4-4 单相变压器工作原理示意图

载 $Z$ 供电，从而实现了电能的传递。

$$\frac{\dot{E}_1}{\dot{E}_2}=\frac{N_1}{N_2} \tag{4-1}$$

## 4.3 弧焊变压器的基本原理

这一节开始介绍弧焊变压器，它实际上是一种能够适应弧焊要求的特殊变压器，具备电弧焊接所要求的电气特性。它和普通电力变压器的区别在于“专”字上，弧焊变压器是一种专门用于电弧焊接的一种变压器，专注于弧焊，在弧焊方面有特长的变压器，因此它应该能满足弧焊电源的需求，比如具有合适的空载电压，具有下降外特性，调节特性，良好的动特性等。

作为一名焊接工作者，不仅要学会焊接的专业知识，更要具有焊接的专业素养，具有焊接精神。歌唱家卢卡诺·帕瓦罗蒂从师范大学毕业时，请教他的父亲：“我是当教师呢，还是做歌唱家?”他爸爸回答说：“如果你想同时坐在两把椅子上，你可能会从椅子中间掉下去。生活要求你只能选一把椅子坐上去。”后来卢卡诺·帕瓦罗蒂成为世界歌坛的超级巨星。既然我们选择了焊接专业，那么我们就专注于自己的专业，不断地提高自身专业技能，为国家由制造大国向制造强国的转变贡献自己的力量，从焊接的角度，担当起我们的社会责任。专注贵在专一，专注贵在执着，专注方能致远。

既然弧焊变压器是一种专门用于电弧焊的特殊变压器，接下来就看看它与普通变压器有何不同。弧焊变压器与普通电力变压器不同，它是一类特殊的降压变压器，其基本原理与一般电力变压器相同，但为满足弧焊工艺要求，还具有以下特点：

(1) 为了稳弧要有一定的空载电压，为了电弧连续燃烧应具有较大的电感。

(2) 主要用于焊条电弧焊、埋弧焊和钨极氩弧焊（工作在电弧静特性曲线的水平段），应具有下降外特性，并通过结构设计获得。

(3) 为了调节电弧电压、焊接电流，外特性应该可调，并通过机械控制（机械调节）获得，这类交流弧焊电源属于机械控制式弧焊电源。

为了明确弧焊变压器的工作原理，接下来分别分析空载状态下和负载状态下变压器的工作原理。

### 4.3.1 空载状态下弧焊变压器的工作原理

在空载状态下，主要讨论空载电压的建立。如图 4-5 所示，在一次绕组上施加电压 $\dot{U}_1$ 产生空载电流 $\dot{I}_0$ 和磁通 $\Phi$。$\Phi$ 包含两部分，一部分是经铁芯闭合的空载主磁通 $\Phi_0$，他是耦合磁通，完成将电能从一次侧传递到二次侧的工作；另一部分是经空气闭合的空载漏磁通 $\Phi_{L0}$。$\Phi_0$ 分别与一次绕组和二次绕组耦合，分别产生感应电动势 $\dot{E}_{10}$ 和 $\dot{E}_{20}$，在二次侧输出空载电压 $\dot{U}_0$，上述电磁关系可用图 4-6 所示的关系表示。

可见，空载电压 $\dot{U}_0$ 是由一次侧施加电压 $\dot{U}_1$ 和变压器共同决定的，接下来讨论 $\dot{U}_0$ 和 $\dot{U}_1$ 之间的关系。因 $\dot{U}_1$ 按正弦规律变化，因此变压器中的磁通也可以看作是按正弦规律变化的，因此感应电动势可用式（4-2）表示：

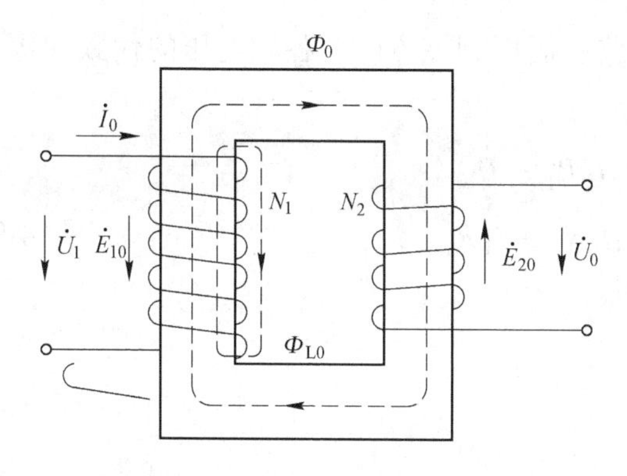


图 4-5 变压器空载电压建立情况

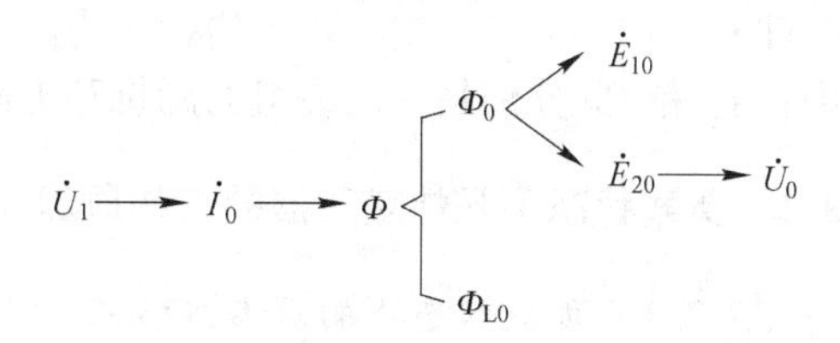


图 4-6 空载电压建立时的电磁关系

$$e_{10} = -N_1 \frac{\mathrm{d}\Phi_0}{\mathrm{d}t} = -N_1 \frac{\mathrm{d}(\Phi_{0m}\sin\omega t)}{\mathrm{d}t} = -N_1\omega\Phi_{0m}\cos\omega t = N_1\omega\Phi_{0m}\sin(\omega t - 90°) \tag{4-2}$$

可见，感应电动势在相位上滞后磁通 90°，式中，$N_1$ 为一次侧线圈匝数，$\Phi_{0m}$ 是 $\Phi_0$ 的最大值，感应电动势 $e_{10}$ 的最大值为 $N_1\omega\Phi_{0m}$，则其有效值为：

$$\dot{E}_{10} = \frac{N_1\omega\Phi_{0m}}{\sqrt{2}} = 4.44fN_1\Phi_{0m} \tag{4-3}$$

式中，$\omega = 2\pi/T$；$f = 1/T$。

同理可得 $\dot{U}_1$ 和 $\dot{U}_0$ 的表达式如下：

$$\dot{U}_0 = \dot{E}_{20} = 4.44fN_2\Phi_{0m} \tag{4-4}$$

$$\dot{U}_1 = 4.44fN_1\Phi_{1m} \tag{4-5}$$

$\dot{U}_1$ 和 $\dot{U}_0$ 之间的关系为：

$$\frac{\dot{U}_0}{\dot{U}_1} = \frac{N_2}{N_1} \times \frac{\Phi_{0m}}{\Phi_{1m}} = \frac{N_2}{N_1} \times \frac{\Phi_0}{\Phi_1} = \frac{N_2}{N_1} \times \frac{\Phi_0}{\Phi_0 + \Phi_{L0}} \tag{4-6}$$

令 $K_M = \Phi_0/(\Phi_0 + \Phi_{L0})$，则 $K_M$ 为变压器耦合系数，其值在 0~1 之间变化，它代表一次绕组和二次绕组之间的耦合紧密程度。

因此：

$$\dot{U}_0 = \dot{U}_1 \frac{N_2}{N_1} K_M \tag{4-7}$$

当变压器无漏磁时，一次侧和二次侧耦合得最好，$K_M = 1$，此时有：

$$\dot{U}_0 = \dot{U}_1 \frac{N_2}{N_1} \tag{4-8}$$

通常情况下，在一般变压器中常忽略漏磁，而在弧焊变压器中则人为地增大漏磁来获得所需特性。

变压器空载时有漏磁通 $\Phi_{L0}$，在一次绕组中就会产生漏抗电动势 $\dot{E}_{L0}$，可用感抗压降 $\dot{I}_0X_1$ 表示。根据基尔霍夫电压定律，在任何一个闭合回路中，各元件上的电压降的代数和等于电动势的代数和，即从一点出发绕回路一周回到该点时，各段电压的代数和等于零。可以写出一次电路的复数电压方程式为：

$$\dot{U}_1 = \mathrm{j}\dot{I}_0 X_1 + \dot{I}_0 R_1 - \dot{E}_{10}$$

即
$$\dot{E}_{10} = -\dot{U}_1 + \mathrm{j}\dot{I}_0 X_1 + \dot{I}_0 R_1 \tag{4-9}$$

式中，$X_1$ 和 $R_1$ 分别是一次绕组的漏抗和电阻。

### 4.3.2 负载状态下弧焊变压器的工作原理

#### 4.3.2.1 负载状态下的基本方程式

上一节分析了空载状态下，空载电压的建立情况，接下来分析在有电弧的负载状态下电源输出电压的建立情况。在一次绕组上施加 $\dot{U}_1$，二次绕组与负载 $R_\mathrm{f}$ 接通，于是在一次侧和二次侧分别产生电流 $\dot{I}_1$ 和 $\dot{I}_2$，并产生相应的磁势。它们共同产生主磁通 $\Phi$ 并经铁芯闭合，而又各自产生经空气闭合的漏磁通 $\Phi_{\mathrm{L1}}$ 和 $\Phi_{\mathrm{L2}}$。主磁通经过一次绕组和二次绕组分别产生感应电动势 $\dot{E}_1$ 和 $\dot{E}_2$，而漏磁通分别在一次、二次绕组上产生感生漏感电动势 $\dot{E}_{\mathrm{L1}}$和 $\dot{E}_{\mathrm{L2}}$，可分别用感抗压降 $\dot{I}_1 X_1$ 和 $\dot{I}_2 X_2$ 表示，由于在各自的回路中可以看作是感抗压降，因此，有漏磁的变压器可以看作是在一次侧和二次侧回路中分别串入了电抗器，其感抗值等于漏磁感抗。上述电磁关系可以用图 4-7 表示，变压器负载运行原理图和等效电路图如图 4-8 所示。

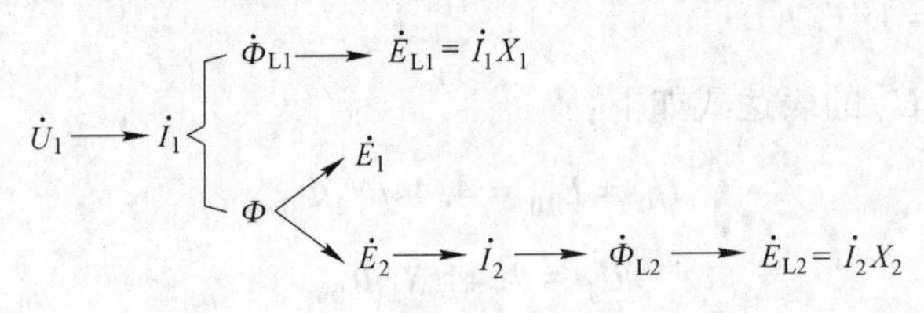


图 4-7 负载时的电磁关系

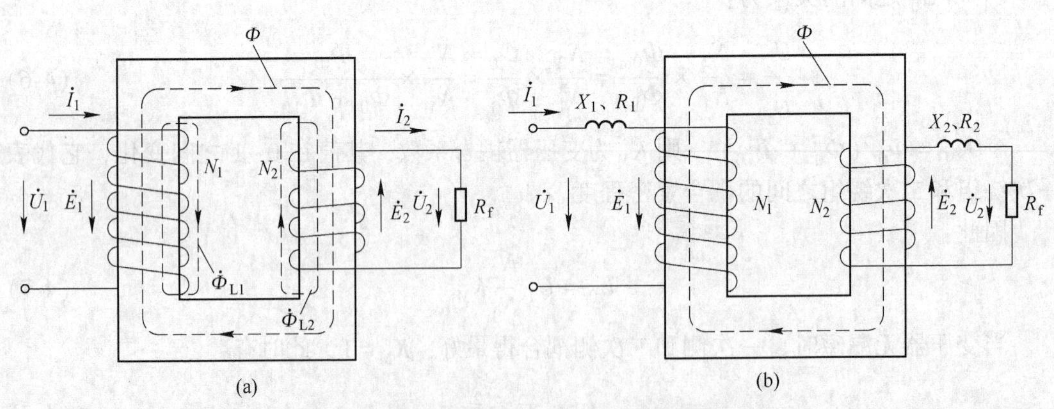


图 4-8 变压器负载运行原理图和等效电路图
（a）变压器负载运行原理图；（b）变压器负载运行等效电路图

接下来讨论弧焊变压器工作时，电弧电压和焊接电流之间的关系，也就是弧焊变压器的外特性方程。

根据变压器的基础知识和基尔霍夫电压定律，有式（4-10）~式（4-12）的关系：

$$\dot{U}_1 = j\dot{I}_0X_1 + \dot{I}_1R_1 - \dot{E}_1 \quad 即 \quad \dot{E}_1 = -\dot{U}_1 + j\dot{I}_1X_1 + \dot{I}_1R_1 \tag{4-10}$$

$$\frac{\dot{E}_1}{\dot{E}_2} = \frac{N_1}{N_2} \quad 即 \quad \dot{E}_1 = \dot{E}_2\frac{N_1}{N_2} \tag{4-11}$$

$$\dot{I}_0N_1 = \dot{I}_1N_1 + \dot{I}_2N_2 \quad 即 \quad \dot{I}_1 = \dot{I}_0 - \dot{I}_2\frac{N_2}{N_1} \tag{4-12}$$

将式（4-11）和式（4-12）代入式（4-10），得：

$$\begin{aligned}\dot{E}_2\frac{N_1}{N_2} &= -\dot{U}_1 + j\dot{I}_1X_1 + \dot{I}_1R_1 \\ &= -\dot{U}_1 + j\left(\dot{I}_0 - \dot{I}_2\frac{N_2}{N_1}\right)X_1 + \left(\dot{I}_0 - \dot{I}_2\frac{N_2}{N_1}\right)R_1 \\ &= (-\dot{U}_1 + j\dot{I}_0X_1 + \dot{I}_0R_1) - j\dot{I}_2\frac{N_2}{N_1}X_1 - \dot{I}_2\frac{N_2}{N_1}R_1\end{aligned} \tag{4-13}$$

由空载时的电路关系可知，$\dot{E}_{10} = (-\dot{U}_1 + j\dot{I}_0X_1 + \dot{I}_0R_1)$，将其代入式（4-13），并进行变形得：

$$\dot{E}_2 = \frac{N_2}{N_1}\dot{E}_{10} - j\dot{I}_2\left(\frac{N_2}{N_1}\right)^2X_1 - \dot{I}_2\left(\frac{N_2}{N_1}\right)^2R_1 \tag{4-14}$$

根据空载时的电磁关系有：

$$\frac{\dot{E}_{10}}{\dot{E}_{20}} = \frac{N_1}{N_2} \quad 即 \quad \dot{U}_0 = \dot{E}_{20} = \dot{E}_{10}\frac{N_2}{N_1} \quad 也即 \quad \dot{E}_{10} = \dot{U}_0\frac{N_1}{N_2} \tag{4-15}$$

同时，令 $\left(\frac{N_2}{N_1}\right)^2X_1 = X_1'$，$\left(\frac{N_2}{N_1}\right)^2R_1 = R_1'$，将 $X_1'$ 和 $R_1'$ 以及式（4-15）代入式（4-14），得：

$$\dot{E}_2 = \dot{U}_0 - j\dot{I}_2X_1' - \dot{I}_2R_1' \tag{4-16}$$

接下来通过二次侧的电路关系建立电弧电压和焊接电流的关系式。一般实际焊接过程中二次侧除了有漏磁通 $\Phi_{L2}$ 的等效感抗压降 $\dot{I}_2X_2$ 以外，负载为具有感抗 $X_K$ 的电抗器和电弧，如图 4-9 所示。

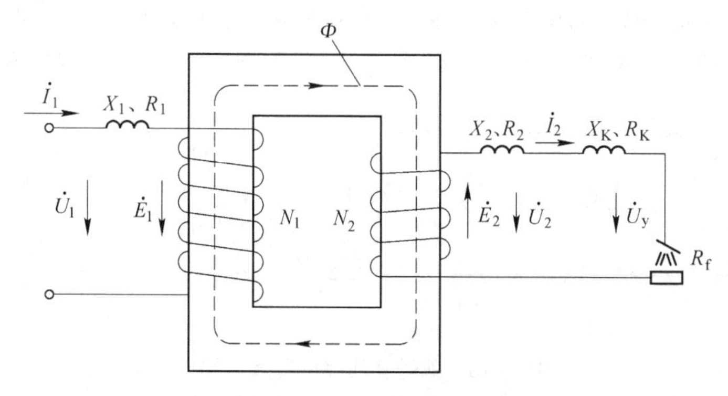


图 4-9 接有电抗器的弧焊变压器

根据基尔霍夫电压定律，二次回路有以下关系：

$$\dot{U}_y = \dot{E}_2 - j\dot{I}_2(X_2 + R_2) - \dot{I}_2(X_K + R_K) \tag{4-17}$$

式中，$X_2$ 和 $R_2$ 为变压器二次侧线圈的漏抗和电阻；$X_K$ 和 $R_K$ 为变压器二次侧电抗器的感抗和电阻。

将式（4-16）代入式（4-17），经整理可得：

$$\dot{U}_y = \dot{U}_0 - j\dot{I}_2(X_1' + X_2 + X_K) - \dot{I}_2(R_1' + R_2 + R_K) \tag{4-18}$$

令 $X_1' + X_2 = X_L$，则 $X_L$ 表示变压器的总漏抗，而 $R_1'$、$R_2$、$R_K$ 的值较小可以忽略，且 $\dot{I}_2 = \dot{I}_y$，$\dot{I}_f$ 即为流经电弧的电流，也称焊接电流。则有：

$$\dot{U}_y = \dot{U}_0 - j\dot{I}_y(X_L + X_K) \tag{4-19}$$

令 $X_L + X_K = X_Z$，则有：

$$\dot{U}_y = \dot{U}_0 - j\dot{I}_y X_Z \tag{4-20}$$

式（4-18）、式（4-19）或式（4-20）即为弧焊变压器的外特性方程，当 $X_Z$ 不等于零时，其外特性呈下降特性。值得说明的是：（1）变压器一次侧和二次侧的漏抗 $X_1$ 和 $X_2$ 均会对二次侧输出电压 $\dot{U}_y$ 有影响，漏抗增大，会使其外特性曲线变陡。（2）在二次侧回路中串联电抗器 $X_K$，也可以获得下降外特性。

这里需要解释一下，为什么一次侧和二次侧分别为两个独立电路，二者没有电的联系，一次侧的漏抗却会影响二次侧的输出电压呢？这是因为一次侧和二次侧之间有磁的联系，当漏磁通 $\Phi_{L1}$ 增加时，主磁通 $\Phi$ 则减少，相应的 $\dot{E}_2$ 也会减少，$\dot{U}_y$ 会减小。综上所述，不论增加 $X_1$、$X_2$ 或 $X_K$ 都有助于获得下降外特性。

#### 4.3.2.2 等效电路

由于变压器一次、二次绕组之间没有直接的电的联系，仅有磁的耦合，虽然电磁平衡方程式可以反映其电磁关系，但计算十分复杂。因此希望能有一个既能正确反映变压器内部电磁过程，又便于工程计算的单纯电路来代替无电路联系，只有磁耦合作用的实际变压器，这种电路称为变压器的等效电路。

如前所述，根据式（4-18）可以画出如图 4-10（a）所示的等效电路图，可用此等效电路代替两个相互间只有磁联系的电路，通过它能更形象、更具体地理解弧焊变压器的工作原理。图 4-10（a）中，$R_1'$和 $X_1'$的意义也更加明确，它们分别是一次侧线圈电阻 $R_1$ 和 $X_1$ 的折算值。根据式（4-20），可以得到图 4-10（b）所示的简化等效电路。

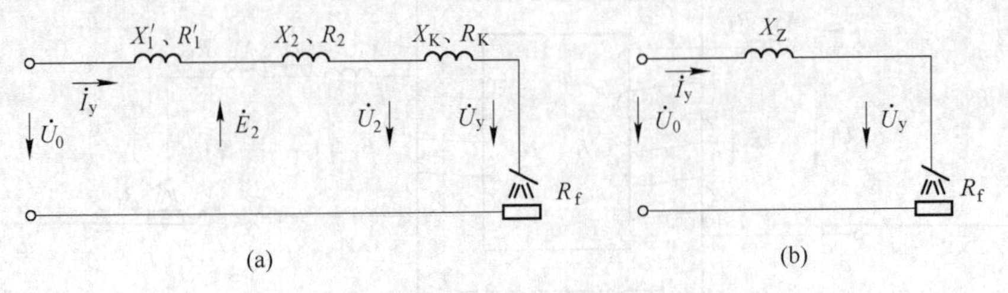


图 4-10 弧焊变压器的等效电路

（a）一般等效电路；（b）简化等效电路

# 4.4　弧焊变压器的特性和分类

## 4.4.1　弧焊变压器的外特性

### 4.4.1.1　普通电力变压器的外特性

在介绍弧焊变压器的外特性前，先介绍一般电力变压器的外特性，因变压器的一次、二次线圈均存在电阻和漏抗，所以，当变压器工作时，电流经过线圈时，内部的电阻和漏抗必然会产生压降。即使外部输入电压保持恒定，当负载变化时，变压器中的电流也会发生变化，线圈电阻和漏抗上的压降就会发生变化，从而使得二次侧的输出电压发生变化。

变压器的外特性下降程度与变压器内部的阻抗大小有关，变压器漏磁引起的感抗或变压器的内阻越大，外特性下降程度越大。可见变压器的阻抗将直接影响变压器外特性曲线形状。

对于普通电力变压器而言，当回路中接入新的负载或者某负载停止工作时，必然会引起回路电流变化，为了保证其他电器有稳定的电压，可以正常工作，希望即使电流发生变化，输出电压也能尽可能稳定。因此在普通电力变压器制造时，要求其漏抗和电阻越小越好，其外特性曲线形状是接近于平特性的。

### 4.4.1.2　弧焊变压器的外特性

弧焊变压器主要用于焊条电弧焊、埋弧焊、钨极氩弧焊等电弧静特性工作在水平段的焊接方法，其外特性应为下降外特性。

根据式（4-20）可画出弧焊变压器的简化相量图，如图 4-11 所示。图中以焊接电流 $\dot{I}_y$ 为参考相量，输出电压 $\dot{U}_y$ 与 $\dot{I}_y$ 同相位，$j\dot{I}_yX_Z$ 超前 90°，$j\dot{I}_yX_Z$ 与 $\dot{U}_y$ 的向量和即为 $\dot{U}_0$，构成如图 4-11 所示的以 $\dot{U}_0$ 为斜边的直角三角形。

当 $X_Z$ 和 $\dot{U}_0$ 都不变时，$\dot{I}_y$ 减小为 $\dot{I}_y'$，感抗上压降 $j\dot{I}_yX_Z$ 就减小为 $j\dot{I}_y'X_Z$，弧焊变压器输出电压 $\dot{U}_y$ 则增至 $\dot{U}_y'$。为保证 $\dot{U}_0$ 不变，三角形的顶点应在以 $\dot{U}_0$ 为直径的半圆上移，如图 4-11 中虚线所示，每改变一次 $\dot{I}_y$，就对应得到一个 $\dot{U}_y$，将其绘制在直角坐标系中，就可以得到图 4-12 所示的一条外特性曲线。

$X_Z$ 越大，外特性曲线下降得越陡；$X_Z$ 越小，则外特性曲线越平缓；有一个 $X_Z$，就对应一条外特性曲线，这就是弧焊变压器的外特性。

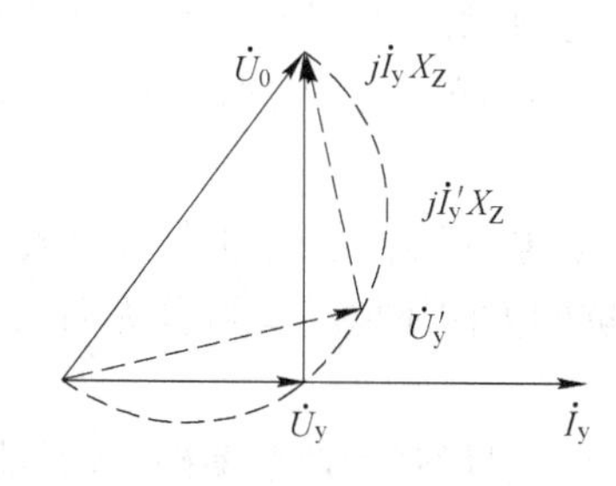


图 4-11　弧焊变压器的简化相量图

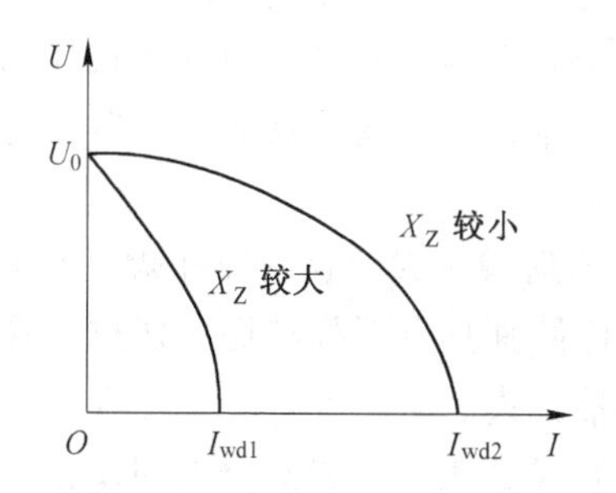


图 4-12　弧焊变压器的外特性曲线

弧焊变压器的外特性方程式（4-20）还可以写成如下形式：

$$U_0^2 = U_y^2 + (I_y X_Z)^2 \quad 即 \quad \frac{I_y^2}{(U_0/X_Z)^2} + \frac{U_y^2}{U_0^2} = 1 \tag{4-21}$$

式（4-21）是以 $U_y$ 和 $I_y$ 为变量的椭圆方程，$U_0$ 为弧焊变压器的空载电压，$U_0/X_Z$ 即为弧焊变压器的短路电流 $I_{wd}$。弧焊变压器的外特性曲线形状是四分之一椭圆，$U_0/X_Z$ 和 $U_0$ 分别是椭圆的长短轴，等效阻抗 $X_Z$ 越大，椭圆的长轴越短，弧焊变压器的外特性曲线越陡。

综上所述，弧焊变压器需要下降外特性，获得下降外特性的方法有两个：（1）在输出回路中串联电抗器 $X_K$；（2）增大变压器自身的漏磁。变压器外加电抗器或自身漏抗的感抗越大，弧焊变压器的外特性下降得越陡。感抗的大小与变压器自身的结构或者外加电抗器的结构有关，也就是说，弧焊变压器外特性的形状是由弧焊变压器的结构所决定的。

### 4.4.2 弧焊变压器的调节特性

为了使弧焊变压器具备调节特性，其外特性曲线必须可以调节。根据上一节的分析，有一个 $X_Z$，就对应有一条外特性曲线，因此只要调节阻抗 $X_Z$ 就可以获得一系列弧焊变压器的外特性曲线。

根据上一节的分析可知 $X_Z$ 是由一次侧漏抗 $X_1$、二次侧漏抗 $X_2$ 和电抗器 $X_K$ 共同决定的，其具体关系如式（4-22）所示：

$$X_Z = \left(\frac{N_2}{N_1}\right)^2 X_1 + X_2 + X_K \tag{4-22}$$

式中，$X_1$ 和 $X_2$ 为变压器的漏抗；$X_K$ 为电抗器的感抗。可见只要通过调节变压器自身漏抗或调节电抗器感抗，就可以获得一系列外特性曲线，从而使弧焊变压器具备调节性能。

### 4.4.3 弧焊变压器的分类

#### 4.4.3.1 弧焊变压器的分类

根据弧焊变压器获得下降特性的方式的不同，可将其分为以下两类：

（1）串联电抗器式。由于正常漏磁的变压器，其漏磁很少，基本可以忽略。为了获得下降外特性，则需要在其二次回路中串联电抗器来构成弧焊变压器。根据变压器与电抗器组合结构的不同，又可分为分体式和同体式。分体式弧焊变压器的变压器和电抗器为独立个体；同体式弧焊变压器的变压器和电抗器铁芯是一体的，二者之间不仅有电的联系，还有磁的联系。

（2）增强漏磁式。这一类弧焊变压器中无需串联电抗器，是通过人为增大变压器的漏抗，从而使其具有下降特性。根据增强和调节漏抗的方法不同，又可分为动铁芯式、动线圈式和抽头式。

动铁芯式是在一、二次绕组间设置可动的磁分路，以增强和调节漏磁。动线圈式是通过增大一、二次绕组之间距离来增强漏磁，改变绕组之间距离来调节漏抗。抽头式是将一、二次绕组分开来增加漏磁，通过绕组抽头来改变绕组匝数以调节漏抗。

#### 4.4.3.2 弧焊变压器结构及工作原理

A 串联电抗器式弧焊变压器

这类弧焊电源由变压器和电抗器所组成，其变压器为正常漏磁的普通电力变压器，将电网电压降至所需要的空载电压，其本身外特性是接近于平的。为了得到下降外特性和调节特性则需串联电抗器。下面分别介绍分体式和同体式弧焊变压器。

a 电抗器

串联电抗器式弧焊变压器由普通电力变压器和电抗器组成，普通变压器的结构和原理在前面已经进行了学习，在学习分体式和同体式弧焊变压器之前，先认识电抗器的工作原理。

电抗器实际上就是带铁芯的线圈。当此线圈流过交流电流 $I$ 时，有磁势 $IN_K$（$N_K$ 为电抗器线圈匝数）在铁芯中产生磁通 $\Phi_K$。通常 $\Phi_K$ 是按正弦规律交变的，在线圈上产生自感电动势 $E_K$，$E_K = 4.44fN_K\Phi_{km}$。$E_K$ 在交流电路中起电抗压降的作用，故 $E_K = IX_K$，其中 $X_K = \omega N_K^2/R_m$，其中 $R_m$ 为磁路磁阻。由此可见，改变 $R_m$ 和 $N_K$ 可以改变 $X_K$。按调节 $X_K$ 的办法不同，电抗器可分为以下三种：

（1）调节空气隙式。结构如图 4-13 所示，有双间隙与单间隙之分，都是通过改变磁路磁阻 $R_m$ 来调节电抗的。磁路包含空气隙 $\delta$ 和铁芯，因而磁阻也包含这两部分 $R_{m\delta}$ 和 $R_{mFe}$。空气的磁导率远远小于铁芯的磁导率，也就是说空气的磁阻 $R_{m\delta}$ 远远大于铁芯磁阻 $R_{mFe}$。因此，当空气隙 $\delta$ 增大时，磁阻 $R_m$ 增大，当线圈匝数一定时，电抗器的阻抗 $X_K$ 增大；相反，当空气隙 $\delta$ 减小时，磁阻 $R_m$ 减小，电抗器的阻抗 $X_K$ 减小。可见通过调节空气隙 $\delta$，即可改变电抗器的阻抗 $X_K$，从而使变压器获得可调节的外特性曲线。

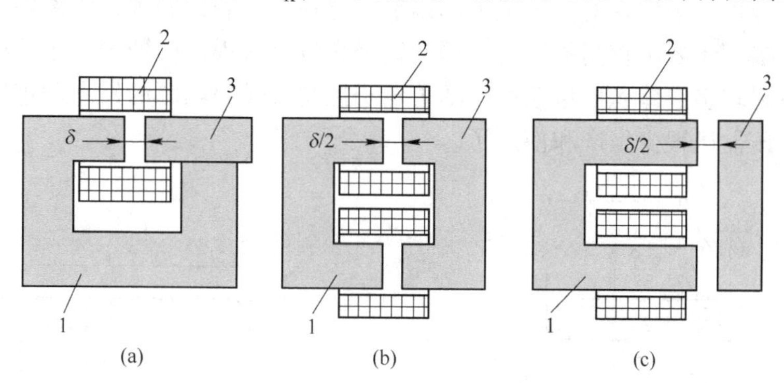


图 4-13 调节空气隙式电抗器

（a）单气隙式；（b）双气隙式；（c）双气隙式′

1—定铁芯；2—线圈；3—动铁芯

既然要靠改变空气隙的大小来调节电流，铁芯就分为定铁芯和动铁芯两部分，当电抗线圈有电流通过时，这两部分铁芯间就会出现强大的电磁吸力 $F$。由于电流 $I_f$ 是交变的，吸力 $F$ 大小也是随之变化的，这就会引起动铁芯振动，这种电磁力常达数千帕。当调至小电流时 $\delta$ 很小，由振动引起 $\delta$ 和 $X_K$ 的变化幅度相对较大，因此对焊接电流的影响则不可忽视，常导致电弧不稳。所以，除应设法锁紧动铁芯以减轻其振动之外，还要限制最小空气隙和电流调节的下限。

调节空气隙式电抗器的感抗 $X_K$ 是受空气隙 $\delta$ 的下限限制的，$\delta$ 大到一定程度后其调节作用就不灵敏了，这是由于电抗器中只有经铁芯闭合的那部分磁通才受到 $\delta$ 影响，当 $\delta$ 较大时，这部分磁通很少，就起不到主要作用了。可见，改变 $\delta$ 达到电流调节范围是有限的。双气隙式电抗器 $\delta$ 调节时，电流调节范围比单气隙式大，但是电流调节不如单气隙式均匀。

总的来说，单气隙式电抗器优点较多，应用较广，双气隙式电抗器适用于大容量弧焊变压器。调节空气隙式电抗器能均匀调节电流，结构简单，在生产实际中得到了较多应用，但也存在铁芯振动，附加损耗大的缺点。

(2) 调节线圈式。其结构如图 4-14 所示，它的优点是没有活动铁芯，无振动问题，结构简单。它的原理是通过改变线圈匝数 $N_K$ 来改变电抗器的感抗 $X_K$，从而使弧焊变压器具有可调节的外特性。

(3) 饱和电抗器。其结构如图 4-15 所示，铁芯中无空气隙和活动铁芯，因此也不存在振动问题。它是通过改变磁路磁阻 $R_m$ 来调节电抗器的感抗 $X_K$ 的。磁路磁阻可以用式 (4-23) 表示：

$$R_m = \frac{l}{\mu S_{Fe}} \tag{4-23}$$

式中，$l$ 为铁芯中的磁路长度；$S_{Fe}$ 为不可调的铁芯磁路截面积，只有通过改变铁芯材料的磁导率 $\mu$ 来调节磁路磁阻 $R_m$。铁磁材料的 $\mu$ 是随其饱和程度而变化的，因此在铁芯上除两侧心柱套有电抗线圈之外，中间芯柱上还设有直流控制绕组。改变中间芯柱上绕组中流过的电流，即可改变铁芯饱和程度，从而改变 $\mu$ 及 $R_m$，达到调节电抗器的感抗 $X_K$ 的目的。

这种电抗器可实现均匀的、大范围的调节，且易于控制，实现远距离调节电流，又没有振动问题，多用于要求较高的场合。国产钨极交流氩弧焊机中即采用了这种电抗器。其缺点是耗用材料较多，体积质量较大。随着电子控制式弧焊电源的发展和推广应用，这种磁控的弧焊变压器已很少生产和使用了。

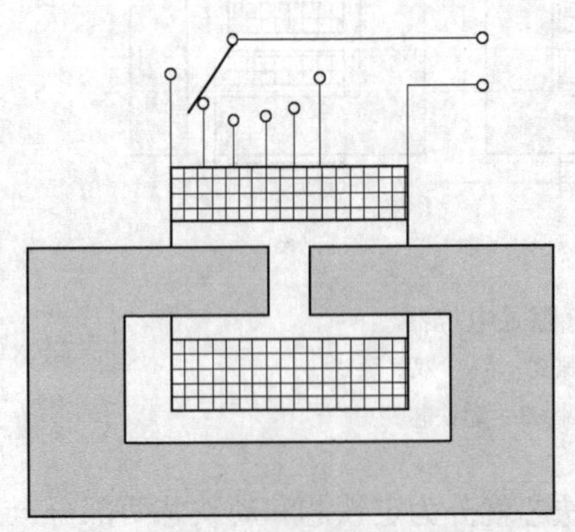

图 4-14 调节线圈圈数的电抗器

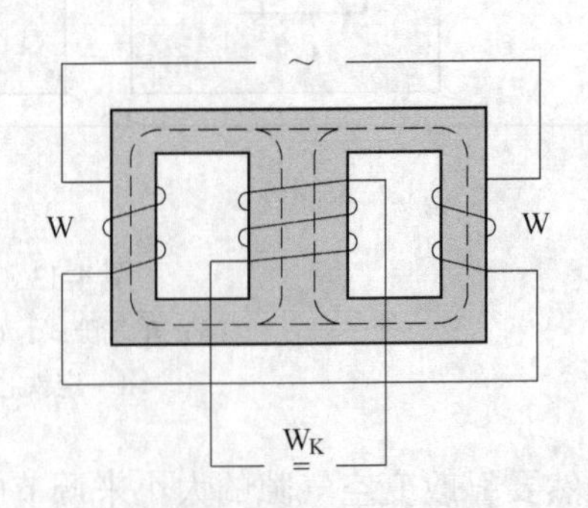


图 4-15 饱和电抗器

b 分体式弧焊变压器

它由变压器和电抗器两种独立部件组成，只是将其串联使用，故称为分体式。它可作为单站（见图 4-16（a））或多站（见图 4-16（b））交流弧焊电源。分体式弧焊变压器的变压器和电抗器可以分别移动和使用，但其结构不紧凑，消耗材料多，目前已经很少使用了。

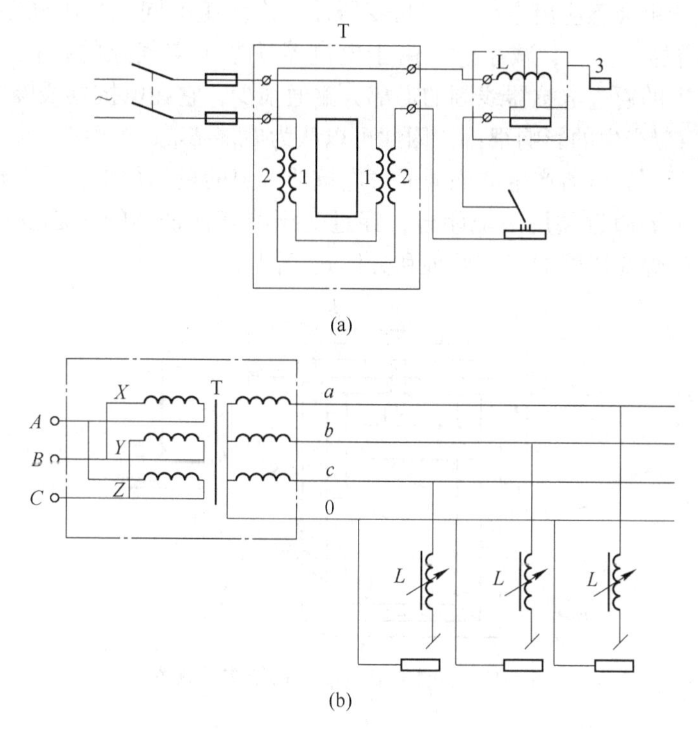


图 4-16 分体式弧焊变压器

（a）单站式弧焊变压器；（b）多站式弧焊变压器

在造船、锅炉等工厂的生产车间，焊接生产任务繁重，往往可以采用多站式弧焊变压器集中供电。这种弧焊变压器本身必须是平外特性的，要求当电流从零增加至额定值时，变压器端电压的降低不超过5%，以保证各焊接站之间不相互影响。如果采用下降外特性的变压器，当电路中新接入一个焊接站开始工作时，会使得变压器电路的电流增加，从而导致所有工作站的电压均降低，焊接参数不能稳定，甚至不能正常工作。显然，这是不允许的。

多站式弧焊变压器的变压器必须是平外特性的，各焊接站却需要下降特性，且每个焊接站的焊接参数应可独立调节，这就需要在每个焊接站单独串联一个电抗器，使该焊接站获得下降外特性，且焊接参数可独立调节。

c 同体式弧焊变压器

同体式弧焊变压器结构如图 4-17 所示。这类弧焊变压器上部是电抗器，下部是变压器，各自的结构与分体式相同。图中将一次、二次线圈画作上下叠绕是为了一目了然，实际上是同轴缠绕，一次线圈缠绕在内层，二次线圈缠绕在外层。与分体式的不同在于，电抗器位于变压器上方，二者共用了中间磁轭，以达到节约材料的目的，且结构更为紧凑。

由于公用磁轭的存在，变压器线圈与电抗器线圈之间不仅有电的联系，还有磁的联系，变压器二次绕组与电抗器线圈不同极性串联时，对空载电压值和共用磁轭磁饱和程度有一定影响。

变压器产生的磁通主要经中间共用磁轭闭合，还有一部分通过电抗器闭合，因而在空载条件下，电抗器也会感应出电压，它与变压器二次绕组的同极性串联会使空载电压 $U_0$ 在 $E_{20}$ 的基础上增加，反之，减小。又由于电抗器铁芯中空气隙的存在，使磁阻大大增加，由变压器产生的通过电抗器线圈的那部分磁通很少，它在电抗器线圈中产生的感应电动势就很小，对 $U_0$ 产生的影响很小，因此可以认为 $U_0 \approx E_{20}$。

在负载条件下，变压器产生的磁通通过电抗器气隙的量仍很小，可忽略；电抗器线圈所产生的磁通也主要通过共用磁轭闭合，穿过变压器其他铁芯的磁通量也很小，可以忽略。这样同体式弧焊变压器的工作原理和分体式相同。

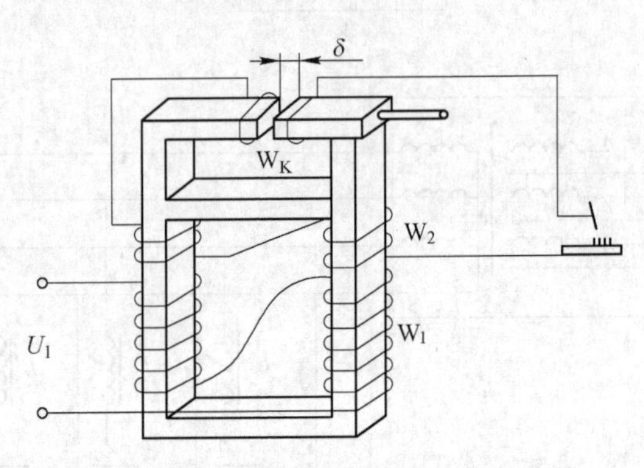


图 4-17　同体式弧焊变压器结构示意图

B　增强漏磁式弧焊变压器

增强漏磁式弧焊变压器是应用最广泛的弧焊变压器，其变压器与普通电力变压器最大的区别在于能够通过变压器结构的变化，增加变压器自身的漏抗，而不需要再外加电抗器，就可以获得下降外特性。按增强漏磁的方式，增强漏磁式弧焊变压器分为动铁芯式、动线圈式和抽头式。

a　动铁芯式

动铁芯式弧焊变压器的结构如图 4-18 所示，变压器的一次、二次线圈分别绕在变压器口字形铁芯Ⅰ(静铁芯）上，其空气漏磁较大，耦合得不紧密。同时在口字形铁芯中间加入一个可以移动的铁芯Ⅱ，称为动铁芯。动铁芯形成磁分路，减小了漏磁磁路的磁阻，使得变压器的漏磁显著增强。

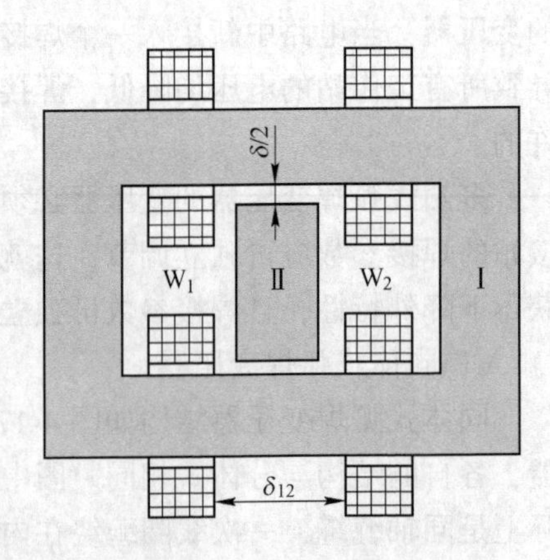


图 4-18　动铁芯式弧焊变压器结构示意图

主磁通通过静铁芯Ⅰ闭合。调节漏磁时，动铁芯Ⅱ可以做相对于静铁芯的移动，如图 4-18 中垂直于纸面的移动。通过调节动铁芯Ⅱ的位置，可以改变漏磁磁路的磁阻状态，从而调节漏磁的大小，故称为动铁芯式弧焊变压器，这种弧焊变压器以可动铁芯增强和调节漏磁为主要特征。

动铁芯式弧焊变压器是目前最常用的弧焊变压器之一，这类变压器的内部漏抗足够大，不必外加电抗器就可以获得下降外特性。动铁芯式弧焊变压器结构简单、调节方便。但是由于有动铁芯，因此存在着动铁芯的轻微振动，但不至于影响焊接电流的稳定。适用于中、小容量的产品。

b 动线圈式弧焊变压器

动线圈式弧焊变压器又称动绕组式弧焊变压器，是另一类常用的增强漏磁式弧焊变压器。图 4-19 为动线圈式弧焊变压器的结构图。变压器的一次、二次线圈 $W_1$、$W_2$ 分别绕在变压器铁芯上。由于 $W_1$ 与 $W_2$ 之间有一定的距离 $\delta_{12}$，因此变压器存在着较大的漏磁。$W_2$ 在变压器铁芯的下方固定不动，$W_1$ 在上方。转动手柄可以调节 $W_1$ 的上下位置，使 $W_1$ 与 $W_2$ 之间的距离 $\delta_{12}$ 发生变化，从而改变了变压器一次、二次线圈之间的耦合程度。当 $\delta_{12}$ 变化时，变压器的漏磁发生变化，变压器的漏抗随之变化。为了获得一定数值的可调漏抗，一次、二次线圈间的距离必须足够大，因此，动线圈式弧焊变压器的铁芯窄而高。

总而言之，动线圈式弧焊变压器是依靠增大一次、二次线圈之间的距离来增强变压器的漏磁，从而获得下降的外特性；通过调节一次、二次线圈之间的距离 $\delta_{12}$，来使其外特性可均匀调节，从而获得调节特性。

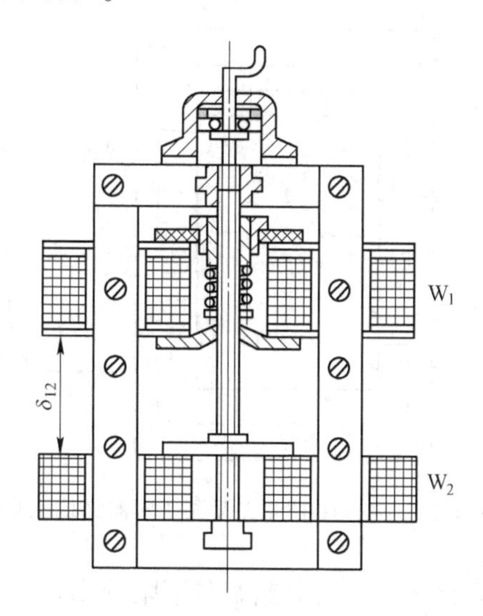


图 4-19 动线圈式弧焊变压器结构示意图

动线圈式弧焊变压器是目前常用的增强漏磁式弧焊变压器之一，不必外加电抗器就可以获得下降的外特性。动线圈式弧焊变压器没有活动铁芯，因此避免了由于铁芯振动所引起的小电流时电弧不稳定等问题。该类变压器电流调节的下限受铁芯高度的限制，因而适用于中等容量的电源。由于通常需要辅以改变线圈匝数的方法来调节焊接电流，使用上不如动铁芯式弧焊变压器方便；另外，消耗材料较多，经济性较差。

c 抽头式弧焊变压器

抽头式弧焊变压器也是一种增强漏磁式的弧焊变压器，它没有动铁芯，也没有可活动的线圈，而是利用一次、二次线圈在铁芯上的分绕以及改变绕组抽头来改变一次、二次线圈的耦合程度和漏抗。这类弧焊变压器有两心柱抽头式和三心柱抽头式，其中前者更常见，这里只介绍两心柱抽头式弧焊变压器。

两心柱抽头式弧焊变压器的结构如图 4-20 所示。在心柱 Ⅰ 上绕有一次线圈的一部分 $W_{1Ⅰ}$，在心柱 Ⅱ 上绕有一次绕组的另一部分 $W_{1Ⅱ}$ 和二次绕组 $W_2$。$W_{1Ⅱ}$ 和 $W_2$ 是同轴缠绕的，它们之间的漏磁可忽略不计。而 $W_2$ 与 $W_{1\mathrm{I}}$ 则分别绕在不同心柱上，彼此间有较大的漏磁。

通过调节 $W_{1\mathrm{I}}$ 和 $W_{1\mathrm{II}}$ 接入的匝数，则能改变变压器的漏磁。为了实现 $W_{1\mathrm{I}}$ 和 $W_{1\mathrm{II}}$ 接入的匝数可调，在一次绕组上设有许多抽头，用转换开关改变 $W_{1\mathrm{I}}$ 和 $W_{1\mathrm{II}}$ 接入的匝数，图 4-20 中可以调节五级。一般都是在减少 $W_{1\mathrm{II}}$ 的同时增加 $W_{1\mathrm{I}}$，这样可使 $U_0$ 几乎不变，否则将出现减小电流时 $U_0$ 也降低的情况，不利于稳弧。图 4-20 中五对接点正是这样安排的。当把 1 接点连通时，$W_{1\mathrm{II}}$ 弃之不用，此时变压器的漏磁最大，即漏抗 $X_L$ 最大，变压器外特性曲线下降得最陡；当把 5 接点连通时，$W_{1\mathrm{I}}$ 投入使用的匝数最少，$W_{1\mathrm{II}}$ 的匝数则全部投入使用，此时变压器的漏磁最小，即漏抗 $X_L$ 最小，变压器外特性曲线下降得最平缓。

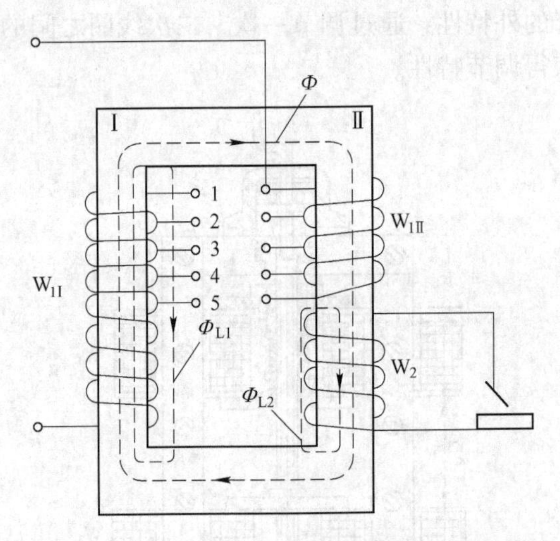


图 4-20　两心柱抽头式弧焊变压器结构示意图

由于一次线圈匝数不能太多，所以电流调节下限受到限制。这种弧焊变压器电流调节范围不大，且只能做有级调节。有时为扩大调节范围也辅以改变 $W_2$ 作为粗调。这种弧焊变压器的结构简单，易于制造，无活动部分，避免了电磁力引起振动带来的麻烦，因而电弧稳定，无噪声，使用可靠，成本低廉。但其调节性能欠佳。由于以上特点，这种变压器一般都做成轻便型，适用于维修工作。

## 思　考　题

4-1 弧焊变压器如何保证电弧连续？

4-2 弧焊变压器的空载电压、外特性及调节特性是如何获得的？

4-3 弧焊变压器主要分为哪几类？

4-4 弧焊变压器中增强漏磁的方法有哪几种，各有什么特点？

4-5 普通电力变压器能否用于电弧焊，为什么？

扫码看答案

# 5 直流弧焊发电机和硅弧焊整流器

在本章的开始，首先请思考一个问题：假设有一段在荒野地区的管道出现了破损，需要焊接修复，但是现实环境却无法供电，如果你作为解决这个问题的项目负责人，这种情况下要如何解决这个问题呢？这时候就需要一台以柴油或者汽油为原动机的弧焊发电机了。焊接就是这样，通常要面对很多疑难杂症，问题解决了，就能够为无数人提供便利，能够使一台损坏了的昂贵的设备重新运转；问题解决不好可能会导致飞机、轮船等失事，出现严重的后果。作为焊接专业人员，务必要认识到肩上的责任，创新性地解决问题，以高度负责的态度面对自己的专业，发挥敬业、精益、专注、创新的工匠精神。

早在20世纪中叶就出现了专门用于焊接的直流弧焊发电机，它曾经发挥过重要的作用。但是，由于存在着消耗材料多、耗电大、噪声大等缺点，再加上半导体技术的发展为弧焊电源的发展带来了新方向，直流弧焊发电机的应用被大量取代。目前，我国已明确规定淘汰电动机带动的弧焊发电机，并逐渐停止零配件的生产供应。在工业发达的国家，只生产少量以汽油（或柴油）内燃机为原动机的直流弧焊发电机。考虑其在弧焊电源发展历史中的地位，以及目前在生产现场还少量使用着这种电源，本章只对直流弧焊发电机进行简要介绍。

随着半导体技术的发展，1960年之后具有优越性能的大容量硅二极管问世，硅弧焊整流器应运而生。硅弧焊整流器在单相或三相变压器的基础上，以硅二极管作为整流元件，将交流电整流成直流电。它与直流弧焊发电机相比具有以下优点：（1）易造好修，节省材料，减轻质量，降低成本，提高效率。（2）无动力机和发电机的机械转动部分，噪声小。（3）磁放大器式硅弧焊整流器改变了机械调节方式，采用电磁控制。（4）易于获得不同形状的外特性，以满足不同焊接工艺的要求。同时，也可以实现交直流两用和脉冲焊接。

接下来就简要学习直流弧焊发电机和硅弧焊整流器的原理及特性控制等内容。

## 5.1 发电机的基本原理

### 5.1.1 电磁感应相关基础知识

（1）电磁感应现象。闭合电路的一部分导体在磁场中做切割磁感线运动时，导体中就产生感应电流，这种现象被称为电磁感应现象，产生的电流称作感应电流。

（2）产生感应电流必须满足两个条件：1）闭合电路的一部分导体；2）做切割磁感线运动。

（3）导体中感应电流的方向跟导体运动方向和磁感线方向有关。

（4）在电磁感应现象中，机械能转化为电能。

### 5.1.2　发电机相关基础知识

（1）发电机是利用电磁感应现象制成的，它是把机械能转化为电能的装置。

（2）发电机可分为直流发电机和交流发电机，交流发电机主要由转子和定子两部分组成，另外还有铜环、电刷等。实际用的发电机是线圈不动，磁极旋转的旋转磁极式发电机。

（3）周期性地改变方向的电流叫作交流电。我国供生产和生活用的是交流电，周期为0.02s，频率是50Hz，电流方向每秒钟改变100次，电流方向每改变1次需0.01s。

### 5.1.3　电能输送的相关基础知识

从发电厂发出的电能，先经过变压器把电压升高，把高压电输送到远方的用户附近，再经过变压器把电压降低，供给用户使用，由于输电线有电阻，因而在电能的输送过程中，不可避免地有电能损失。在输送功率一定的情况下，由 $I=P/U$ 可知，提高输电电压能够减小输电电流，又由 $Q=I^2Rt$ 可知，为了减少电能损失，远距离输电要用高电压。

### 5.1.4　直流发电机的基本原理

为了讨论直流发电机的工作原理，我们把复杂的直流发电机简化为如图5-1所示的工作原理图。在固定的磁极之间，装设一个可以跟随转轴转动的线圈，线圈的两端分别与装在同一轴上的两片半圆形铜片相连接，此两片半圆形铜片彼此绝缘，也与转轴绝缘。当转轴受力转动时，线圈与两片半圆形铜片也随之一起转动，而两铜片在随轴转动时轮流与两个固定的电刷A、B相接触。

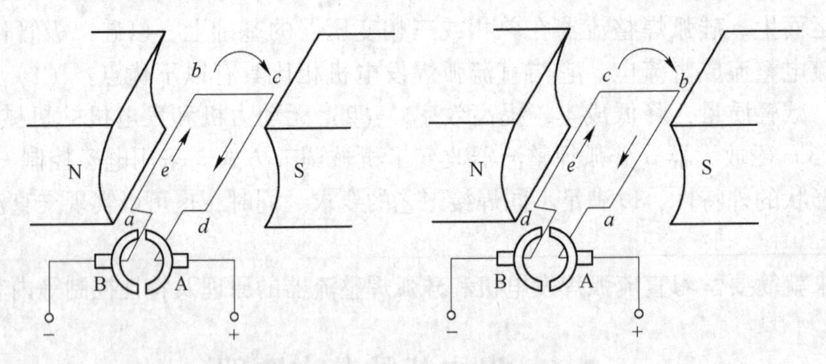


图5-1　直流发电机原理

当原动机以一定转速带着发电机的轴沿顺时针方向旋转时，装在轴上的线圈的两条有效边就切割磁力线，于是在线圈的两条有效边中感应出电动势 $e$，其方向可利用右手定则进行判断。如图5-2所示，伸直右手，大拇指向外与其他四指垂直，手心对着磁力线的方向，大拇指指向导线的运动方向，则伸直的四指的指向就是电动势的方向。

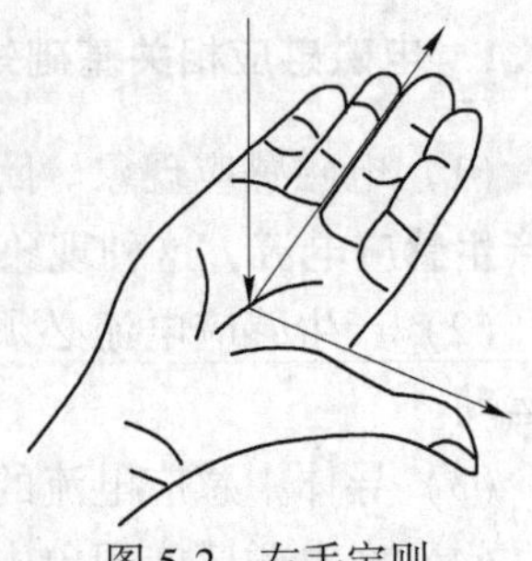

图5-2　右手定则

根据右手定则可知，感应出电动势 $e$ 的方向如图5-1中箭头所示。由图5-1可知，每一条有效边中的电动势方向是改变的，即在N极下是一个方向，当它转到S极下时是另一个方向。但是，由于电刷A总是与S极下与线圈边相连的半圆铜片相接触，而电刷B总是与N极下与线圈边相连的半圆铜片相接触，因此在电刷间就出现了一个极性不变的电动势。根据电动势的方向可知A端为正，B端为负。如果在AB端接上负载，线圈中就有电流输出，负载中则通过方向不随时间改变而改变的电流。直流发电机就是通过电磁感应，把原动机提供的机械能转换成电能的。

直流发电机电动势的大小与发电机磁极的磁感应强度$B$、转子的转速以及线圈匝数成正比。

## 5.2 直流弧焊发电机的原理和特性

### 5.2.1 直流弧焊发电机的基本原理

直流弧焊发电机，又称直流弧焊机，是指由一台原动机（电动机、柴油机或汽油机）和弧焊发电机组成的机组。直流弧焊发电机以三相异步电动机为原动机，电动机与发电机同轴共壳组成一体化结构。例如AX1-500型弧焊发电机，但此类弧焊发电机已停产。直流弧焊柴（汽）油发电机用柴油机或汽油机驱动原动机，可组装成汽车式，用汽车的发动机驱动一台或两台发电机。

在弧焊电源学习中，主要讨论它的发电机部分。它基于一般发电机原理，为满足弧焊工艺要求而具有特殊结构和电气性能。因此，说明弧焊发电机的基本原理，就是要着重分析它的特殊部分。目前弧焊发电机主要用于焊条电弧焊、埋弧焊和钨极氩弧焊，因此需具有下降的外特性。此外，也需具有良好的调节性能和动特性。

直流弧焊发电机与一般发电机一样，都是靠电枢上的导体切割磁极与电枢之间空气隙内的磁力线而感应出电动势$E$。

$$E = 4.44fN\Phi = 4.44\frac{nP}{60}N\Phi = K\Phi \tag{5-1}$$

式中，$f$为切割磁力线的频率；$n$为每分钟转数；$P$为磁极数目；$N$为匝数；$\Phi$为每个主磁极磁通量；$K$为常数，由电枢转速及结构确定。

### 5.2.2 直流弧焊发电机的外特性和调节特性

发电机的电枢电压$U_a$为：

$$U_a = E - I_aR_a \tag{5-2}$$

式中，$I_a$，$R_a$为电枢电流和电阻。

通常$R_a$很小，可以忽略，所以一般发电机的外特性是平的，而直流弧焊发电机需要下降外特性。为了使直流弧焊发电机获得下降外特性，通常有以下几种办法。

5.2.2.1 在电枢电路中串联镇定电阻

如图5-3所示，$R_z$即镇定电阻，发电机本身外特性是接近于平的，即$U_a \approx E \approx U_0$。串联镇定电阻后，负载电压$U_f$与负载电流$I_f$（亦是电枢电流$I_a$）的关系为：

$$U_f = U_0 - I_fR_z = E - I_f(R_a + R_z) = U_0 - I_f(R_a + R_z) \tag{5-3}$$

由式（5-2）可见，当负载电流 $I_f$ 增大时，镇定电阻上分得的电压增大，负载电压 $U_f$ 减小，即使直流弧焊发电机具有了下降外特性。改变镇定电阻 $R_z$ 的值，即可获得外特性曲线簇，从而获得调节特性。这种方法的缺点是能量损耗大，只用于多站式直流弧焊发电机。例如 AP-1000 型多站弧焊发电机本身具有平的外特性，配备 6 个镇定电阻箱则可供 6 名焊工同时施焊。

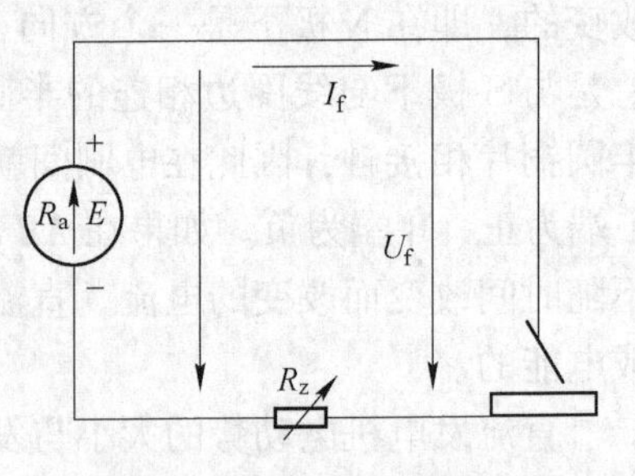

图 5-3 串联镇定电阻的电路

5.2.2.2 改变磁极磁通 $\Phi$

由式（5-1）可知，电枢电动势 $E$ 与磁极磁通 $\Phi$ 成正比，因而只要设法让 $\Phi$ 随负载电流 $I_f$ 的增大而减小就可获得下降外特性。即令：

$$\Phi = \Phi_p - \Phi_b = \frac{I_p N_p}{R_{mp}} - \frac{I_f N_b}{R_{mb}} \tag{5-4}$$

式中，$\Phi_p$，$\Phi_b$ 分别为励磁、去磁磁通；$I_p$，$N_p$ 分别为励磁绕组的电流和匝数；$R_{mp}$ 为励磁磁路的磁阻；$N_b$ 为去磁绕组的匝数；$R_{mb}$ 为去磁磁路的磁阻。将式（5-4）带入 $U_f = E - I_f R_a$（外特性方程）可得：

$$U_f = E - I_f R_a = K\left(\frac{I_p N_p}{R_{mp}} - \frac{I_f N_b}{R_{mb}}\right) - I_f R_a = \frac{K I_p N_p}{R_{mp}} - I_f\left(\frac{I_f N_b}{R_{mb}} + R_a\right) \tag{5-5}$$

由于 $U_0 = \frac{K I_p N_p}{R_{mp}}$，再令 $\frac{I_f N_b}{R_{mb}} = R_b$，$R_b$ 为去磁作用的等效电阻，而发电机的内阻 $R_a$ 很小，可忽略，由此可得：

$$U_f = U_0 - I_f R_b \tag{5-6}$$

只要去磁作用与负载电流成正比，就可以等效为在电枢串联了电阻，这样既可获得下降外特性，又不增加能量损耗。通过调整其去磁作用的程度，可以实现对其外特性曲线的调节，从而获得调节特性。

根据去磁方法的不同，改变磁极磁通类型的直流弧焊发电机又分为差复励式（用串联绕组去磁）、裂极式（用电枢反应去磁）、换向极去磁式（用换向极绕组去磁）等几类。

## 5.3 典型直流弧焊发电机

传统的电动机驱动的弧焊发电机已经逐渐遭到淘汰，但是在没有电网的野外环境下，内燃机驱动弧焊发电机对于解决工程实际问题还有重要作用。从本质而言，两者只是原动机的不同，其他部分的原理是相同的。但是，随着近年来技术的发展，出现了更新换代的产品。燃油（汽、柴油）驱动的新型弧焊发电机得到了迅速发展，例如内燃驱动的 H700 管道焊接工作站。

在这类新型弧焊发电机产品中，原动机为柴油或汽油发动机，发电机则为平特性，即采用普通发电机原理。然后，通过电路来实现整流、斩波或逆变、直流滤波输出等环节，以满足焊接工艺要求。外特性和参数调节都是通过电子控制实现。通常这样的产品具有多种功能，可以得到下降外特性和平外特性不同输出，不仅能用于直流焊接，也能用于交流和脉冲电流焊接。在应急情况下，它还可以作为发电机满足照明需要，还能够进行蓄电池充电等。

# 5.4 硅弧焊整流器的组成和分类

## 5.4.1 硅弧焊整流器的组成

硅弧焊整流器是将50Hz的工频单相或三相电网电压，利用降压变压器将高电压降为焊接时所需的低电压，经整流器整流和输出电抗器滤波，从而获得直流电，为焊接电弧提供电能。为了获得脉动小、较平稳的直流电，以及使电网三相负载均衡，通常采用三相整流电路。硅弧焊整流器的电路一般由主变压器、电抗器、整流器、输出电抗器等几部分组成。其组成框图如图5-4所示。

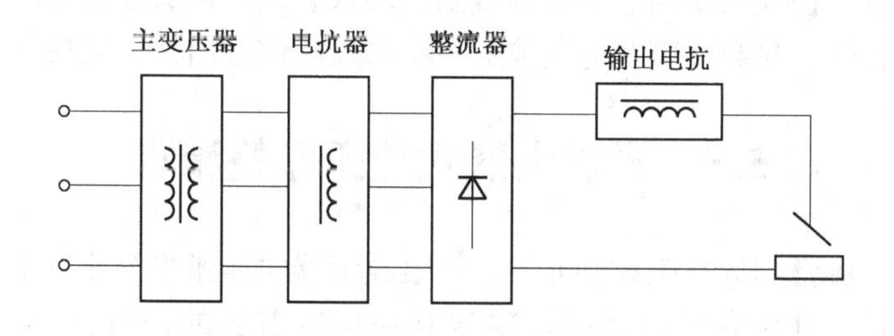


图5-4 硅弧焊整流器组成框图

（1）主变压器。其作用是把三相380V的交流电变换成几十伏的三相交流电。

（2）电抗器。可以是交流电抗器或磁饱和电抗器（磁放大器）。当主变压器为增强漏磁式或要求得到平外特性时，则可不用电抗器。其作用是使硅弧焊整流器获得形状合适、并且可以调节的外特性，以满足焊接工艺的要求。

（3）整流器。其作用是把三相交流电变换成直流电。通常采用三相桥式整流电路。

（4）输出电抗器。它是接在直流焊接回路中的一个带铁芯并有气隙的电感线圈，其作用主要是改善硅弧焊整流器的动特性和滤波。

此外，硅弧焊整流器中都装有风扇和指示仪表。风扇用以加强对上述各部分、特别是硅二极管的散热，仪表用以指示输出电流或电压值。

## 5.4.2 硅弧焊整流器的分类

硅弧焊整流器可按有无电抗器分为两类：无电抗器的硅弧焊整流器和有电抗器的硅弧焊整流器。

### 5.4.2.1 无电抗器的硅弧焊整流器

无电抗器的硅弧焊整流器按主变压器的结构不同可分为：

（1）主变压器为正常漏磁的。这类电源的外特性是近于水平的，主要用于$CO_2$气体保护焊及其他熔化极气体保护焊。按调节空载电压的方法不同又分为抽头式、辅助变压器式和调压式。

（2）主变压器为增强漏磁的。这类电源由于主变压器增强了漏磁，因而无需外加电抗器即可获得下降外特性并调节焊接参数。按增强漏磁方法的不同可分为动圈式、动铁芯式和抽头式。

5.4.2.2 有电抗器的硅弧焊整流器

这类硅弧焊整流器所用的电抗器一般是磁放大器式的。根据其结构特点不同可分为：

（1）无反馈磁放大器（或称为磁饱和电抗器）式硅弧焊整流器。

（2）有反馈磁放大器式硅弧焊整流器。根据磁放大器的反馈形式，其可分为外反馈磁放大器式、全部内反馈磁放大器式和部分内反馈磁放大器式硅弧焊整流器等。

从硅弧焊整流器的组成分析中可知，无电抗器的硅弧焊整流器是在弧焊变压器原理的基础上发展起来的，属于比较简单的硅弧焊整流器，它主要是通过调节变压器的漏磁从而获得下降外特性和调节性能。而有电抗器的硅弧焊整流器，其所用电抗器为磁放大器，磁放大器是我们还没学习到的，因而将作为本章的重点进行讨论。同时，前者对焊接参数的调节属于机械控制，往往需要通过调节动线圈、动铁芯或者抽头才能实现；后者则属于电磁控制，在其外特性、参数调节和电流波形控制的灵活性方面有所发展。

## 5.5 磁放大器式硅弧焊整流器

磁放大器是一种常用的电磁控制元件。在磁放大器式硅弧焊整流器中，磁放大器是其中的一个主要部件，利用它可以使弧焊整流器获得所需要的外特性（下降特性或平特性），并用来相应地控制和调节焊接电流或焊接电压，因而对弧焊整流器的性能有重要的影响。本节首先介绍磁放大器的基本原理，然后简要介绍磁放大器式硅弧焊整流器的特性。

### 5.5.1 磁放大器的工作原理

铁磁材料的磁化曲线 $B=f(H)$ 和 $\mu=f(H)$，如图 5-5 所示。由图可知，铁磁材料的磁化曲线是非线性的，磁导率 $\mu$ 不是常数，而是随磁场强度的变化而变化的。当 $H$ 增大到一定数值后，随着 $H$ 的增大急剧减小，而磁感应强度 $B$ 的增加显著减慢，这种现象称为饱和。$H$ 越大，铁芯越饱和。铁磁材料的这一特性是磁饱和电抗器的工作基础。

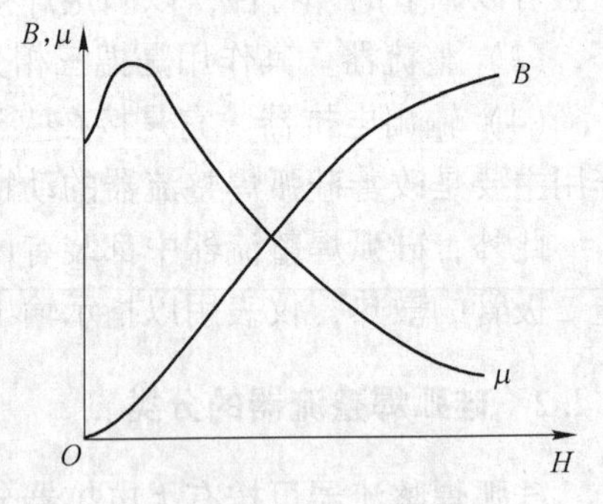

图 5-5 磁化曲线 $B=f(H)$ 和 $\mu=f(H)$

5.5.1.1 单铁芯式磁放大器

最简单的单铁芯式磁放大器结构如图 5-6 所示，由铁芯、直流控制绕组 $W_C$ 和交流工作绕组 $W_A$ 组成。

交流绕组加上交流电压 $U$ 后，经过负载流过电流 $I_a$，其有效值可表示为：

$$I_a = \frac{U}{Z} = \frac{U}{\sqrt{R^2 + X^2}} \tag{5-7}$$

式中，$U$ 为交流电压有效值；$R$ 为交流电路总电阻；$Z$ 为交流电路总阻抗；$X$ 为交流绕组的感抗，$X=\omega L$，$\omega$ 为角频率，$L$ 为交流绕组的电感。

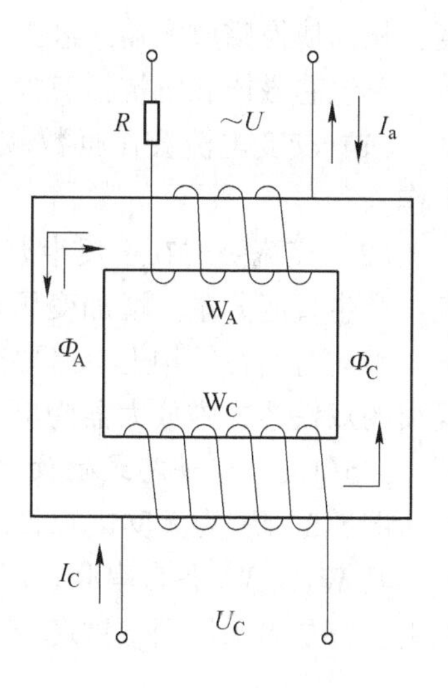

图 5-6 磁放大器的基本单元

感抗 $X$ 的计算式为：

$$X = \omega L = \omega \frac{\mu N^2 S}{l_m} \tag{5-8}$$

式中，$N$ 为交流绕组匝数；$S$ 为磁路截面积；$l_m$为磁路平均长度；$\mu$ 为磁导率。

一般来说，电感的感抗值是可以通过改变铁芯截面积、绕组匝数、磁路长度或空气气隙来改变的。与之相似，通过改变磁场强度 $H$ 从而改变磁导率 $\mu$，也可以起到同样的作用。具体来说，磁场强度 $H$ 是由直流控制绕组和交流工作绕组产生的磁势或励磁安匝数决定的，通常直流控制绕组的匝数 $N_C$ 远大于交流工作绕组的匝数 $N_A$。所以，如果改变控制电流 $I_C$ 的大小，就可以改变铁芯的磁场强度 $H$，就改变了它的磁导率 $\mu$ 值，从而可改变交流绕组的电感 $L$ 和感抗 $X$。这样，就实现了用小的 $I_C$控制大的 $I_a$，这就是磁放大器这种常用的电磁控制元件的基本原理。

图 5-7 为单铁芯式磁放大器的交流电路，其平衡方程为：

$$U_f = U_0 - U_L \tag{5-9}$$

式中，$U_0$ 为电源交变电压；$U_f$ 为负载电压；$U_L$ 为 $W_A$两端的感抗压降。

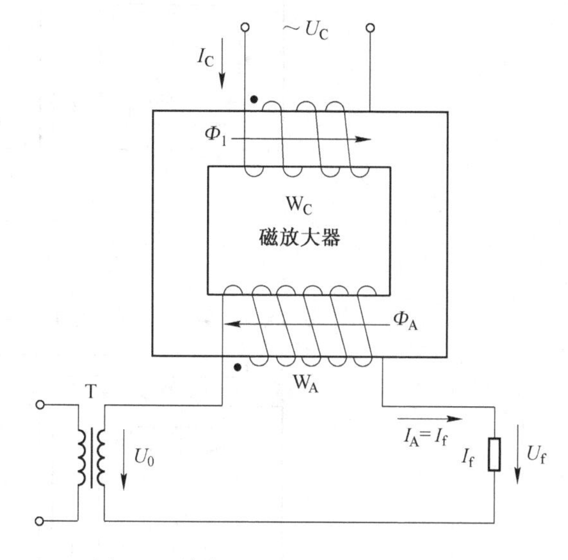

图 5-7 单铁芯式磁放大器的交流电路

当负载电流 $I_f$ 增大时，如果铁芯原本没有饱和，则其磁场强度增大，磁导率 $\mu$ 减小，磁阻增大，$W_A$ 两端的感抗压降 $U_L$ 增大，负载电压下降，从而获得下降外特性；如果通过控制电流 $I_C$的作用，铁芯已经饱和，随着负载电流 $I_f$ 增大，其磁场强度基本不变，磁导率 $\mu$ 不变，磁阻不变，$W_A$ 两端的感抗压降 $U_L$ 不变，负载电压 $U_f$ 不变，从而获得平外特性。

如果铁芯距离饱和还非常远，当负载电流变化时，会引起 $W_A$的磁阻变化明显，也就是说当负载电流 $I_f$ 增大时，$W_A$ 的磁阻明显增大，其上分得的电压 $U_L$ 明显增大，负载电压 $U_f$ 明显减小，即获得陡度很大的下降外特性。

如果铁芯距离饱和比较近，当负载电流变化时，引起 $W_A$的磁阻变化并不明显，也就是说当负载电流 $I_f$ 增大时，$W_A$ 的磁阻增大较少，其上分得的电压 $U_L$ 增大不明显，负载电压 $U_f$ 减小得不明显，即获得较平缓的下降外特性。

可见，通过调节控制电流 $I_C$的大小，可以改变铁芯的饱和程度以及 $W_A$ 的磁阻变化程度，从而使得磁放大器式硅弧焊整流器的外特性可调。

单铁芯磁饱和电抗器有如下缺点：

（1）交变电流会在匝数较多的控制绕组中感应出较高电势，影响磁放大器的正常工作。

（2）交流磁通在正负半波分别与直流控制磁通相加或相减，使交流电流波形发生畸变，产生直流分量，增加变压器的励磁电流。

因此对其在结构上有必要改进，通常采用双铁芯式磁放大器解决上述问题，下面以无反馈的双铁芯式磁放大器为例进行说明。

5.5.1.2　双铁芯式磁放大器

图 5-8 所示为无反馈双铁芯式磁放大器结构图，图 5-8（a）为两个单铁芯式磁放大器，其 $W_A$ 及 $W_C$ 各自串联。图 5-8（b）的不同之处仅在于 $W_A$ 是并联连接。它们连接的原则，都是当采用两个铁芯与绕组后，在直流绕组中的交流感应电动势相互抵消。

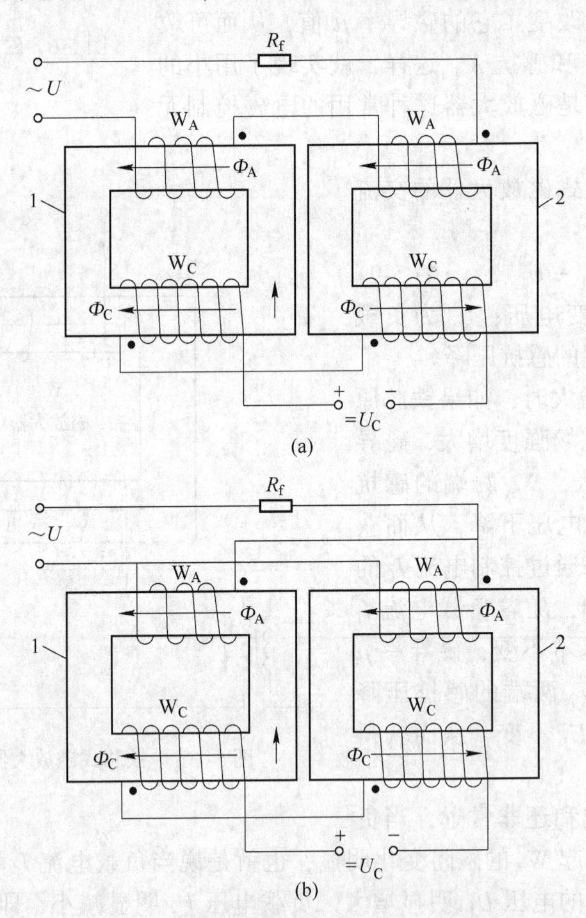


图 5-8　无反馈双铁芯式磁放大器原理图
（a）交流绕组串联；（b）交流绕组并联

磁放大器的绕组接线时，必须注意极性。在原理图中，通常都标示出同名端（同极性端），用黑点“·”表示。从同名端标志可以看出磁通关系，当电流都从同名端流进时，在同一个铁芯中两个绕组产生的磁通应是同方向的。当两个 $W_A$ 绕组串联或并联时，每一瞬间电流从同名端流进或流出。串联时将非同名端接在一起；并联时将同名端接在一起。而两个 $W_C$ 绕组的同名端采用“头—头”或“尾—尾”相连，可以避免交流绕组磁通所产生的影响，而且可使 $I_f$ 波形畸变小。

采取以上办法正确接线之后，可以令直流控制电路中的交流感应电动势相互抵消，并且使波形畸变减小。这是因为这种连接方式使得两个铁芯磁状态具有以下特点：图 5-8（a）所示为交流电某一半周时的情况，铁芯 1 中 $\Phi_A$ 与 $\Phi_C$ 的方向相反，总磁通 $\Phi_1=\Phi_A-\Phi_C$，处于不很饱和的状态；而铁芯 2 中 $\Phi_A$ 与 $\Phi_C$ 的方向相同，总磁通 $\Phi_2=\Phi_A+\Phi_C$，处于较饱和的状态。在交流电另一半周中，由于 $\Phi_A$ 方向改变，形成 $\Phi_1=\Phi_A+\Phi_C$，铁芯 1 较饱和，而 $\Phi_2=\Phi_A-\Phi_C$，铁芯 2 不很饱和。即同一个半周中，两个铁芯磁状态不同；另一半周，则磁状态互换。不同铁芯上的两个 $W_A$ 绕组是互相串联或并联使用的，对于每一半周来说总是由一个较饱和的和另一个不很饱和的磁放大器相串联或并联。所以，在每一半周中的总负载电流 $I_f$ 都是一样的，即正负半周波形是对称的，避免了畸变。

双铁芯式磁放大器除有图 5-8 所示的结构形式之外，还可将两个铁芯并在一起共用一个控制绕组 $W_C$，$W_A$ 的接法如图 5-9 所示。此时，由于 $W_A$ 采用同名端“头—头”或“尾—尾”相连的接法，两个铁心中的中 $\Phi_A$ 以相反的方向穿过 $W_C$，所以在 $W_C$ 中不会有交流电势。双铁芯式磁放大器在电路中的作用和单铁芯式相同。

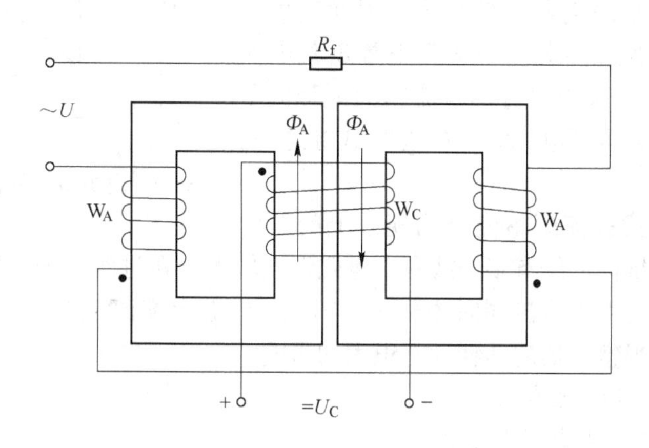


图 5-9 控制绕组共绕的磁放大器

5.5.1.3 *磁放大器的反馈*

所谓反馈，就是将输出量的部分或全部回输到输入端用以增强（或削弱）输入量，如果是增强即为正反馈，如果是削弱则为负反馈。反馈有正反馈和负反馈、电流反馈和电压反馈、内反馈和外反馈等多种形式。磁饱和电抗器一般都是内反馈，即输出量经过整流后通过交流绕组 $W_A$ 本身来实现反馈，没有附加反馈绕组。磁放大器一般采用正反馈，即反馈量电流（或电压）在铁芯中产生的附加磁通与控制电流 $I_C$ 产生的磁通方向一致，增强了控制电流的励磁作用。

根据反馈形式与结构特点的不同，可将磁放大器式硅弧焊整流器分为无反馈、全反馈、部分内反馈三种主要类型。具体内容可以参考相关书籍，这里不再赘述。

## 5.5.2　磁放大器式硅弧焊整流器的动特性

在实际焊接中，由于引弧和熔滴过渡，电弧负载状态变动非常频繁，使电源常常处于动态过程，即在空载、短路、负载等过程中来回变换，因而，有必要分析磁放大器式硅弧焊整流器动特性存在的问题，提出改善动特性的有效方法。

5.5.2.1　动特性存在的问题

（1）引弧冲击和飞溅。空载时，硅弧焊整流器交流绕组 $W_A$ 内没有电流，故没有电压降，即 $U_A=0$。此时空载电压为 $U_0$。引弧时，硅弧焊整流器发生由空载→短路的过渡过程。由于 $W_A$ 的电压 $U_A$ 不能突变，短路瞬间仍维持为 0V。突然短路时，一方面相当于空载电压 $U_0$ 被瞬时短路；另一方面负载电阻 $R_f$ 值约为 0，因而会产生很大的瞬时短路冲击电流 $I_{sd}$，又因磁放大器的时间常数大，所以 $I_{sd}$ 衰减得较慢，会产生长时间的引弧冲击，使得薄板焊接时易被烧穿。

由负载→短路时的短路电流峰值 $I_{wd}$ 也很大，由于电磁收缩力很大，导致熔滴过渡时产生严重的飞溅现象。

（2）弧飘。短路时，负载电压 $U_f=0$，所以磁放大器交流绕组电压 $U_A$ 较高。在突然拉开电弧的瞬间（即由短路至负载），一方面 $U_A$ 不变，瞬间电弧电压很低；另一方面，负载电阻突然加大，因而产生一个“过小电流”。然后再缓慢增加到正常负载电流值，如图 5-10 所示。这个“过小电流”大大降低了电弧的稳定性，并减弱了电弧的“挺度”或穿透力，即引起“弧飘”。

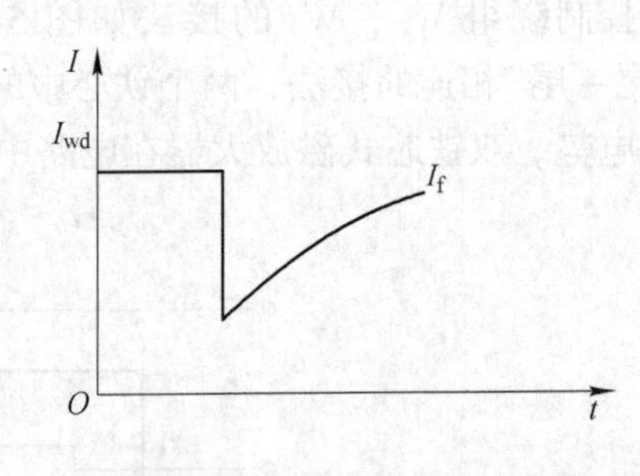

图 5-10　由短路→负载时的电流变化过程

磁饱和电抗器式硅弧焊整流器出现以上问题的原因在于磁饱和电抗器上绕有多个线圈，电磁惯性较大，在过渡过程中均有自感作用；另外，磁饱和电抗器是由交直流同时磁化的，因此，铁芯上交流绕组 $W_A$ 和控制绕组 $W_C$ 之间的互感作用对弧焊整流器的动特性有很大的影响。

5.5.2.2　动特性的改善

A　在焊接主回路中串联直流电感

电感有抑制电流变化的作用，在电路中串接适量的电感，对于抑制短路冲击电流和提高电流最小值以及改善电流波形的脉动均有好处。为了避免串接上的直流电感铁芯饱和而得到较大的电感量，该电感铁芯都应留有空气隙或用开口的铁芯，也有用条形铁芯的。直流电感线圈匝数一般为几十匝。其电感量为：

$$L=\frac{N^2}{R_{m\delta}} \tag{5-10}$$

式中，$N$ 为电感线圈匝数；$R_{m\delta}$ 为气隙总磁阻。由式（5-10）可知，通过改变电感绕组匝数 $N$ 即可调节其电感量，所以，直流输出电感绕组一般做成抽头式的。这种方法是改善动特性最常用的方法，大多数硅弧焊整流器都串接有这种直流输出电感。

B　增加交流电感

对于无反馈磁放大器式和全部内反馈磁放大器式硅弧焊整流器，为了得到陡降及平外特性，磁放大器都希望采用冷轧硅钢片制作铁芯。但对于焊条电弧焊的整流电源而言，并不需要陡降的外特性，而主要考虑的是如何改善其动特性。因此磁放大器采用热轧硅钢片铁芯较好，这是由于两种材料的磁化曲线形状不同所致。冷轧硅钢片的磁化曲线如图 5-11 中曲线 1 所示，当工作于饱和区时，磁化曲线很平，瞬时短路冲击电流可能很大；而热轧硅钢片的磁化曲线如图 5-11 中曲线 2 所示，当工作于饱和区时，磁化曲线不是平的，这时感抗比冷轧硅钢片的要大，即增加了交流电感，因而具有限制短路冲击电流的作用。所以，在用于焊条电弧焊的情况下，用热轧硅钢片制作磁饱和电抗器有利于改善整流电源的动特性。

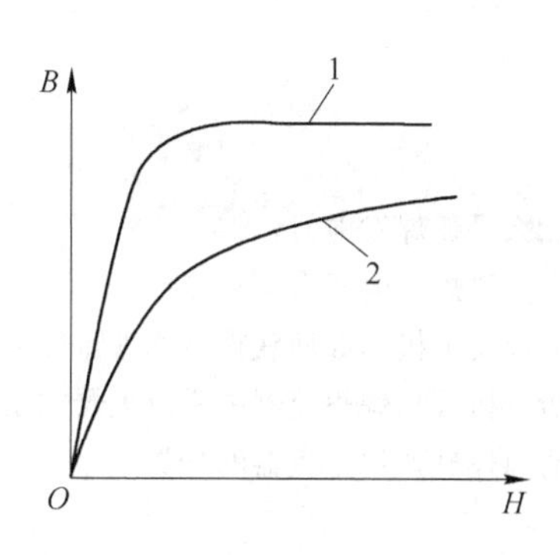

图 5-11 硅钢片磁化曲线比较
1—冷轧；2—热轧

C 增大主变压器自身漏抗

若主变压器本身具有一定漏磁感抗，当直流负载产生很大的短路冲击电流时，主变压器中的交流电流也相应地产生短路冲击电流，使得主变压器内部感抗压降增大，则输出电压 $U_f$ 下降。因 $U_f=I_fR_f$，$U_f$ 下降，故可限制短路电流冲击。增大主变压器的漏磁感抗易于实现，而且无须大量增加铜铁用量，只要将主变压器二次绕组分绕在铁芯的上下段即可，或把一次绕组绕在里层，二次绕组绕在外层，两者之间留有较大间隙，即可增加主变压器的漏磁。但主变压器漏抗不宜太大，否则，将使外特性形状不够理想。

D 采用电流外正反馈

有电流外正反馈的磁饱和电抗器示意图如图 5-12 所示。电弧电流正反馈绕组 $W_1$ 中产生的磁通 $\Phi_1$，与控制磁通 $\Phi_C$ 方向一致，当焊接回路由空载→短路或由负载→短路变化时，电弧电流增大使 $\Phi_1$ 增大。$\Phi_1$ 的增大将在控制绕组 $W_C$ 中产生互感电动势使 $I_C$ 减小，从而可使短路电流冲击减小。当由短路→负载时，互感电动势使 $I_C$ 增大，可提高瞬态电流最小值 $I_{min}$。另外，引弧时，在电弧引燃之前，磁放大器中只有 $I_CN_C$ 起磁化作用，且 $I_CN_C$ 较小。电弧引燃后电弧电流有个增长的过程，即电流正反馈有滞后现象，这将使磁放大器铁芯缓慢地趋于饱和，有利于减小电弧冲击。再者，电流外反馈绕组 $W_1$ 串接在焊接回路中，可起到输出电抗器的作用。

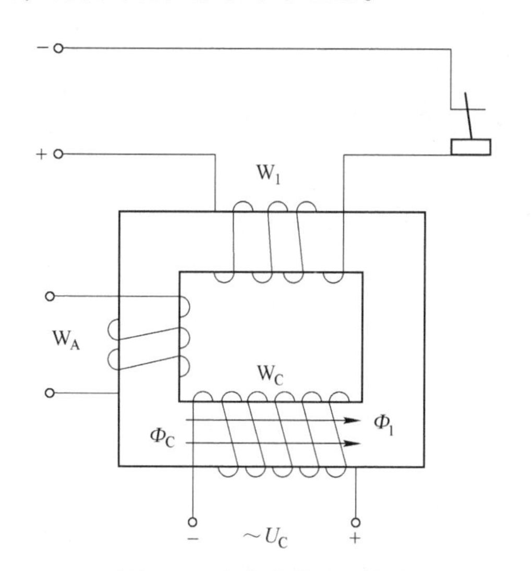

图 5-12 有电流外正反馈的
磁饱和电抗器示意图

## 思考题

5-1 什么是弧焊发电机？
5-2 直流弧焊发电机有何特点？
5-3 弧焊发电机是如何获得下降外特性的？
5-4 请分析硅弧焊整流器中磁放大器的工作原理。
5-5 请简述硅弧焊整流器的分类。

扫码看答案

# 6 晶闸管式弧焊整流器

晶闸管式弧焊整流器是目前实际工程中应用非常多的一类电子控制弧焊电源。晶闸管式弧焊整流器既可以是下降外特性的，也可以是平外特性的，因此此类电源既可以用于焊条电弧焊、钨极氩弧焊，也可以用于$CO_2$气体保护焊、熔化极氩弧焊等弧焊方法。本章主要介绍晶闸管式弧焊整流器的构成、常用的晶闸管可控整流主电路工作原理、输出波形及特点和晶闸管式弧焊整流器的特性。

## 6.1 晶闸管式弧焊整流器基础

20 世纪 60 年代初，随着大功率晶闸管的问世，晶闸管式弧焊整流器开辟了电子控制式弧焊电源的先河。由于晶闸管式弧焊整流电源具有良好的可控性，可以利用控制电路对其特性进行控制，因此它的性能比机械调节式、电磁控制式弧焊电源要好。在学习晶闸管式弧焊整流器的具体内容前，首先补充几个基础知识。

### 6.1.1 三相交流电基础

三相电路是特殊形式的正弦稳态电路，由于在发电、输电、供电方面比较经济，因而在电力系统中得到了广泛的应用。这里主要补充三相电源和负载的接法，相电压、线电压及其相位关系。

6.1.1.1 三相电源和三相负载的连接

三相电源和三相负载的基本连接方式有星形连接和三角形连接两种。

A 三角形连接

将三相电源中的三相绕组依次首尾相接，构成一个回路，从三个连接点引出三根端线，用以连接负载或电力网，这种连接方式称为三相电源的三角形连接，也称△连接，如图 6-1（a）所示。将三相负载依次一个接一个地连接起来构成一个回路，再从三个连接点引出三根端线，用以与电源连接，这种连接方式称为三相负载的三角形连接，如图 6-1（b）所示。

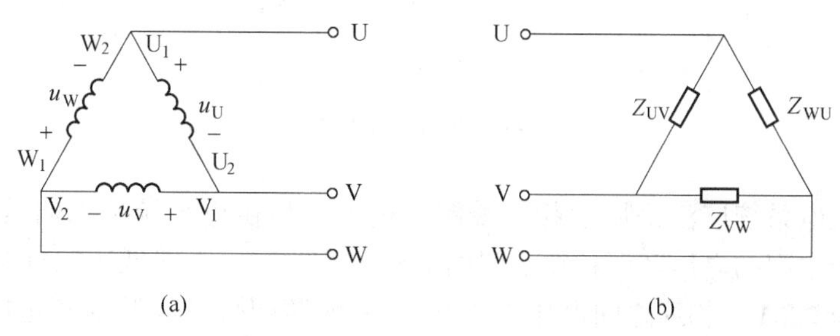


图 6-1 三相电源和三相负载的三角形接法

（a）三相电源的三角形连接；（b）三相负载的三角形连接

B 星形连接

将三相电源中三相绕组的末端 $U_2$、$V_2$、$W_2$连接在一起构成一个节点，从三相绕组的首端 $U_1$、$V_1$、$W_1$引出三根导线，以供与负载或电力网连接，这种连接方式称为三相电源的星形连接，如图 6-2（a）所示。三相绕组的末端的连接点称为电源中性点，用 N 表示。从中性点引出的导线称为中线。从三相绕组的首端引出的导线称为端线或相线，俗称火线。

将三相负载的三个端子连接在一起构成一个节点，从三相负载的另外三个端子引出三根端线，以供与电源连接，这种连接方式称为三相负载的星形连接，如图 6-2（b）所示。三相负载的三个端头的连接点 N′称为负载中性点。星形连接也称 Y 连接。

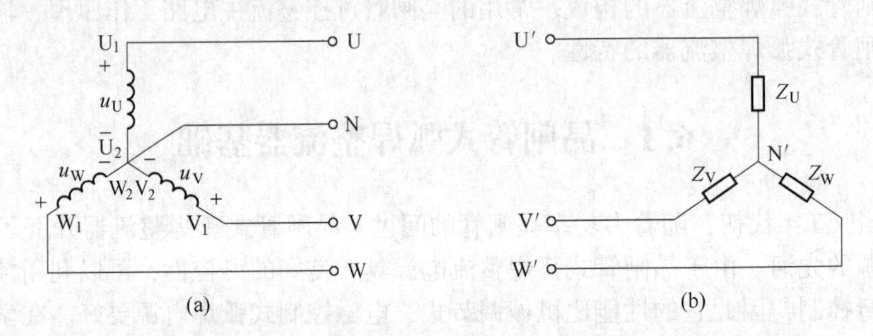


图 6-2 三相电源和三相负载的星形接法
（a）三相电源的星形连接；（b）三相负载的星形连接

6.1.1.2 三相电路的接线方式

三相电路就是由三相电源和三相负载连接起来组成的系统，连接方式上通常有三相三线制和三相四线制两种基本接线方式。三相三线制是将三相电源与三相负载之间只通过三根端线连接起来。三相四线制是指三相电源和三相负载均接成星形时，电源和负载的各相端子之间及中性点之间均有导线连接，也就是说，电源与负载之间共有四根连接导线，如图 6-3 所示。

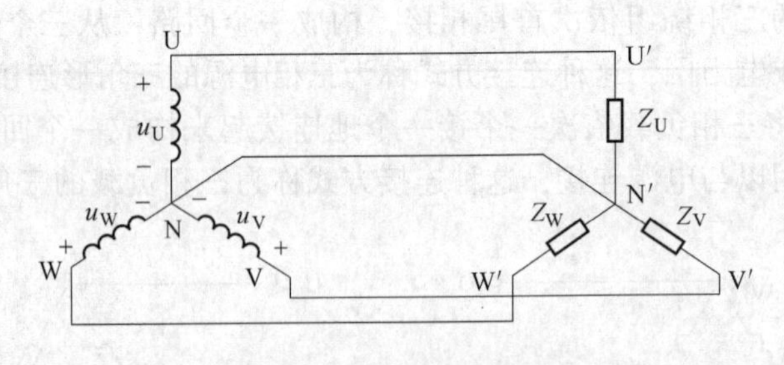


图 6-3 三相四线制电路

我国低压配电系统广泛采用三相四线制，这种三相供电系统可以向负载提供两种电压：相线与中线之间的电压和两相线之间的电压。在我国，一般低压配电电网的相线与中线之间的电压为 220V，相线之间电压为 380V。一般照明灯具及其他额定电压为 220V 的单相用电设备接于相线与中线之间，使用 220V 的电压；三相动力设备及额定电压为 380V 的单相用电设备接于两相线之间，使用 380V 的电压，如图 6-4 所示。

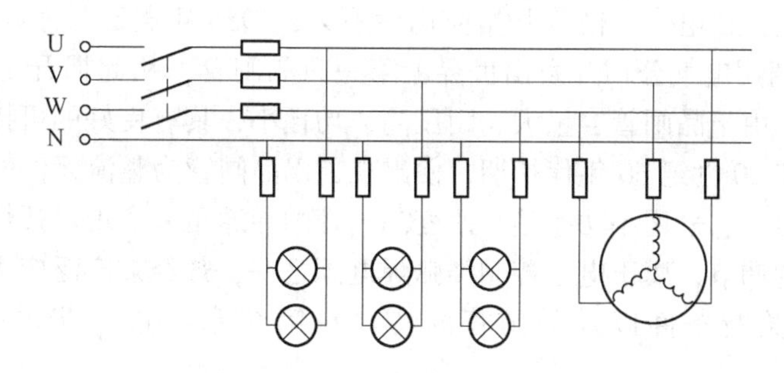


图 6-4 220/380V 低压配电系统

6.1.1.3 三相四线制接法中，相电压和线电压之间的关系

三相电路中，每相电源绕组的首端与末端之间的电压称为电源的相电压，用 $u_U$、$u_V$、$u_W$ 表示。每相负载两端的电压称为负载的相电压，用 $u'_U$、$u'_V$、$u'_W$ 表示。三相电源的任意两条端线间的电压称为电源的线电压，用 $u_{UV}$、$u_{VW}$、$u_{WU}$ 表示。三相负载的任意两条端线间的电压，亦即三相负载的任意两个引出端线之间的电压称为负载的线电压，用 $u'_{UV}$、$u'_{VW}$、$u'_{WU}$ 表示。流过每相电源绕组的电流称为电源的相电流，对于星形连接的电源，相电流可用 $i_{NU}$、$i_{NV}$、$i_{NW}$ 表示。流过每相负载的电流称为负载的相电流，对于星形连接的负载，相电流可用 $i'_{UN}$、$i'_{VN}$、$i'_{WN}$ 表示。流过端线的电流称为线电流，用 $i_U$、$i_V$、$i_W$ 表示。流过中线的电流称为中线电流，用 $i_N$ 表示。图 6-5 中标出了这些电压和电流的参考方向，这是习惯标示法。

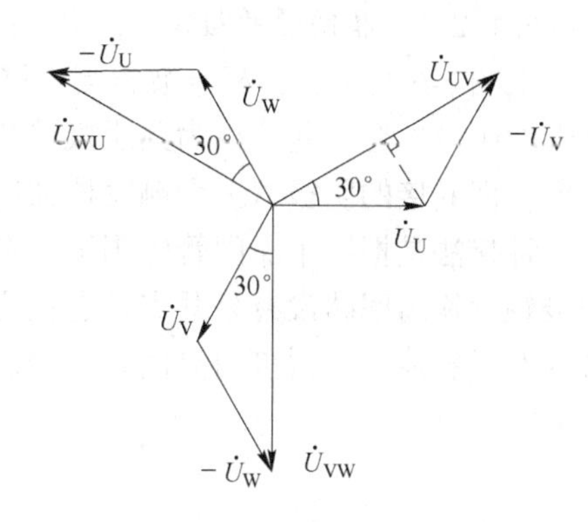


图 6-5 星形电源的电压相量关系

线电压 $U_L$ 与相电压 $U_P$ 之间的数值关系可以用式（6-1）表示：

$$U_L = \sqrt{3}\,U_P \tag{6-1}$$

线电压 $U_L$ 与相电压 $U_P$ 之间的相量关系可以用式（6-2）表示：

$$\left.\begin{aligned}\dot{U}_{UV} &= \sqrt{3}\,\dot{U}_U\angle 30° \\ \dot{U}_{VW} &= \sqrt{3}\,\dot{U}_V\angle 30° \\ \dot{U}_{WU} &= \sqrt{3}\,\dot{U}_W\angle 30°\end{aligned}\right\} \tag{6-2}$$

总而言之，对于星形连接的三相电源或三相负载，若相电压是一组对称的正弦电压，则线电压也是一组对称的正弦电压；在习惯的参考方向下，各线电压在相位上分别超前于相应的相电压 30°；线电压的有效值等于相电压有效值的 $\sqrt{3}$ 倍。

### 6.1.2 晶闸管的概念和接法

6.1.2.1 晶闸管的概念

晶闸管（silicon controlled rectifier，SCR）是晶体闸流管的简称，又被称为可控硅整流器，简称可控硅。在电力二极管开始应用后不久，1956 年美国贝尔实验室发明了晶闸管，1957 年美国通用电气公司开发出世界上第一只晶闸管，从此揭开了电力电子技术发展和应用的序幕。由于晶闸管容量大、耐压高、功耗小，具有良好的可控性，很适合制作弧焊电源，因此在 20 世纪 60 年代初期，便出现了以晶闸管为整流元件的弧焊电源，即晶闸管式弧焊整流器。它采用小功率信号改变晶闸管的导通角来实现对弧焊电源外特性的控制以及焊接参数的调节，属于电子控制类弧焊电源之一，曾经被广泛应用。晶闸管的结构和符号、导通和关断条件以及晶闸管的特性在第 7 章有进一步的介绍，具体参见 7.1.1 节。

6.1.2.2 晶闸管的触发。

当晶闸管承受正向阳极电压，且在门极施加正向电压时，晶闸管将从关断状态转变为导通状态，这个过程即称为晶闸管的触发。

6.1.2.3 晶闸管的接法

如图 6-6 所示，三相半波整流电路中晶闸管的连接可以有两种接法：一种是把三个晶闸管的阴极连在一起，称为共阴极接法，这时三相晶闸管元件的控制极触发输出回路有公共点，即共接的阴极，三个触发器彼此之间没有相互绝缘的问题，可以不用脉冲变压器。另一种接法是把三个晶闸管的阳极连在一起，称为共阳极接法。这时三相晶闸管元件的控制极触发输出回路没有公共点，它们之间的电位不同，不同触发器之间要有良好的绝缘，必须经过脉冲变压器接向晶闸管的控制极。

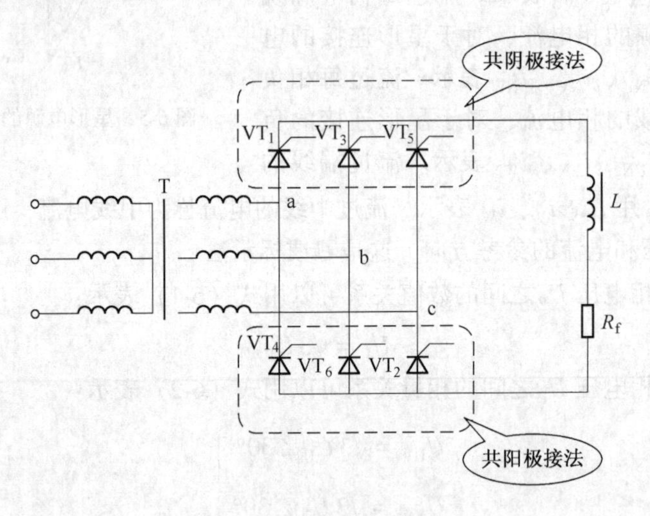


图 6-6 晶闸管的接法

### 6.1.3 整流电路的几个常用概念

接下来介绍几个本章经常用到的与晶闸管相关的概念，包括整流电路的自然换相点、晶闸管的触发角和晶闸管的导通角。

6.1.3.1 自然换相点

A 单相半波整流电路的自然换相点

图 6-7 所示为单相半波可控整流电路，电路图如图 6-7（a）所示，图中 T 为变压器，

其作用是隔离和变换交流电压，其一次、二次侧的电压瞬时值分别用 $u_1$ 和 $u_2$ 表示，有效值分别用 $U_1$ 和 $U_2$ 表示，负载 $R$ 两端的输出电压用 $u_d$ 表示，负载电流用 $i_d$ 表示，晶闸管 $VT_1$ 两端电压用 $u_{KT}$ 表示，触发脉冲用 $u_g$ 表示。

通常 $u_1$ 是从电网上获取的正弦交流电，经变压器 T 变换后，二次侧所得电压 $u_2$ 也是正弦交流电，其波形如图 6-7（b）所示，正弦曲线与横轴的交点称为过零点，该点负载 $R$ 上的瞬时电压为 0。接下来对 0~2π 整个周期进行分析：

（1）0~π 期间：晶闸管 $VT_1$ 阳极承受正向电压，若在此期间某时刻 $\omega t_1$ 触发晶闸管 $VT_1$，则 $VT_1$ 可被触发导通。因此，0~π 期间，可以分为两段：0~$\omega t_1$ 段，晶闸管阳极承受正向电压，但其门级未收到触发脉冲，晶闸管未导通，此时负载 $R$ 上输出电压为 0；$\omega t_1$~π 段，晶闸管阳极承受正向电压，且其门级也收到正向触发脉冲，晶闸管导通，此时负载 $R$ 上有电压输出。

（2）π~2π 期间：晶闸管 $VT_1$ 阳极承受反向电压，晶闸管关断。

由以上分析可见，对于单相半波整流电路，$\omega t=(0,\ 2,\ 4,\ \cdots)\pi$ 这些过零时刻，是晶闸管能被触发导通的最早时刻，在这点以前晶闸管因承受反向电压，不能被触发导通，只有在这一点以后触发晶闸管才能使之导通，因此计算触发角时，以这些点为起始点。对于单相半波整流电路而言，这些 $\omega t=(0,\ 2,\ 4,\ \cdots)\pi$ 过零点即为自然换相点。注意，$\omega t=(1,\ 3,\ 5,\ \cdots)\pi$ 这些过零点不是自然换相点，因为这些点之后，晶闸管阳极承受反向电压，不能被触发导通。

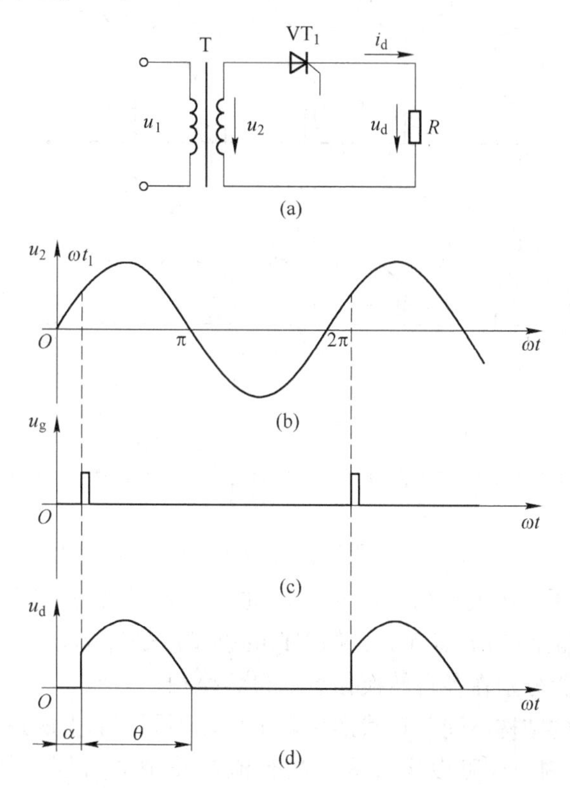


图 6-7　单相半波可控整流电路及波形

（a）单相半波整流电路图；（b）整流电路输入电压 $u_2$；（c）触发脉冲；（d）负载电压

B　三相半波整流电路的自然换相点

在共阴极电路中，三个晶闸管的阴极连接在一起，如图 6-8（a）所示。图 6-8（b）是相电压波形。在 $\omega t_1 \sim \omega t_2$ 时期内，a 相电压比 b、c 相都高。如果在 $\omega t_1$ 时触发所有晶闸管，$VT_1$ 导通，这时负载电压为 a 相电压。在 $\omega t_2 \sim \omega t_3$ 期间，b 相电压最高，在 $\omega t_2$ 时触发所有晶闸管，$VT_2$ 导通。$VT_1$ 因承受反向电压而关断，负载电压为 b 相电压。在 $\omega t_3$ 时触发所有晶闸管，$VT_3$ 导通，并关断 $VT_2$，负载电压为 c 相电压。按同样道理，各晶闸管被依次触发导通后，即关断前面已导通的晶闸管。输出电压为一脉动直流电压，一个周期内有三次脉动，脉动频率为 150Hz。

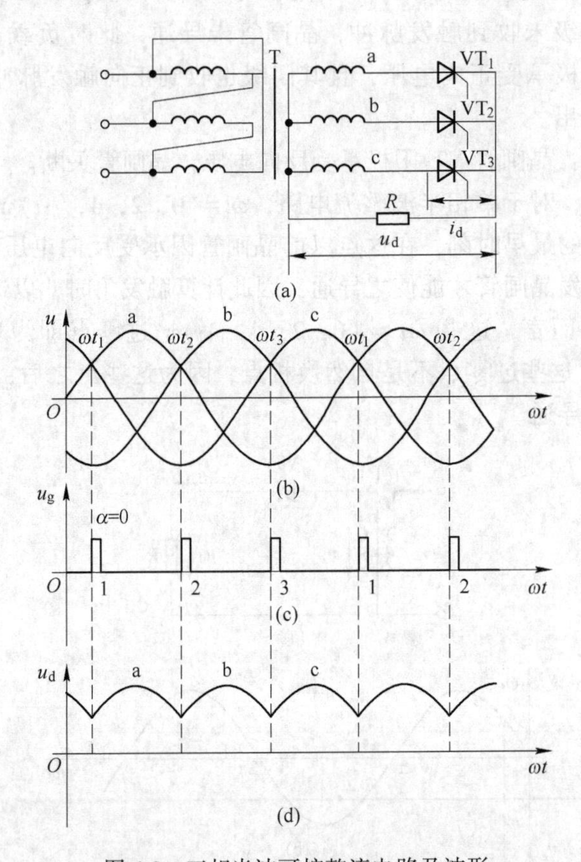


图 6-8　三相半波可控整流电路及波形

（a）三相半波可控整流电路图；（b）相电压；（c）触发脉冲；（d）负载电压

在相电压的交点处 $\omega t_1$、$\omega t_2$、$\omega t_3$ 是各相晶闸管被触发导通的最早时刻，在这点以前晶闸管因承受反向电压，不能被触发导通，因此计算触发角时，以这些点为起始点，即 $\alpha=0$，如 $VT_1$ 的触发角是自 $\omega t_1$ 点起算，如 $VT_2$ 的触发角是自 $\omega t_2$ 点起算等。这个交点称自然换相点；每个晶闸管分别在各自然换相点处自然换相。

可见，整流电路的结构不同，自然换相点也可能不同。综上所述，自然换相点是晶闸管可能导通的最早时刻。也可以定义为：当整流电路中的可控元件全部由不可控元件（电力二极管）代替时，各元件开始导通的时刻点，称为自然换相点。也可以说是触发角 $\alpha$ 的起点位置，即此时 $\alpha=0°$。

6.1.3.2 整流电路中其他的常用概念

（1）触发角 $\alpha$。从自然换相点起到晶闸管被触发导通之间的电相位角，称为触发角 $\alpha$，又称触发延迟角或控制角。如图 6-7 中 $\alpha$ 所示，$0\sim\omega t_1$ 之间的电相位角就是触发角 $\alpha$。

（2）导通角 $\theta$。晶管在一个周期中导通的电角度，称为导通角 $\theta$。如图 6-7 中 $\theta$ 所示，$\omega t_1\sim\pi$ 之间的电相位角就是导通角 $\theta$。

（3）移相。改变触发角 $\alpha$ 的大小，即改变晶闸管触发脉冲 $u_g$ 出现的相位，称为移相。

（4）移相控制。通过改变触发角 $\alpha$ 的大小，从而调节整流电路输出电压大小的控制方式称为移相控制或相位控制，简称“相控”。

（5）移相范围。是指触发角 $\alpha$ 的允许调节范围。当触发角 $\alpha$ 从 $\alpha_{min}$ 到 $\alpha_{max}$ 变化时，整流电路的输出电压也完成从最大值到最小值的变化。移相范围和整流电路的结构、负载性质有关。

（6）同步。要使整流电路的输出电压稳定，要求触发脉冲信号和交流电源电压（即晶闸管阳极电压）在频率和相位上要协调配合。

## 6.2 晶闸管式弧焊整流器的组成和特点

一般晶闸管式弧焊整流器的组成如图 6-9 所示。电子功率系统由三相主变压器 T、晶闸管组 V 和输出直流电抗器 L 组成；电子控制系统又称为控制电路，主要由给定电路 G、检测电路 M、比较电路和触发电路等组成。$U_{gu}$ 和 $I_{gi}$ 分别是电子控制系统中电流和电压的给定信号，$mU_f$ 和 $nI_f$ 分别是弧焊电源输出电压和电流的反馈信号，$U_k$ 为控制器产生的控制信号。二极管组 VD 和限流电阻 $R$ 构成维弧电路。

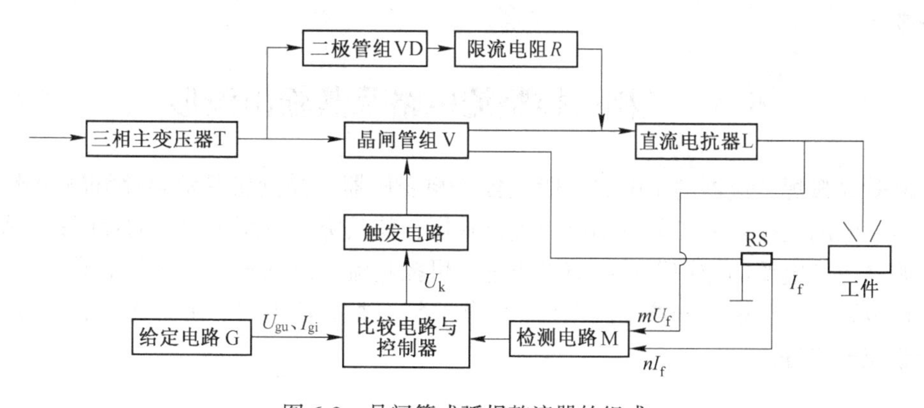


图 6-9 晶闸管式弧焊整流器的组成

大功率晶闸管组 V 受控于触发电路。触发脉冲的移相可以改变晶闸管导通角的大小，晶闸管导通角大，则焊接电流（电压）也大；反之亦然。晶闸管式弧焊整流器外特性控制是借助于电流、电压反馈信号，当需要获得下降外特性时，触发脉冲的相位由给定电压和电流反馈信号经比较器后得到的控制信号确定；当需要获得平外特性时，触发脉冲的相位由给定电压和电压反馈信号确定；当需要获得任意外特性时，触发脉冲的相位由电压、电流反馈信号的比例决定，改变这个比例，就可以得到任意外特性。具体内容在后面晶闸管式弧焊电源的特性控制中进行介绍。

晶闸管整流式弧焊电源是一个闭环控制系统，可以根据需要，采用电流负反馈、电压负反馈或者复合反馈控制，获得所需要的电源外特性。与机械调节式、电磁控制式弧焊电源相比，晶闸管整流式弧焊电源具有以下特点：

（1）控制性能好。由于晶闸管整流式弧焊电源是采用电子控制电路进行电源特性的控制，而且电源的电磁惯性小，因而其控制性能好。不仅可以对电源输出电流、电压的大小在较宽的范围内进行快速、准确、均匀的调节，而且很容易获得所需的各种各样的外特性。

（2）动特性好，响应速度快。晶闸管式弧焊整流器与弧焊发电机和硅弧焊整流器相比，内部电感要小得多，系统时间常数可达十几个毫秒（一般硅弧焊整流器的时间常数为150~200ms），具有电磁惯性小、响应速度快的特点。其动态特性可以采用电抗器加以控制和调节。

（3）调节特性好。晶闸管式弧焊整流器通过不同的反馈方式，可以对弧焊电源外特性形状进行任意控制，可在较宽的范围内调节焊接电流和电压，并且容易实现网压补偿。与磁放大器式弧焊整流器相比，可输出较小的焊接电流，易于实现脉冲焊接和薄板焊接。

（4）节能省材。与弧焊发电机和硅弧焊整流器相比，晶闸管式弧焊整流器没有磁放大器，也没有原动机，没有机械损耗，输入功率较小，其效率和功率因数较高，因而具有节省材料、减轻质量、节约能源的特点。

（5）噪声小。与直流弧焊发电机相比，晶闸管式弧焊整流器无旋转运动的部分，噪声明显减小。

（6）晶闸管式弧焊整流器除主电路之外，还有各种电子控制电路以及辅助电路等，与机械调节式弧焊电源相比，其电路复杂。对制造人员、使用人员和维修人员的技术水平有较高要求。

## 6.3 三相可控整流电路及其输出波形

晶闸管式弧焊整流器的主电路一般包含三相变压器、晶闸管整流电路和输出电抗器。变压器将从电网上获得的工频电网电压进行降压，使其降到可用于焊接的程度；晶闸管整流电路则在控制电路的作用下对网路电压进行可控整流。晶闸管整流电路主要有三相桥式半控整流电路、三相桥式全控整流电路、六相半波可控整流电路和带平衡电抗器的双反星形可控整流电路等。

### 6.3.1 三相桥式半控整流电路

#### 6.3.1.1 电阻性负载

电阻性负载的三相桥式半控整流电路如图6-10所示。图中T为变压器，三个晶闸管$VT_1$、$VT_3$、$VT_5$的阴极连接在一起，称为共阴极组；三个整流二极管$VD_4$、$VD_6$、$VD_2$的阳极连接在一起，称为共阳极组；$R_f$为负载。该电路的特点是共阴极组的晶闸管必须触发才能导通；而共阳极组的整流二极管总是在自然换相点换相。变压器的二次侧，在任何时刻总是由变压器的两个二次线圈、一个阳极电位高而且由触发脉冲触发导通的晶闸管和一个阴极电位最低的整流二极管串联构成通路。

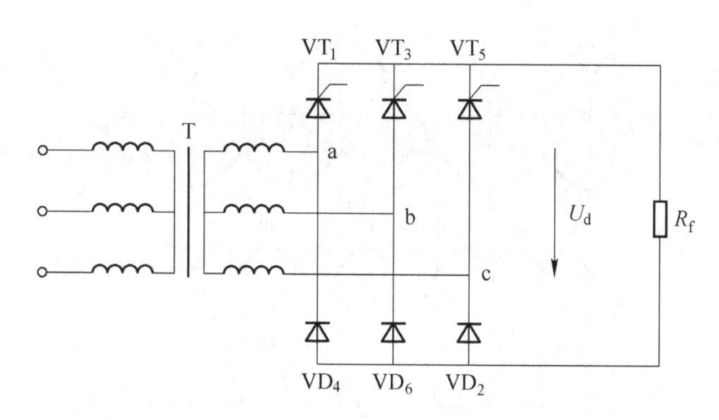


图 6-10　电阻性负载的三相桥式半控整流电路

A　触发角 $\alpha=0$

触发角 $\alpha=0°$时，三相桥式半控整流电路的波形如图 6-11 所示。当 $\alpha=0°$时，即在自然换相点 $\omega t_1$、$\omega t_3$和 $\omega t_5$时刻分别触发晶闸管 $VT_1$、$VT_3$和 $VT_5$，使其轮换导通；而整流二极管 $VD_2$、$VD_4$和 $VD_6$在自然换相点 $\omega t_2$、$\omega t_4$和 $\omega t_6$处自然换相。电路具体的导通过程如下：

（1）在 $\omega t_1$时刻，由触发脉冲信号 $u_{g1}$触发晶闸管 $VT_1$，$VT_1$与阴极电位最负的二极管 $VD_6$一起导通，整流器输出电压 $u_d=u_{ab}$。由于是电阻负载，所以负载 $R_f$ 上的电压 $u_f=u_{ab}$。过了 $\omega t_2$时刻，$VD_2$比 $VD_6$的阴极电位更低，即 $u_c$低于 $u_b$，因而产生自然换相，由 $VD_2$代替 $VD_6$与晶闸管 $VT_1$串联导通，此时输出电压 $u_d=u_{ac}$。

（2）在 $\omega t_3$时刻，$u_b$大于 $u_a$，晶闸管 $VT_3$受到触发脉冲信号 $u_{g3}$的触发，$VT_3$导通，而 $VT_1$将承受反向电压而关断，于是由 $VT_3$替代 $VT_1$与 $VD_2$串联导通，$u_d=u_{bc}$。过了 $\omega t_4$时刻，$VD_4$比 $VD_2$的阴极电位更低，即 $u_a$低于 $u_c$，因而产生自然换相，由 $VD_4$代替 $VD_2$与晶闸管 $VT_3$串联导通，此时输出电压 $u_d=u_{ba}$。

（3）在 $\omega t_5$时刻，$u_c$大于 $u_b$，晶闸管 $VT_5$受到触发脉冲信号 $u_{g5}$的触发，$VT_5$导通，而 $VT_3$将承受反向电压而关断，于是由 $VT_5$替代 $VT_3$与 $VD_4$串联导通，$u_d=u_{ca}$。过了 $\omega t_6$时刻，$VD_6$比 $VD_4$的阴极电位更低，即 $u_b$低于 $u_a$，因而产生自然换相，由 $VD_6$代替 $VD_4$与晶闸管 $VT_5$串联导通，此时输出电压 $u_d=u_{cb}$。

依此类推，各管的导通顺序及整流器输出电压波形如图 6-11 所示。此时整流电路的工作情况和输出电压波形与三相桥式不可控整流电路相同，称为全导通状态。整流电压波形在每周期内有 6 个波峰，每个晶闸管导通角为 120°；整流电压的平均值最大，其值为 $2.34U_2$（$U_2$为变压器二次侧相电压的有效值）。

B　触发角 $\alpha=30°$

触发角 $\alpha=30°$时，三相桥式半控整流电路的输出波形如图 6-12 所示。电路具体的导通过程如下：

（1）图中 $\omega t_1$为 a 相与 c 相正半波自然换相点以后 30°时刻，此时触发脉冲信号 $u_{g1}$触发晶闸管 $VT_1$，$VT_1$与阴极电位最负的 $VD_6$一起导通，整流器输出电压 $u_d=u_{ab}$。$\omega t_2$过后，c 相与 b 相负半波自然换相，此时共阳极组整流二极管 $VD_6$与 $VD_2$自然换相，$VD_2$导通，$VD_6$截止，此时 $VT_1$与 $VD_2$串联导通，$u_d=u_{ac}$。

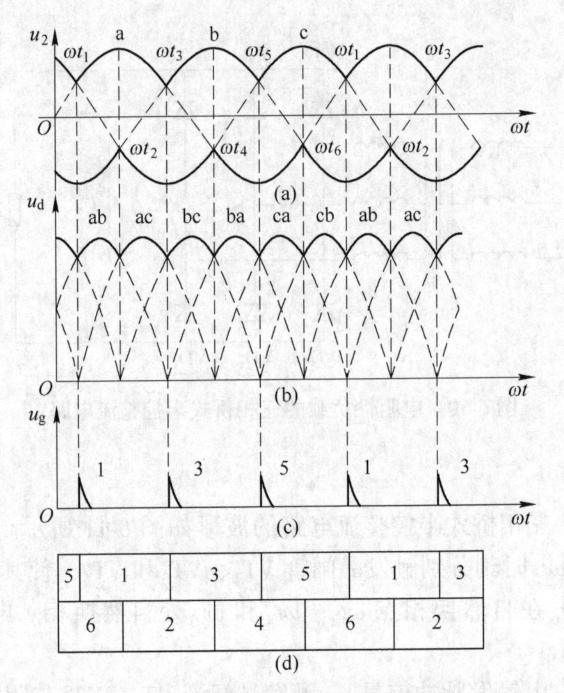


图 6-11　$\alpha=0°$时电阻负载三相桥式半控整流电路输出波形

（a）相电压；（b）线电压上的输出电压波形；（c）触发脉冲；（d）管子导通顺序

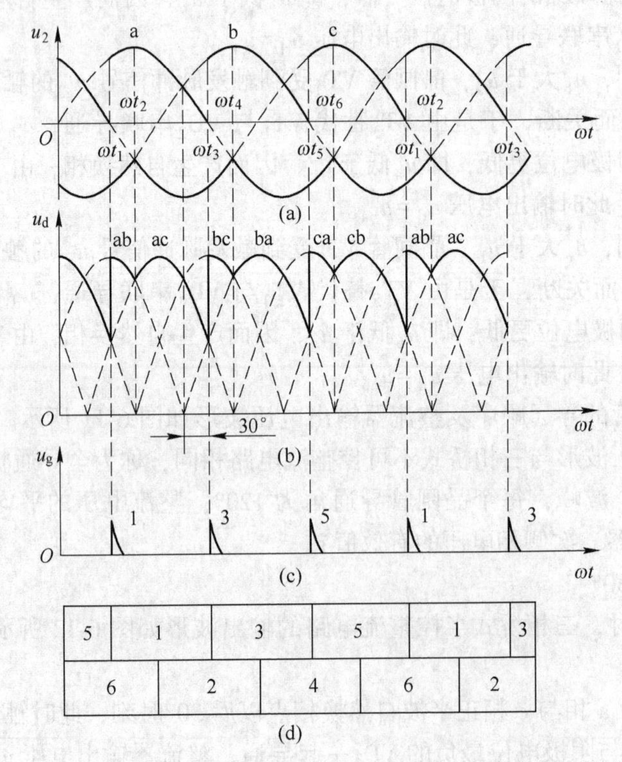


图 6-12　$\alpha=30°$时电阻负载三相桥式半控整流电路输出波形

（a）相电压；（b）线电压的输出电压波形；（c）触发脉冲；（d）管子导通顺序

（2）图中 $\omega t_3$为 b 相与 a 相正半波自然换相点以后 30°时刻，此时触发脉冲信号 $u_{g3}$触发晶闸管 $VT_3$，$VT_3$被触发导通，而 $VT_1$承受反向电压被迫关断，电路转为 $VT_3$与 $VD_2$串联导通，$u_d=u_{bc}$。$\omega t_4$过后，a 相与 c 相负半波自然换相，此时共阳极组整流二极管 $VD_4$与 $VD_2$自然换相，$VD_4$导通，$VD_2$截止，此时 $VT_3$与 $VD_4$串联导通，$u_d=u_{ba}$。

（3）图中 $\omega t_5$为 c 相与 b 相正半波自然换相点以后 30°时刻，此时触发脉冲信号 $u_{g5}$触发晶闸管 $VT_5$，$VT_5$被触发导通，而 $VT_3$承受反向电压被迫关断，电路转为 $VT_5$与 $VD_4$串联导通，$u_d=u_{ca}$。$\omega t_6$过后，b 相与 a 相负半波自然换相，此时共阳极组整流二极管 $VD_6$与 $VD_4$自然换相，$VD_6$导通，$VD_4$截止，此时 $VT_5$与 $VD_6$串联导通，$u_d=u_{cb}$。

依此类推，各管的导通顺序及整流器输出电压波形如图 6-12 所示。此时从输出电压 $u_d$的波形看，每个周期有 6 次较大的脉动，而且脉动是不均匀的，晶闸管的导通角为 120°。

C　触发角 $\alpha=60°$

触发角 $\alpha=60°$时，三相桥式半控整流电路的输出波形如图 6-13 所示。$\alpha=60°$，即在滞后于自然换相点 60°处触发晶闸管。其特点是：在触发晶闸管时，正值整流二极管的自然换相点，因而晶闸管与二极管同时换相。电路具体的导通过程如下：

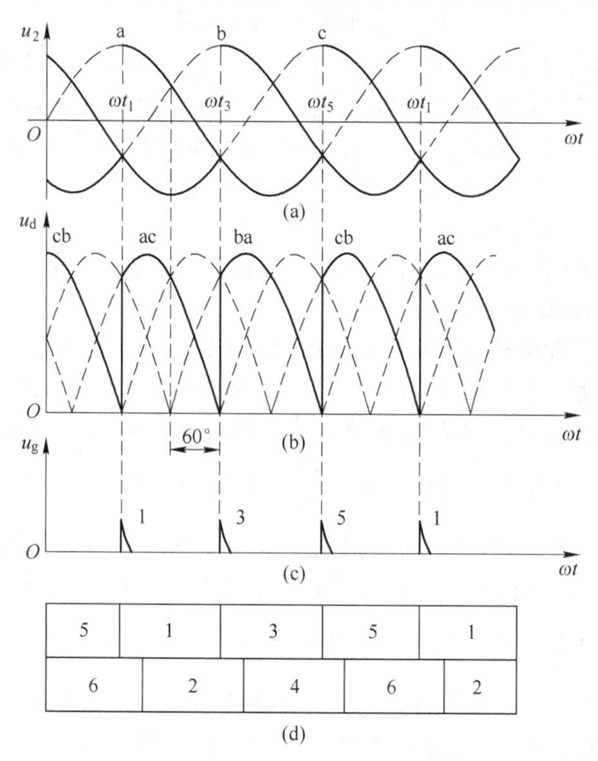


图 6-13　$\alpha=60°$时电阻负载三相桥式半控整流电路输出波形

（a）相电压；（b）线电压上的输出电压波形；（c）触发脉冲；（d）管子导通顺序

（1）在 $\omega t_1$时，即 a 相与 c 相正半波自然换相点以后 60°，用触发脉冲信号 $u_{g1}$触发晶闸管 $VT_1$，这时又是 c 相与 b 相负半波的自然换相点，整流二极管 $VD_2$与 $VD_6$自然换相，此时晶闸管 $VT_1$和二极管 $VD_2$串联导通，整流器输出电压 $u_d=u_{ac}$，直至过了 120°。

（2）在 $\omega t_3$ 时，即b相与a相正半波自然换相点以后60°，用触发脉冲信号 $u_{g3}$ 触发晶闸管 $VT_3$，$VT_1$ 承受反向电压关断，这时又是a相与c相负半波的自然换相点，$VD_4$ 与 $VD_2$ 自然换相，电路中变为 $VT_3$ 和 $VD_4$ 串联导通，整流器输出电压 $u_d = u_{ba}$，直至过了120°。

（3）在 $\omega t_5$ 时，即c相与b相正半波自然换相点以后60°，用触发脉冲信号 $u_{g5}$ 触发晶闸管 $VT_5$，$VT_3$ 承受反向电压关断，这时又是b相与a相负半波的自然换相点，$VD_6$ 与 $VD_4$ 自然换相，电路中变为 $VT_5$ 和 $VD_6$ 串联导通，整流器输出电压 $u_d = u_{cb}$，直至过了120°。

依此类推，各管的导通顺序及整流器输出电压波形如图6-13所示。此时从输出电压 $u_d$ 的波形看，每个周期有三次较大的脉动，晶闸管的导通角为120°。

由图6-13可知，$\alpha = 60°$ 是三相桥式半控整流电路电压 $u_d$ 波形连续的临界点，若继续增大 $\alpha$，则由于某一线电压为零时，前一晶闸管已断开，后一晶闸管还没受到触发而不能导通，这就使 $u_d$ 波形出现间断，直至下一触发脉冲到来时，后一晶闸管导通才又继续接通，整流电路恢复输出波形。可见，随着 $\alpha$ 的增大，只要将图6-13（b）波形图中的垂直线部分往右移动，即可得相应的 $u_d$ 波形。根据波形图，通过推导，可以得出电阻性负载三相桥式半控整流电路输出电压平均值 $U_d$ 与晶闸管触发角 $\alpha$ 的关系如下：

$$U_d = 1.17U_2(1 + \cos\alpha) \tag{6-3}$$

当触发角 $\alpha = 0°$ 时，$U_d = 2.34U_2$；随着 $\alpha$ 增大，$U_d$ 减小；当 $\alpha = 180°$ 时，$U_d = 0$。可见三相桥式半控整流电路的触发脉冲移相范围为0~180°。触发角 $0° \leqslant \alpha < 60°$ 时，$u_d$ 波形在一个周期有六个波峰，脉动频率 $f = 300$Hz；$60° \leqslant \alpha < 180°$ 时，$u_d$ 波形在一个周期有三个波峰，脉动频率 $f = 150$Hz，脉动较大，甚至出现不连续现象。

6.3.1.2 电阻电感性负载

当 $\alpha \leqslant 60°$ 时，电阻电感性负载的三相桥式半控整流电路与电阻性负载的三相桥式半控整流电路的工作原理和输出波形基本相同。

当 $\alpha > 60°$ 时，电阻性负载的三相桥式半控整流电路输出电压不连续，焊接电流也不连续，这是不行的。为此，在电路中加入电感性负载使其变为电阻电感性负载，如图6-14所示，图中 $L$ 为输出电抗器。令 $L$ 的电感值足够大，则当 $u_f$ 为零出现间断时，负载电流 $i_d$ 的减小在输出电抗器 $L$ 中产生自感电势 $L\dfrac{di}{dt}$，其正负极性如图6-14所示，它可以维持电流 $i_d$ 不中断。$L$ 值愈大，则 $i_d$ 波形波动愈小；但 $L$ 值过大，常会导致晶闸管失控甚至损坏，也会影响弧焊电源的动特性。例如，$VT_1$ 被触发后与 $VD_2$ 一起导通，至 $\omega t_3$ 时刻，虽然 $u_{ab} = 0$，但由于有 $L\dfrac{di}{dt}$ 产生，同时二极管中由 $VD_2$ 自然换相为 $VD_4$ 导通，于是 $L$、$R_f$、$VD_4$ 和 $VT_1$ 之间构成回路，由 $L$ 上的自感电动势继续为 $VT_1$ 提供正向阳极电压使其不能及时关断。$VT_1$ 继续导通，导通多长时间取决于 $L$ 中储存能量的大小，甚至延迟到 $VT_3$ 被触发为止。这样，实际上对晶闸管的导通角大小失去了控制。为避免上述问题的产生，应在负载两端接上续流二极管 $VD_7$。如此，当整流电压间断时，由 $L$、$R_f$ 和 $VD_7$ 构成回路续流，即使 $u_d$ 不中断，又能使晶闸管按时关断。于是加续流管后，整流器输出的电压波形与电阻性负载的相同。

值得注意的是，只有在 $\alpha > 60°$ 时，续流二极管才起续流作用。

三相桥式半控整流电路只用三只晶闸管和三个触发单元，因而线路比较简单、可靠、经济和较易调试。其变压器为普通三相降压变压器，易于制造。其主要缺点是调至低压或小电流时波形脉动较明显。为满足对直流弧焊电源规定的脉动系数的要求（一般脉动系数小于2），需配备大电感量的输出电抗器。

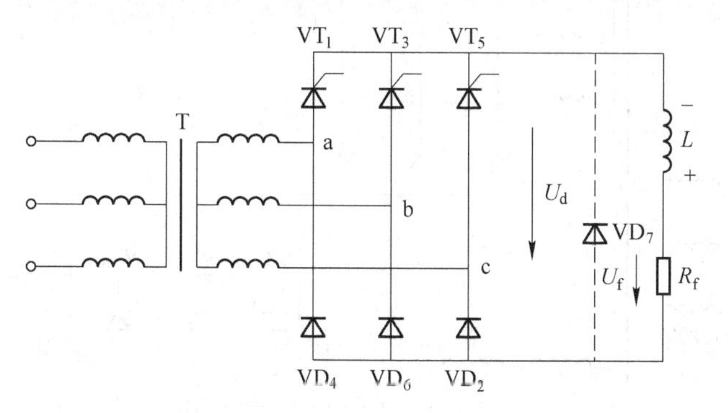


图 6-14　电阻电感性负载三相桥式半控整流电路

6.3.1.3　解决晶闸管整流波形的脉动问题

晶闸管式弧焊整流器的输出电流和电压是通过调节晶闸管的导通角来实现的，因此它的电流电压波形脉动问题比硅弧焊整流器要大。尤其是当小规范焊接时，导通角较小，整流波形的脉动加剧，甚至会出现波形不连续，引起电弧不稳定。为解决晶闸管式弧焊整流器的波形脉动问题可以采取以下措施：

（1）增大输出电抗器 $L$。如图 6-14 中的输出电抗器 $L$，尽管导通角很小时晶闸管式弧焊整流器输出波形不连续，但经过 $L$ 滤波后，负载上的电流电压波形是连续的。

（2）选择合适的整流电路。不同的整流电路其输出波形的脉动程度不同，如三相桥式半控整流电路波形比三相桥式全控整流电路的脉动程度大。选择合适的整流电路，可以减小脉动程度。

（3）增加附加电路。如图 6-15 所示，在三相桥式半控整流电路主回路中增加辅助电源电路。图中的电路Ⅰ是附加的小电流辅助电源，Ⅱ是附加的高电压辅助电源。小电流辅助电源是在主变压器上增加一个能提供 15~30V 电压的线圈，接成一个不可控的三相桥式整流电路，从而可以提供一个维持电弧燃烧的小电流。高电压辅助电源是在三相主变压器上绕制三个辅助线圈并与主线圈串联，每相接入一个整流二极管，同时在回路中串联一个限流电阻 $R$，使其短路电流为 10~20A，从而提高空载电压，改善引弧性能。这样，在主变压器设计时，不需要考虑引弧时的空载电压，只考虑满足焊接工作电压的要求即可。

## 6.3.2　三相桥式全控整流电路

三相桥式半控整流电路的整流电压波形在触发角 $\alpha>60°$时，每个周期只有三个波峰，输出电压脉动较大。如果将其电路中的三个整流二极管 $VD_2$、$VD_4$、$VD_6$ 换成三个晶闸管，就变成三相桥式全控整流电路，其输出电压波形有较大的改善。如图 6-16 所示，晶闸管 $VT_1$、$VT_3$、$VT_5$接成共阴极组，$VT_2$、$VT_4$、$VT_6$接成共阳极组。

6.3.2.1　电阻性负载

讨论电阻性负载的情况，则先将图 6-16 中输出电抗器 $L$ 短路。要使负载中流过电流，必须让上述两组晶闸管中各有一个同时导通。由于晶闸管压降可以忽略，负载上承受的是

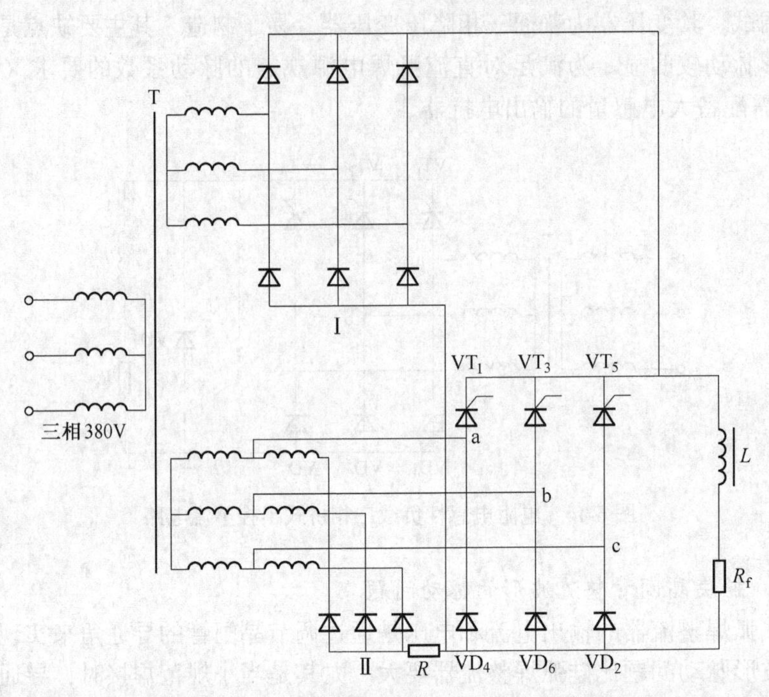


图 6-15　带附加电路的晶闸管三相桥式半控整流电路

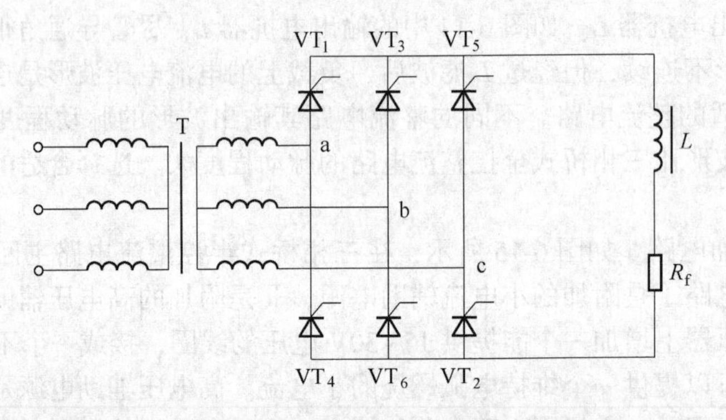


图 6-16　三相桥式全控整流电路

线电压。工作过程中，共阳极组和共阴极组的晶闸管都在不断换相，换相时间取决于产生触发脉冲的相位。为了获得一周有六个波峰的负载电压波形，则需同时触发两组晶闸管。即要求同组各晶闸管的触发电压互差120°，两组之间互差60°。这样每隔60°按序触发一只晶闸管，在负载两端每周期出现 $u_{ab}$、$u_{ac}$、$u_{bc}$、$u_{ba}$、$u_{ca}$、$u_{cb}$ 六个波峰。

A　触发角 $\alpha=0°$

图 6-17 所示是 $\alpha=0°$ 时，即在自然换相点 $\omega t_1 \sim \omega t_6$ 上，由互差60°的触发脉冲信号 $u_{g1} \sim u_{g6}$ 按序触发对应的晶闸管 $VT_1 \sim VT_6$ 所得的整流输出波形。具体电路导通过程如下：

（1）在 $\omega t_1$ 时刻，由触发信号 $u_{g1}$ 触发晶闸管 $VT_1$，而晶闸管 $VT_6$ 在前一周期已触发导通，故此时由晶闸管 $VT_1$ 和 $VT_6$ 串联导通，此时整流输出电压 $u_d = u_{ab}$。

（2）过了60°，在 $\omega t_2$ 时刻，由触发信号 $u_{g2}$ 触发晶闸管 $VT_2$ 导通，这就使晶闸管 $VT_6$

承受反向阳极电压而关断，实现 $VT_2$ 和 $VT_6$ 的换相，改由 $VT_1$ 与 $VT_2$ 串联导通，此时整流输出电压 $u_d = u_{ac}$。

（3）过了 60°，在 $\omega t_3$ 时刻，由触发信号 $u_{g3}$ 触发晶闸管 $VT_3$ 导通，这就使晶闸管 $VT_1$ 承受反向阳极电压而关断，实现 $VT_3$ 和 $VT_1$ 的换相，改由 $VT_3$ 与 $VT_2$ 串联导通，此时整流输出电压 $u_d = u_{bc}$。

（4）过了 60°，在 $\omega t_4$ 时刻，由触发信号 $u_{g4}$ 触发晶闸管 $VT_4$ 导通，这就使晶闸管 $VT_2$ 承受反向阳极电压而关断，实现 $VT_4$ 和 $VT_2$ 的换相，改由 $VT_3$ 与 $VT_4$ 串联导通，此时整流输出电压 $u_d = u_{ba}$。

（5）过了 60°，在 $\omega t_5$ 时刻，由触发信号 $u_{g5}$ 触发晶闸管 $VT_5$ 导通，这就使晶闸管 $VT_3$ 承受反向阳极电压而关断，实现 $VT_5$ 和 $VT_3$ 的换相，改由 $VT_5$ 与 $VT_4$ 串联导通，此时整流输出电压 $u_d = u_{ca}$。

（6）过了 60°，在 $\omega t_6$ 时刻，由触发信号 $u_{g6}$ 触发晶闸管 $VT_6$ 导通，这就使晶闸管 $VT_4$ 承受反向阳极电压而关断，实现 $VT_6$ 和 $VT_4$ 的换相，改由 $VT_5$ 与 $VT_6$ 串联导通，此时整流输出电压 $u_d = u_{cb}$。

这就完成了一个周期的整流输出。依此类推，循环往复，从而实现三相桥式全控整流电路的输出。输出波形如图 6-17（b）所示，管子导通顺序如图 6-17（d）所示。此时从输出电压 $u_d$ 的波形看，每个周期有 6 次均匀的脉动，脉动较小，晶闸管的导通角为 120°。

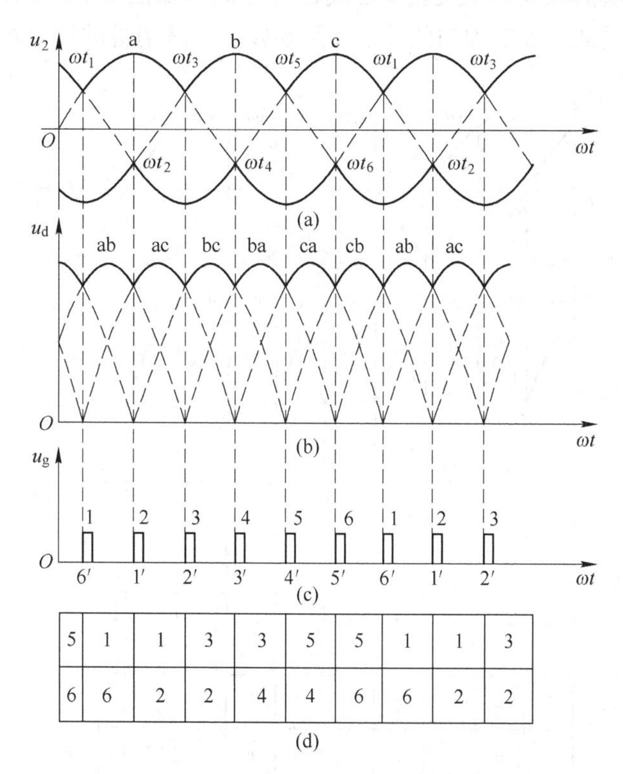


图 6-17　$\alpha = 0°$时电阻负载三相桥式全控整流电路输出波形

（a）相电压；（b）线电压上的输出电压波形；（c）触发脉冲；（d）管子导通顺序

B　触发角 $\alpha=30°$

当触发角 $\alpha=30°$时，三相桥式全控整流电路输出波形如图 6-18 所示。电路具体的导通过程如下：

（1）图中 $\omega t_1$为 a 相与 c 相正半波自然换相点以后 30°时刻，此时触发晶闸管 $VT_1$，而晶闸管 $VT_6$在前一周期已触发导通，故此时由晶闸管 $VT_1$和 $VT_6$串联导通，此时整流输出电压 $u_d=u_{ab}$。

（2）60°后，$\omega t_2$为 b 相与 c 相负半波自然换相以后 30°时刻，此时触发晶闸管 $VT_2$，$VT_2$导通，$VT_6$承受反向阳极电压而截止，此时由 $VT_1$与 $VT_2$串联导通，$u_d=u_{ac}$。

（3）60°后，$\omega t_3$为 b 相与 a 相正半波自然换相点以后 30°时刻，此时触发晶闸管 $VT_3$，$VT_3$导通，$VT_1$承受反向阳极电压而截止，电路转为 $VT_3$与 $VT_2$串联导通，$u_d=u_{bc}$。

（4）60°后，$\omega t_4$为 c 相与 a 相负半波自然换相以后 30°时刻，此时触发晶闸管 $VT_4$，$VT_4$导通，$VT_2$承受反向阳极电压而截止，电路转为 $VT_3$与 $VT_4$串联导通，$u_d=u_{ba}$。

（5）60°后，$\omega t_5$为 c 相与 b 相正半波自然换相点以后 30°时刻，此时触发晶闸管 $VT_5$，$VT_5$导通，$VT_3$承受反向阳极电压而截止，电路转为 $VT_5$与 $VT_4$串联导通，$u_d=u_{ca}$。

（6）60°后，$\omega t_6$为 a 相与 b 相负半波自然换相以后 30°时刻，此时触发晶闸管 $VT_6$，$VT_6$导通，$VT_4$承受反向阳极电压而截止，电路转为 $VT_5$与 $VT_6$串联导通，$u_d=u_{cb}$。

依此类推，各管的导通顺序及整流器输出电压波形如图 6-18 所示。此时从输出电压 $u_d$的波形看，每个周期有 6 次均匀的脉动，脉动较小，晶闸管的导通角为 120°。

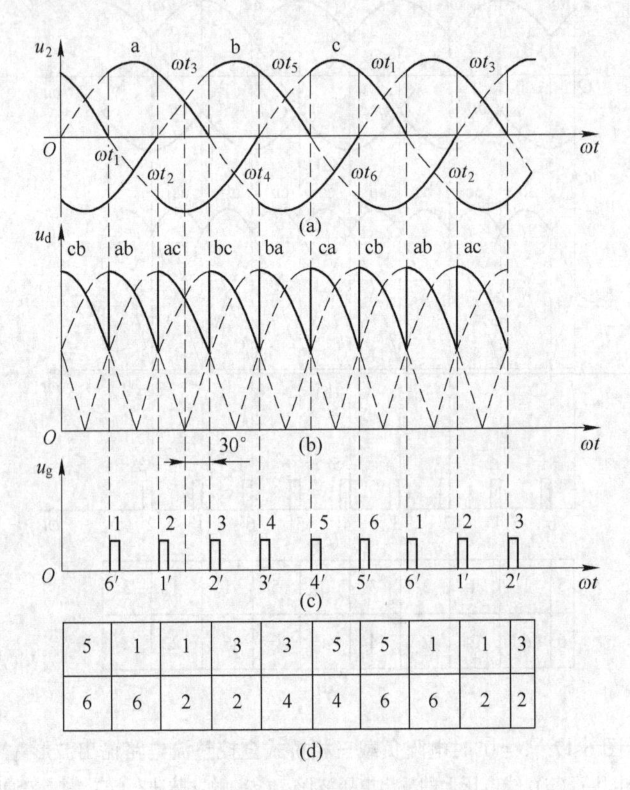


图 6-18　$\alpha=30°$时电阻负载三相桥式全控整流电路输出波形

（a）相电压；（b）线电压上的输出电压波形；（c）触发脉冲；（d）管子导通顺序

C　触发角 $\alpha=60°$

当触发角 $\alpha=60°$时，三相桥式全控整流电路输出波形如图 6-19 所示。$\alpha=60°$为三相桥式全控整流电路在电阻性负载情况下电流连续的临界点，$\alpha$ 继续增大，则出现整流输出波形不连续。

$\alpha=60°$时，各管的导通顺序及整流器输出电压波形如图 6-19 所示。此时从输出电压 $u_d$的波形看，每个周期有 6 次均匀的脉动，其脉动程度比三相桥式半控整流电路小，晶闸管的导通角为 120°。

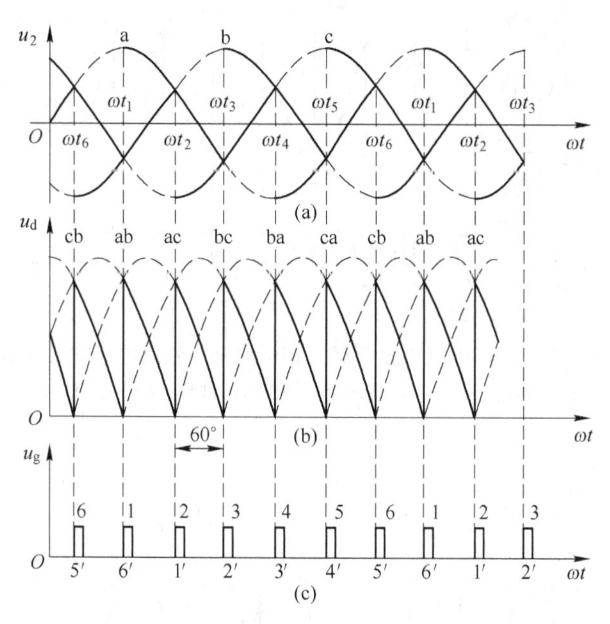


图 6-19　$\alpha=60°$时电阻负载三相桥式全控整流电路输出波形

（a）相电压；（b）线电压上的输出电压波形；（c）触发脉冲

D　触发角 $\alpha=90°$

当触发角 $\alpha=90°$时，三相桥式全控整流电路输出波形如图 6-20 所示。此时三相桥式全控整流电路输出波形不连续，每个周期有 6 次均匀的脉动。

对比图 6-17～图 6-20 中 $u_d$波形可知，随 $\alpha$ 角增大，负载电压平均值 $U_d$将减小。由图不难看出，$\alpha=120°$时，$U_d=0$，所以三相桥式全控整流电路在电阻性负载情况下要求触发脉冲移相范围为 0°～120°。

6.3.2.2　电阻电感性负载

图 6-16 中输出电抗器 $L$ 接入电路时，即构成带电阻电感负载的三相桥式全控整流电路。在 $0°\leqslant\alpha\leqslant60°$范围内，其工作情况和 $u_d$的波形与电阻性负载时相同，但 $i_d$的波形与 $u_d$波形不成比例，$i_d$的波形由于有电感的滤波作用而变得平稳，当 $L\rightarrow\infty$ 时，$i_d$的波形趋于水平。在 $\alpha>60°$后，在电阻性负载的情况下，$u_d$、$i_d$波形都要出现断续。在电阻电感性负载情况下，当线电压过零变负时，电感电势仍可为晶闸管提供正向阳极电压，使其不致关断。只要 $L$ 的电感足够大，已导通的品闸管就可以继续导通至下一次触发换相，而使 $u_d$波形连续。图 6-21 所示为 $\alpha=90°$时的 $u_d$波形，其正负部分对称，输出电压平均值 $U_d=0$。

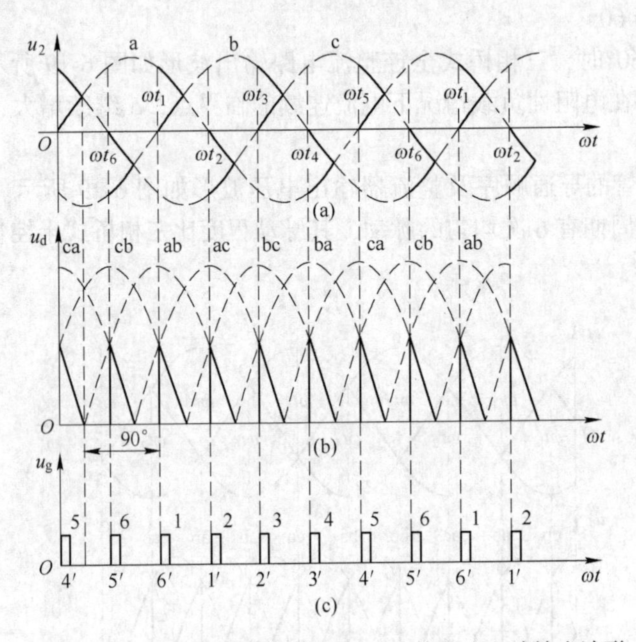


图 6-20 $\alpha=90°$时电阻负载三相桥式全控整流电路输出波形

（a）相电压；（b）线电压上的输出电压波形；（c）触发脉冲

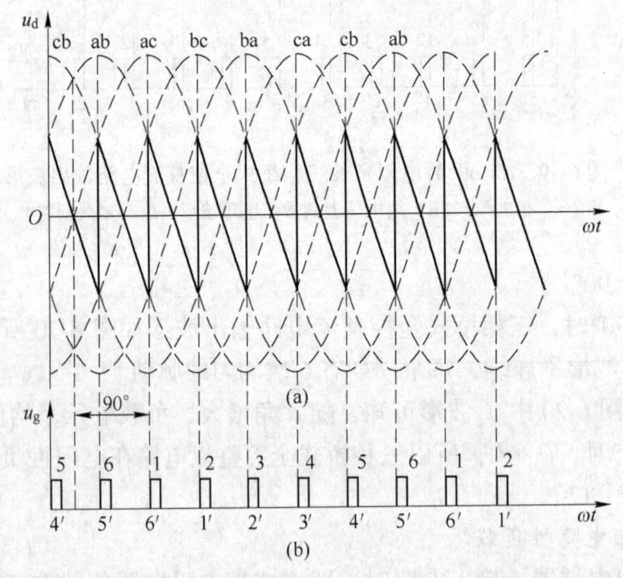


图 6-21 $\alpha=90°$时电阻电感性负载三相桥式全控整流电路输出波形

（a）线电压上的输出电压波形；（b）触发脉冲

所以，要求其触发脉冲移相范围为 0~90°。

在电感足够大使负载电流连续的条件下，三相桥式全控整流电路输出电压平均值 $U_d$ 与触发角 $\alpha$ 的关系如下：

$$U_d = 2.34 U_2 \cos\alpha \tag{6-4}$$

式中，$U_2$为变压器二次侧相电压有效值。当$\alpha=0°$，$U_d=2.34U_2$；当$\alpha=90°$时，$U_d=0$。

由上述分析可知，三相桥式全控整流电路的输出电压每周期有6个波峰，脉动较小，所需配用的输出电感量也较小。所用变压器是通用的，易于制造。其缺点是要用6只晶闸管、6套触发电路，电路复杂，增加了调试和维修的难度。

#### 6.3.2.3　三相桥式全控整流电路的触发模式

在三相桥式全控整流电路工作时，电路里总是有两个晶闸管串联导通，为保证电路启动时或负载电流断续时能正常工作，每当触发一晶闸管时，必须同步触发与其串联导通的另一只晶闸管。例如，在图6-17～图6-20中，在$\omega t_1$时刻，用触发脉冲$u_{g1}$触发晶闸管$VT_1$，使其与晶闸管$VT_6$串联导通，这时若不同步触发$VT_6$，那么在电路切换过程中，$VT_6$很可能已经因瞬时电流过零而关断，使$VT_1$和$VT_6$串联电路不能导通。同理，当触发角$\alpha$较大，电流断续时，在$VT_1$被触发导通前，$VT_6$已经关断，此时也必须同步触发$VT_6$。

为解决以上问题，保证电路按照预设导通顺序可靠导通，一般有两种触发模式。

##### A　双窄脉冲触发

双窄脉冲触发如图6-22所示。它的特点是：(1) 单个触发脉冲宽度小于60°；(2) 相互间隔60°的$u_{g1}\sim u_{g6}$为基本脉冲，按序依次触发晶闸管$VT_1\sim VT_6$；(3) 另添加补充脉冲$u_{g1'}\sim u_{g6'}$，在基本脉冲依次循环触发晶闸管$VT_1$、$VT_2\cdots VT_6$时，同步依次循环触发晶闸管$VT_6$、$VT_1\cdots VT_5$，按图6-22所示顺序施加基本脉冲和补充脉冲。

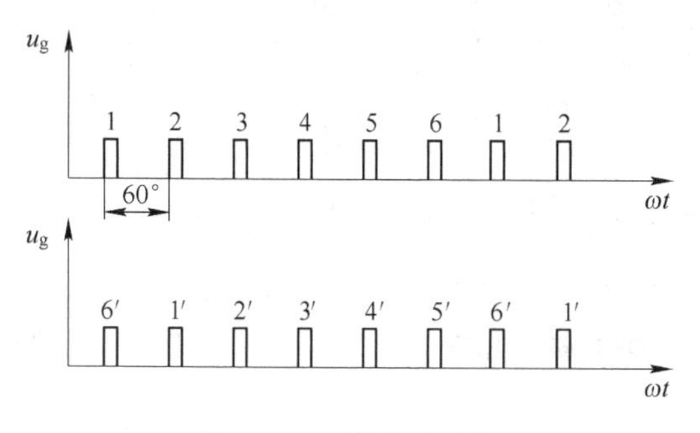


图6-22　双窄脉冲触发

##### B　单宽脉冲触发

单宽脉冲触发如图6-23所示。它的特点是：(1) 触发脉冲的宽度大于60°；(2) 触发脉冲$u_{g1}\sim u_{g6}$之间的间隔是60°；(3) 为了方便观察，将其分为两行，重叠部分用阴影表示；(4) 电路工作过程中，只需按序让$u_{g1}\sim u_{g6}$触发晶闸管$VT_1\sim VT_6$即可实现晶闸管的按序导通。例如，在图6-17～图6-21中，在$\omega t_1$时刻，用触发脉冲$u_{g1}$触发晶闸管$VT_1$，此时前一周期的触发脉冲$u_{g6}$仍未停止，这样即可保证$VT_1$和$VT_6$同时导通。

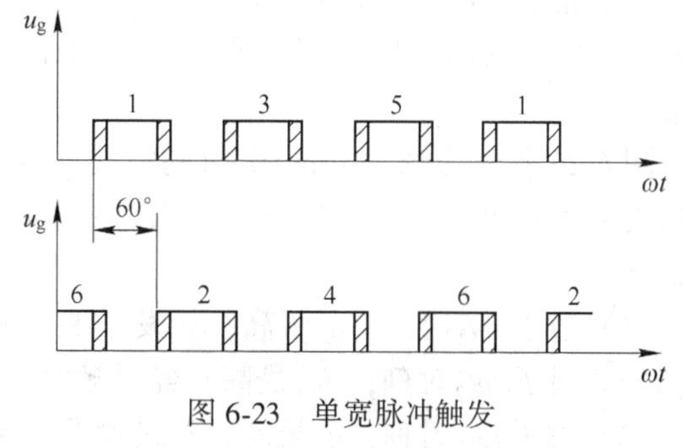


图6-23　单宽脉冲触发

实际上，单宽脉冲中起触发作用的是前后阴影所示重叠部分，它与双窄脉冲等效。

### 6.3.3 六相半波可控整流电路

在桥式可控整流电路中，每个导通回路中，总是有两个功率开关管串联导通，虽然工作过程中其压降较小，但损耗仍然存在。焊接过程具有低电压、大电流的特点，因此即使功率开关管上的压降较小，但是在大电流作用下，仍有较大的功率损耗，降低焊接电源的效率。如果整流电路工作时，每条回路里只接入一个功率开关管，则能很好地解决这个问题。六相半波可控整流电路在工作时，每条回路里即只有一个晶闸管在工作。

六相半波可控整流电路如图 6-24 所示。T 为三相变压器，铁芯有三个心柱，每个心柱上各有一个一次线圈和两个二次线圈（分别为 a、-a，b、-b 和 c、-c）。每个心柱的一次线圈联结三相电源中的一相，一次线圈采用三角形接法。每个心柱上的一个二次线圈的同名端和另一线圈的异名端接在一起，然后采用三相星形接法。这样，变压器的二次侧可以输出相位互差 60°的六相电压，其相位关系如图 6-25 所示。每个二次线圈各串联一个晶闸管，六个晶闸管接成共阴极形式。在阴极和变压器中点 O 之间联结负载。

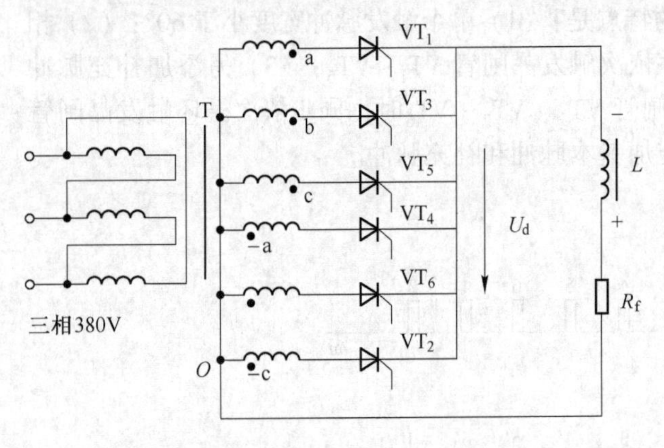


图 6-24 六相半波可控整流电路

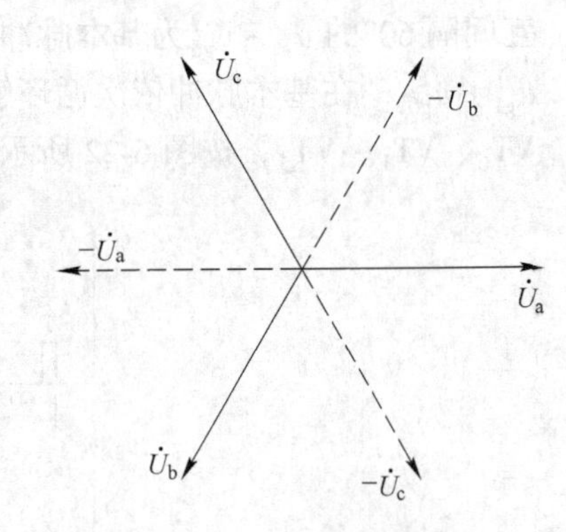


图 6-25 六相电压矢量图

#### 6.3.3.1 电阻性负载

将图 6-24 中的输出电抗器 $L$ 短路，则为电阻性负载。与前述三相桥式全控整流电路不同，六相半波可控整流电路在任何时候只需一个晶闸管导通，即将这一相的电压接到负载两端，电源输出电压是变压器二次侧的相电压。图 6-26（a）中虚线所示为六相电压波形。

图 6-26 所示为触发角 $\alpha=0°$时的整流电压波形。$\alpha=0°$即在自然换相点处触发晶闸管，其输出电压 $u_d$波形与六相二极管整流电路相同，如图 6-26（a）所示。电路导通的具体情况如下：

（1）过了 $\omega t_1$时刻，$u_a$最高，触发晶闸管 $VT_1$，使 $VT_1$导通，$u_d=u_a$。

（2）过了 $\omega t_2$时刻，$-u_c$最高，经过触发、换相由 $VT_2$代替 $VT_1$导通，$u_d=-u_c$。

（3）过了 $\omega t_3$时刻，$u_b$最高，经过触发、换相由 $VT_3$代替 $VT_2$导通，$u_d=u_b$。

……

依此类推。随着相电压的周期性变化，6 个晶闸管在 $\omega t_1$、$\omega t_2$、…、$\omega t_6$时刻触发、换相，每个晶闸管导通 60°，6 个晶闸管导通顺序如图 6-26（b）所示，六相半波可控整流

电路的输出电压 $u_d$ 的波形即为相电压的包络线，每个周期有 6 个波峰，如图 6-26（a）中粗黑线所示。

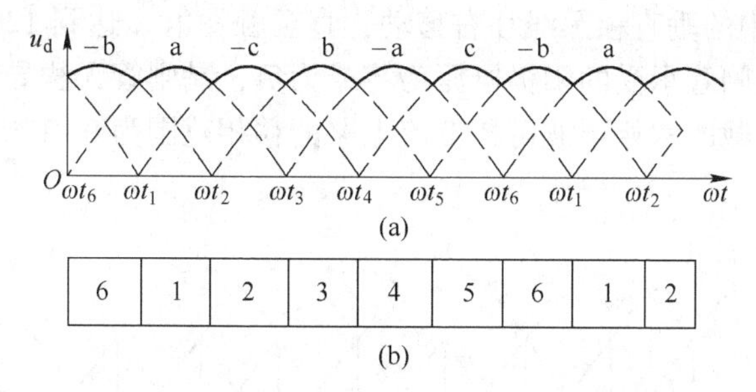


图 6-26　$\alpha=0°$时六相半波可控整流电路输出波形

（a）相电压上的输出电压波形；（b）管子导通顺序

当 $\alpha=30°$和 $60°$时，六相半波可控整流电路的输出电压 $u_d$ 的波形及触发脉冲顺序如图 6-27 和图 6-28 所示。由图可知，每个周期有 6 个波峰，$\alpha=60°$为电阻性负载的六相半波可控整流电路输出电压、电流波形连续的临界值，继续增大触发 $\alpha$，输出电压 $u_d$ 和输出电流 $i_d$ 波形将出现不连续。

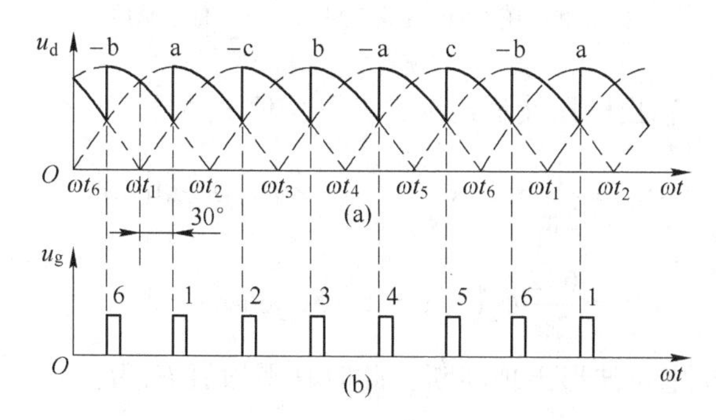


图 6-27　$\alpha=30°$时，六相半波可控整流电路输出波形

（a）相电压上的输出电压波形；（b）触发脉冲

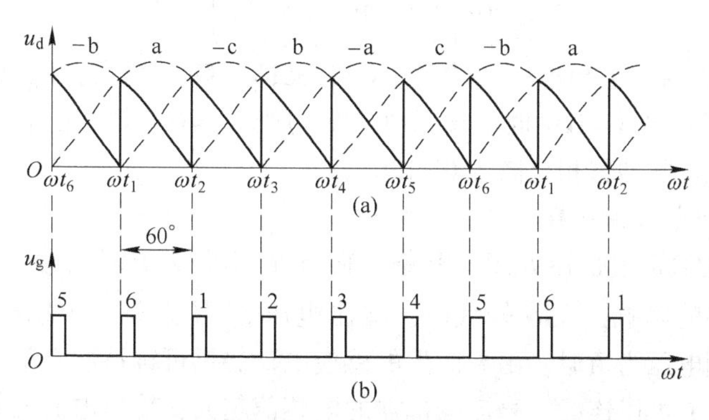


图 6-28　$\alpha=60°$时六相半波可控整流电路输出波形

（a）相电压上的输出电压波形；（b）触发脉冲

当 $\alpha=90°$ 时，六相半波可控整流电路的输出电压 $u_d$ 的波形及触发脉冲顺序如图 6-29 所示，此时每个周期有 6 个波峰，输出电压波形不连续。若继续增大触发角 $\alpha$，只需将图 6-29（b）输出波形中的垂直粗黑线往右移动，直至触发角 $\alpha$ 达到 120°后，即使触发相应的晶闸管，但由于晶闸管承受的阳极电压为零或为负，晶闸管无法导通，整流电路输出为零。因此，电阻性负载的六相半波可控整流电路的移相范围为 0~120°。

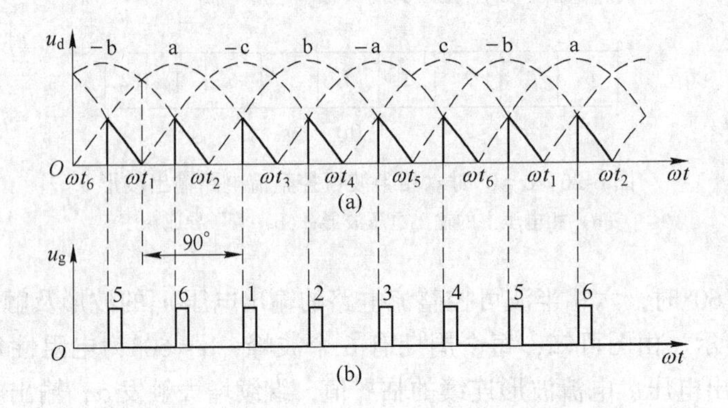


图 6-29　$\alpha=90°$ 时六相半波可控整流电路输出波形
（a）相电压上的输出电压波形；（b）触发脉冲

当 $0°\leqslant\alpha\leqslant60°$ 时，输出电压波形连续，其平均值 $U_d$ 为：

$$\begin{aligned} U_d &= \frac{1}{2\pi}\times 6\times\int_{\frac{\pi}{3}+\alpha}^{\frac{2\pi}{3}+\alpha}\sqrt{2}\times U_2\sin\omega t\mathrm{d}(\omega t) \\ &= \frac{6\sqrt{2}}{2\pi}U_2\cos\alpha = 1.35U_2\cos\alpha \end{aligned} \tag{6-5}$$

当 $\alpha>60°$ 时，输出电压波形出现间断，此时其平均值 $U_d$ 为：

$$\begin{aligned} U_d &= \frac{1}{2\pi}\times 6\times\int_{\frac{\pi}{3}+\alpha}^{\pi}\sqrt{2}\times U_2\sin\omega t\mathrm{d}(\omega t) \\ &= \frac{6\sqrt{2}}{2\pi}U_2\left[1+\cos\left(\frac{\pi}{3}+\alpha\right)\right] \end{aligned} \tag{6-6}$$

可见，当 $\alpha=0°$ 时，输出电压平均值 $U_d=1.35U_2$；随 $\alpha$ 增大，$U_d$ 减小；$\alpha=0°$ 时，输出电压 $u_d$ 临界连续；当 $\alpha=120°$ 时，输出电压平均值 $U_d=0$，即六相半波电阻性负载可控整流电路要求的触发脉冲移相范围为 0~120°。

6.3.3.2　电阻电感性负载

将图 6-24 中的直流电抗器 $L$ 接入电路，它与 $R_f$ 串联为电阻电感性负载。接入 $L$ 后，由于 $L$ 自感电动势的影响，在 $\alpha$ 较大时，输出电压 $u_d$ 不连续，而输出电流 $i_d$ 可以连续，即当变压器二次侧电压为负时，由 $L$ 产生的感应电动势仍可维持已经触发导通的晶间管继续导通，因此电流 $i_d$ 可以连续。直流电抗器的电感值越大，输出电流 $i_d$ 的波形越平直。

在直流电抗器足够大到使负载电流连续的条件下，式（6-5）仍然适用。根据式（6-5），当触发角 $\alpha=0°$ 时，输出电压平均值 $U_d=1.35U_2$；当 $\alpha=90°$ 时，$U_d=0$。即在大电感电阻性负载条件下，该整流电路要求的触发脉冲移相范围为 0~90°。图 6-30 中粗黑线表

示的是 $\alpha=90°$ 时，输出电压 $u_d$ 的波形，可见，此时负载电压平均值 $U_d$ 为零。

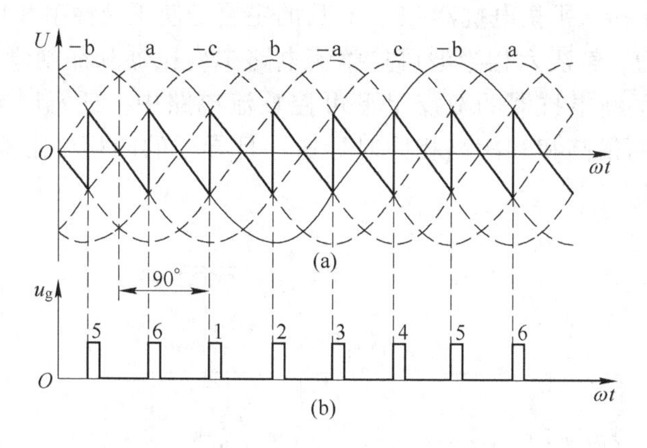


图 6-30　$\alpha=90°$ 时电阻电感性负载的六相半波可控整流电路输出波形

（a）相电压上的输出电压波形；（b）触发脉冲

六相半波可控整流电路与三相桥式全控整流电路一样，都要用 6 只晶闸管，整流波形相似，每周期有 6 个波峰。六相半波可控整流电路的触发电路比较简单，每个晶闸管在一个周期内最多只导通 60°，而三相桥式全控整流电路每个晶闸管在一个周期内最多导通 120°，因而六相半波可控整流电路的变压器和晶闸管的利用率较低。该电路在较大功率的弧焊电源中应用较好，例如，DC-600 晶闸管式弧焊整流器就是采用的该种可控整流电路。

### 6.3.4　带平衡电抗器双反星形可控整流电路

#### 6.3.4.1　带平衡电抗器双反星形可控整流电路概况

三相桥式全控整流电路是两组三相半波可控整流电路的串联，其变压器的利用率高，无直流磁化问题，但整流电流要流过两个整流晶闸管，有两个管子的压降损耗，使效率降低。六相半波可控整流电路，每个时刻只有一个整流晶闸管导通，其变压器和晶闸管的利用率较低。为了克服上述整流电路的缺陷，可以采用图 6-31 所示的带平衡电抗器双反星形可控整流电路。带平衡电抗器的双反星形可控整流电路有共阴极连接（见图 6-31（a））和共阳极连接（见图 6-31（b））两种形式，其电路结构及工作原理基本相同。

带平衡电抗器的双反星形可控整流电路由三相主变压器 T、平衡电抗器 LB 和 6 个晶闸管组成。其三相主变压器与六相半波可控整流电路中的变压器相同，每一相的二次侧都有两个线圈，各以相反极性连成星形，故称为双反星形。实质上，该电路是通过平衡电抗器 LB 并联了两个极性相反的三相半波可控整流电路。

图 6-31 中，变压器二次侧的 a、b、c 相的电压分别与-a、-b、-c 相的电压反向，$VT_1$、$VT_3$、$VT_5$ 构成的三相半波可控整流电路称为正极性组，$VT_2$、$VT_4$、$VT_6$ 构成的三相半波可控整流电路称为反极性组。平衡电抗器 LB 是一个带有中心抽头的铁芯线圈，抽头 O 两侧的线圈匝数相等，因此两边的电感量相等。在任一侧线圈中有交流电流流过时，抽头 O 两侧的线圈中均会感应出大小相等、方向一致的感应电动势。

若将图 6-31（a）电路中的 LB 短路，则成为一般的六相半波可控整流电路。根据前面的分析可知，在任一瞬间只能有一只晶闸管被触发导通，其余 5 只晶闸管均承受反向电压而关断。每只晶闸管的最大导通角为60°。

之所以在电路中接入平衡电抗器LB，其目的主要是使正极性组和负极性组同时导通，提高电路的输出能力，解决六相半波可控整流电路中变压器和晶闸管的利用率较低的问题。实际上，在带平衡电抗器的双反星形可控整流电路中，任意时刻总是由a、b、c、-a、-b和-c六相中的最高相和次高相同时导通，且导通的两相必定有一相在正极性组，另一相则在负极性组。

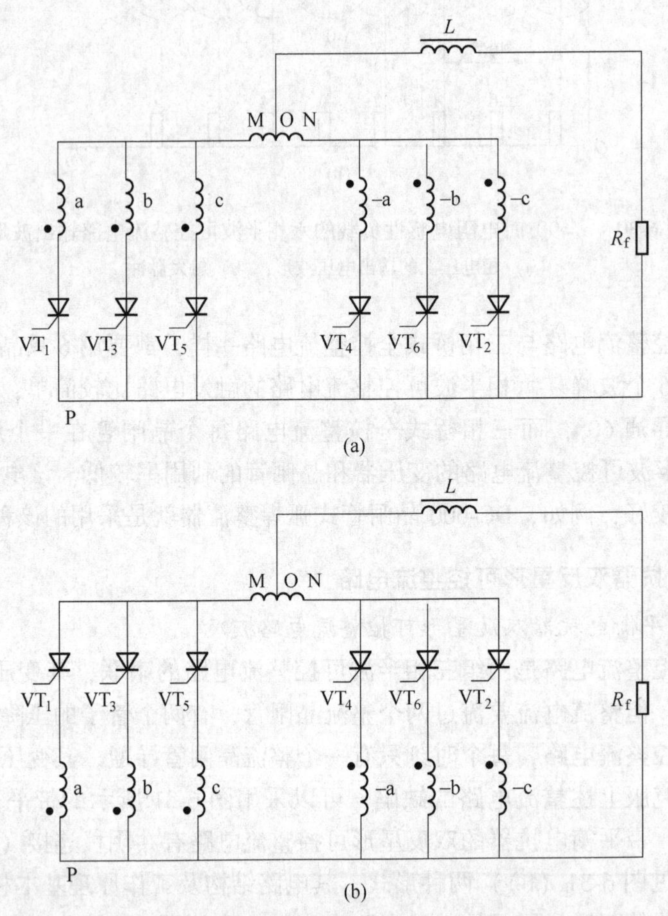


图6-31 带平衡电抗器双反星形可控整流电路

(a) 共阴极接法；(b) 共阳极接法

6.3.4.2 带平衡电抗器双反星形可控整流电路的工作原理

分析带平衡电抗器的双反星形可控整流电路的工作原理主要是分析两组晶闸管可以被同时触发导通的原理。图6-32为带平衡电抗器的双反星形可控整流电路的六相波形图，取任意一瞬进行分析，例如在$\omega t_1 \sim t$时刻之间的任意一瞬，$u_{-b}$和$u_a$均处于正半波，且$u_{-b}$为六相中的最高相，$u_a$为六相中的次高相。如果两组三相半波整流电路的中点M和N直接相连，中间无平衡电抗器LB，如图6-33所示，则连接$u_{-b}$相的晶闸管$VT_6$一旦被触发导通，那么连接$u_a$相的晶闸管$VT_1$就不可能触发导通。

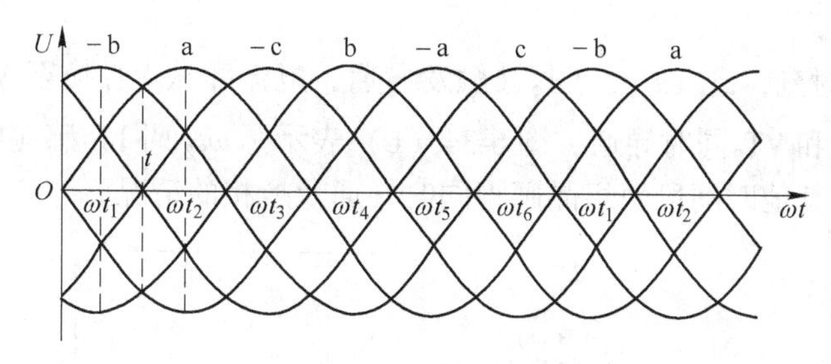


图 6-32 带平衡电抗器的双反星形可控整流电路的六相波形

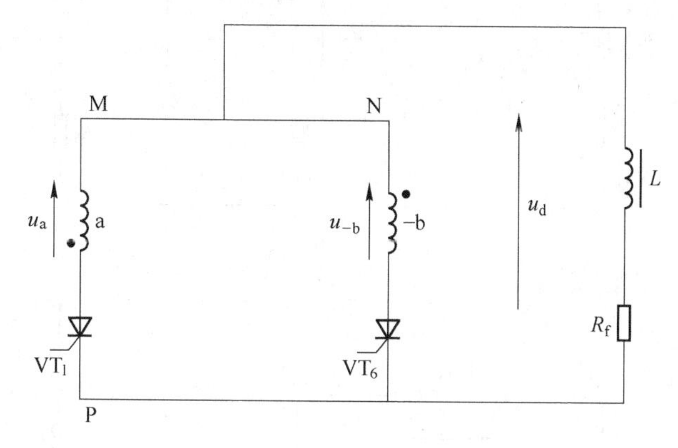


图 6-33 无平衡电抗器电路图

但是，如果当两组三相半波整流电路的 M 和 N 点之间连接了平衡电抗器 LB 后，如图 6-34（a）所示，情况就会发生变化，以 $\alpha=0°$的情况为例，电路具体的导通过程如下：

A 在 $\omega t_1 \sim t$ 之间

在 $\omega t_1$时刻后，$u_{-b}$相的电压最高，$VT_6$被触发导通，电流流经 LB 中的 ON 部分，如图 6-34（a）所示，在其一半线圈（ON 部分）中产生感应电动势，其值为 $u_{MN}/2$，其方向是阻止电流增长的方向，即 O 端为正，N 端为负。由于 LB 是一个整体，因此在另一半线圈（OM 部分）也将产生感应电动势 $u_{MN}/2$，它的方向是 M 端为正，O 端为负。

此时存在式（6-7）所示关系：

$$u_{-b} - \frac{u_{MN}}{2} = u_a + \frac{u_{MN}}{2} \tag{6-7}$$

可见，平衡电抗器 ON 部分线圈上的电动势与 $u_{-b}$方向相反，使晶闸管 $VT_6$阳极电压降低，OM 部分线圈上的电动势与 $u_a$方向相同，使晶闸管 $VT_1$阳极电压升高。因此只要合理选择平衡电抗器 LB，即可得到式（6-7）所示关系，则晶闸管 $VT_1$和 $VT_6$的阳极电位相同，二者可同时被触发导通。

B 在 $t \sim \omega t_2$之间

当到达 $t$ 时刻时，$u_{-b}=u_a$，$VT_1$和 $VT_6$继续导通。之后在 $t \sim \omega t_2$之间，$u_a$为最高相，$u_{-b}$为次高相，此时流过 $u_{-b}$相的电流要减小，而 LB 此时会阻止此电流的减小，使 $VT_6$继续导通；同时流过 $u_a$相的电流要增大，而 LB 此时会阻止此电流的增大，使 $VT_1$和 $VT_6$保持的阳极电位相同，二者保持同时导通。

C $\omega t_2$以后

直到$\omega t_2$以后时刻，$u_{-c}>u_{-b}$，$VT_2$被触发导通，电流才从$VT_6$换至$VT_2$，$u_a$为最高相，$u_{-c}$为次高相，$VT_1$和$VT_2$同时导通，图6-34（b）表示了$\omega t_2$时LB感应电动势的极性。依此类推，可分析出其他时间段两组晶闸管同时导通及换相的情况。

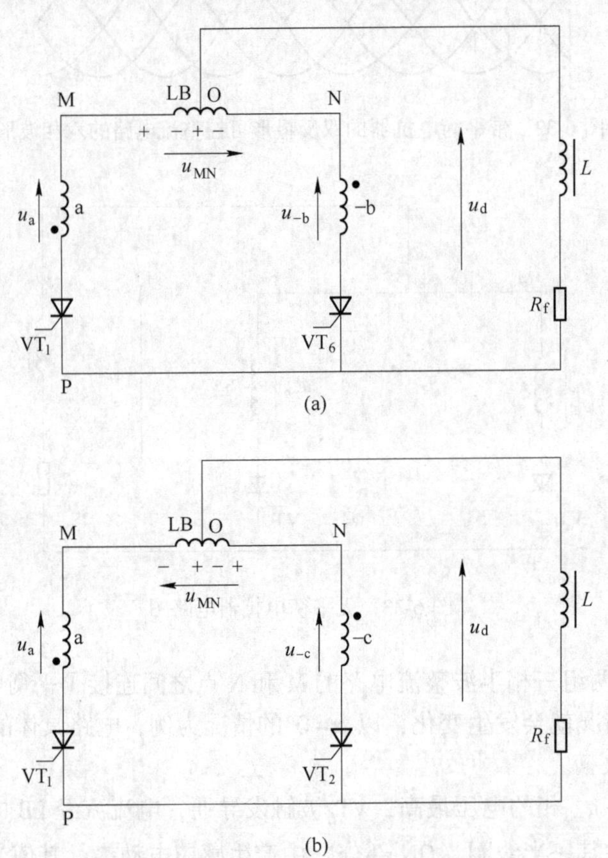


图6-34　带平衡电抗器的双反星形可控整流电路工作原理
（a）$\omega t_1$时刻原理图；（b）$\omega t_2$时刻原理图

总而言之，在带平衡电抗器的双反星形可控整流电路中，任意时刻总是由a、b、c、-a、-b和-c六相中的最高相和次高相两相同时导通，而这两相总有一相属于正极性组，另一相属于负极性组，每隔60°有一只晶闸管换相。各组中的每一只晶闸管仍按三相半波可控整流电路的导通规律而各轮流导通120°。这样就能使流过晶闸管和变压器二次侧电流的纹波系数降低。由于该电路变压器采用两组反极性连接，使变压器磁路平衡，从而不存在直流磁化问题，与六相半波可控整流电路相比，输出能力明显提高。

6.3.4.3　带平衡电抗器的双反星形可控整流电路的输出波形

A　电阻性负载

将图6-31中电抗器$L$短路即得到电阻性负载的带平衡电抗器的双反星形可控整流电路。在带平衡电抗器LB的双反星形可控整流电路图6-31（a）中，两组晶闸管中各有一只同时被触发导通。

（1）触发角 $\alpha=0°$。当触发角 $\alpha=0°$时，每组的工作情况都和三相半波整流电路相同，虽然两组输出电压平均值 $U_{MP}$和 $U_{NP}$相等，但它们的脉动波相差 60°，其瞬时值 $u_{MP}$和 $u_{NP}$是不同的（见图 6-35（a）和图 6-35（b））。整个整流电路输出的电压 $u_d$的波形如图 6-35（c）所示。

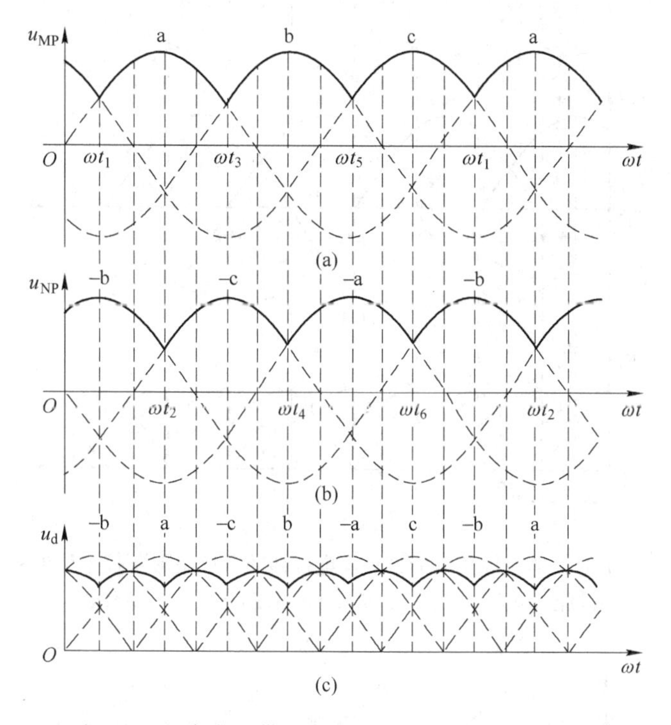


图 6-35　$\alpha=0°$时，电阻性负载的带平衡电抗器的双反星形可控整流电路输出波形
（a）正极性组电压波形；（b）负极性组电压波形；（c）负载电压波形

（2）触发角 $\alpha=30°$。当触发角 $\alpha=30°$时，$u_{MP}$、$u_{NP}$和 $u_d$的波形如图 6-36 所示，超过 30°之后，$u_{MP}$和 $u_{NP}$波形将延伸到负值区域。根据 $u_{OP}=\frac{1}{2}(u_{MP}+u_{NP})$ 可画出 O、P 两点间的整流输出电压波形，如图 6-36（c）所示。

（3）触发角 $\alpha=60°$。当触发角 $\alpha=60°$时，带平衡电抗器双反星形可控整流电路的 $u_{MP}$、$u_{NP}$和 $u_d$波形如图 6-37 所示。由于电路中有平衡电抗器 LB 的作用，所以 $u_{MP}$和 $u_{NP}$为负值时，晶闸管阳极所承受的电压仍为正向电压，还能继续导通，$u_d$波形如图 6-37（c）所示。

触发角 $\alpha=60°$是电阻性负载条件下带平衡电抗器双反星形可控整流电路输出电压 $u_d$波形连续的临界点。触发角 $\alpha$ 超过 60°后，即使在平衡电抗器 LB 的作用下，前期已经同时导通的两只晶闸管阳极所承受的电压将变为负值，迫使其关断，而下一组将要导通的晶闸管尚未被触发导通，这就使得输出电压 $u_d$波形变得不连续。

B　电阻电感性负载

将图 6-31 中电抗器 $L$ 接入电路即得到电阻电感性负载的带平衡电抗器的双反星形可控整流电路。

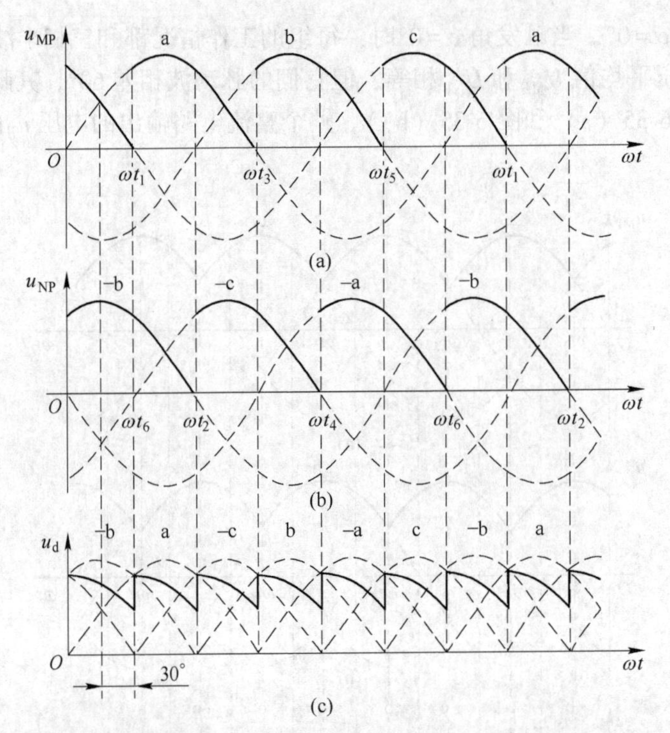


图 6-36　$\alpha=30°$时，电阻性负载的带平衡电抗器的双反星形可控整流电路输出波形

（a）正极性组电压波形；（b）负极性组电压波形；（c）负载电压波形

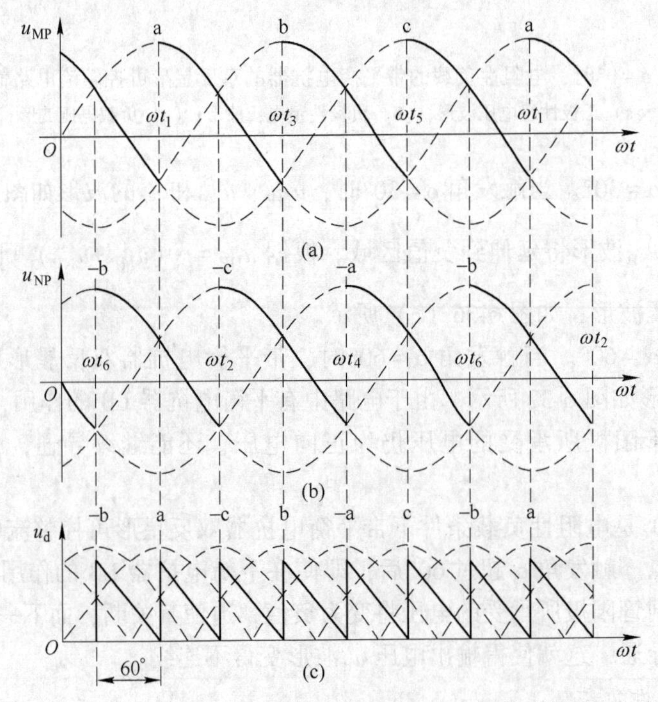


图 6-37　$\alpha=60°$时，电阻性负载的带平衡电抗器的双反星形可控整流电路输出波形

（a）正极性组电压波形；（b）负极性组电压波形；（c）负载电压波形

当触发角 $\alpha$ 超过 60°时，电阻性负载的带平衡电抗器双反星形可控整流电路输出电压 $u_d$ 波形不连续，此时只有电路中存在足够大的电感，$i_d$ 波形才能连续、平稳。图 6-38 所示为 $\alpha=90°$时，电阻电感性负载的带平衡电抗器双反星形可控整流电路的 $u_{MP}$、$u_{NP}$ 和 $u_d$ 波形，此时的 $u_{MP}$、$u_{NP}$ 都对称于横轴，它们的平均值为零，$u_d$ 波形连续，负载电压平均值 $U_d$ 也为零。

通过分析可知，对于电阻性负载来说，当 $\alpha \leqslant 60°$ 时，$u_d$ 波形连续，其输出电压平均值 $U_d$ 为：

$$U_d = 1.17U_2\cos\alpha \qquad 0° \leqslant \alpha \leqslant 60° \tag{6-8}$$

当触发角 $\alpha > 60°$ 时，$u_d$ 波形不连续，其输出电压平均值 $U_d$ 为：

$$U_d = 1.17U_2[1 + \cos(\alpha + 60°)] \qquad 60° < \alpha \leqslant 120° \tag{6-9}$$

可见，随着触发角 $\alpha$ 的增大，$U_d$ 减小，当触发角 $\alpha=120°$时，$U_d$ 为零。

对于电阻电感性负载来说，当触发角 $\alpha \leqslant 60°$ 时，$u_d$ 波形与电阻性负载时的波形相同，所以可以继续使用式（6-8）计算其输出电压平均值 $U_d$。

当触发角 $60° < \alpha < 90°$ 时，$u_d$ 波形出现负值部分，其输出电压平均值 $U_d$ 为：

$$U_d = 1.17U_2\cos\alpha \qquad 60° < \alpha < 90° \tag{6-10}$$

当触发角 $\alpha=90°$时，整流电路输出电压 $U_d$ 为零。

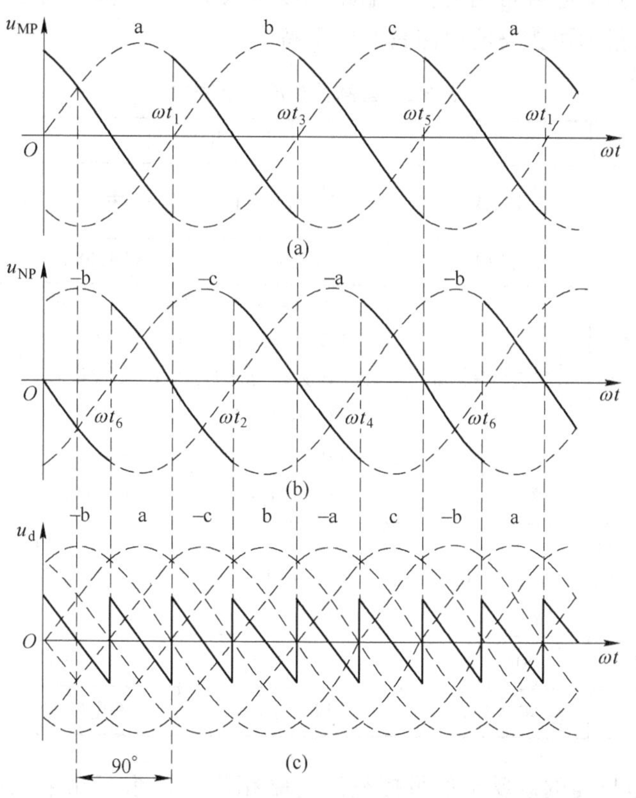


图 6-38 $\alpha=90°$时，电阻电感性负载的带平衡电抗器的双反星形可控整流电路输出波形

（a）正极性组电压波形；（b）负极性组电压波形；（c）负载电压波形

采用带平衡电抗器的双反星形可控整流电路作为晶闸管式弧焊整流器的主电路时，将触发延迟角 $\alpha$ 从0°调至90°，即可实现从空载至短路的调节。由于该电路所要求的触发角 $\alpha$ 调节范围小，给触发电路的设置带来了方便。

应该指出的是，若负载电流小于某一定值（称为临界电流），而达不到在平衡电抗器LB铁芯中建立所需磁通的励磁电流时，则LB上的电压达不到所要求的值，这样将不能维持两组三相半波电路并联工作，在极限情况下，LB将失去作用，使该整流电路工作在六相半波整流状态，根据式（6-5），其输出的电压平均值也就升高至 $1.35U_2$，即为空载电压值。

只要LB的电感量满足式（6-11），就可以保证两个晶闸管同时导通，整流电路正常工作。

$$L_P = 2.24 \frac{U_2}{I_{d,min}} \tag{6-11}$$

式中，$L_P$为平衡电抗器LB的电感量，单位mH；$U_2$为变压器二次侧线圈电压；$I_{d,min}$为最小输出电流值。同样，在带平衡电抗器的双反星形可控整流电路中也应有足够大的直流滤波电感 $L$，才能满足弧焊工艺的需要。

6.3.4.4 带平衡电抗器的双反星形可控整流电路的特点

晶闸管整流式弧焊电源常用的整流电路比较见表6-1。与其他可控整流电路相比，带平衡电抗器的双反星形可控整流电路具有以下特点：

**表6-1 晶闸管整流电路对比**

| 项目 | | 电路形式 | | | |
|---|---|---|---|---|---|
| | | 三相桥式半控 | 三相桥式全控 | 六相半波可控 | 带平衡电抗器的双反星形 |
| $\alpha = 0°$ 时，$U_d$ | | $2.34U_2$ | $2.34U_2$ | $1.35U_2$ | $1.17U_2$ |
| $\alpha \neq 0°$ 时，整流输出电压平均值 $U_d$ | 电阻负载或有续流二极管、电感负载 | $1.17U_2(1+\cos\alpha)$ | $0° \leqslant \alpha \leqslant 60°$ 时，$2.34U_2\cos\alpha$；$60° < \alpha \leqslant 120°$ 时，$2.34U_2[1+\cos(\alpha+60°)]$ | $0° \leqslant \alpha \leqslant 60°$ 时，$1.35U_2\cos\alpha$；$60° < \alpha \leqslant 120°$ 时，$1.35U_2[1+\cos(\alpha+60°)]$ | $0° \leqslant \alpha \leqslant 60°$ 时，$1.17U_2\cos\alpha$；$60° < \alpha \leqslant 120°$ 时，$1.17U_2[1+\cos(\alpha+60°)]$ |
| | 电阻+电感 | $1.17U_2(1+\cos\alpha)$ | $2.34U_2\cos\alpha$ | $1.35U_2\cos\alpha$ | $1.17U_2\cos\alpha$ |
| $\alpha$ 移相范围 | 电阻负载或有续流二极管、电感负载 | 0°~180° | 0°~120° | 0°~120° | 0°~120° |
| | 电阻+电感 | 0°~180° | 0°~90° | 0°~90° | 0°~90° |
| 自然换相点 | | 相电压30° | 相电压30° | 相电压60° | 相电压30° |

（1）带平衡电抗器的双反星形可控整流电路相当于两组三相半波可控整流电路双反并联，$u_d$波形脉动小。

（2）该电路各相电流导通时间可达120°，而六相半波可控整流电路每相电流流通时间只有60°，所以带平衡电抗器的双反星形可控整流电路的整流变压器和晶闸管的利用率较高。

（3）该电路中，同时有两个晶闸管并联导电，每管分担二分之一的负载电流。而三相桥式全控整流电路同时有两个晶闸管串联导电，还要考虑两倍的管子压降。可见，在整流电路输出电流相同时，带平衡电抗器的双反星形可控整流电路可使晶闸管的额定电流减小，并提高变压器的效率。

（4）需用平衡电抗器。为保证电路能正常工作，其铁芯不能饱和。为此，应避免平衡电抗器铁芯被直流成分磁化，从而要求其抽头两边线圈的直流安匝相互抵消，即两组整流电路的参数（主要是变压器的匝数和漏感）应对称，这就对变压器的制造和电子元器件的挑选提出了更高的要求。

带平衡电抗器的双反星形可控整流电路在我国弧焊整流电源中得到了广泛应用，国产ZX5系列晶闸管弧焊整流器大多采用了这种整流电路形式。

这一节通过前面的内容对三相可控整流主电路及其输出波形进行了介绍，其总体思路为：随着晶闸管式弧焊整流器的兴起，首先发展了线路简单、可靠、易于调试的三相桥式半控整流电路，但其脉动大，需要大的滤波电抗器，小电弧不稳定，输出电抗大，空载电压低；因而发展了三相桥式全控电路，解决了脉动大的问题，所需输出电感也小了，但是要用6个晶闸管，触发电路复杂，维修调试麻烦，关键是任意时刻，回路电流都要经过两个功率开关管，管压损耗大，电源散热要求高；因此，随后发展了六相半波可控整流电路，其输出波形与桥式全控相似，任意时刻回路电流只流经1个功率开关管，损耗降低，散热条件好，但问题是每个管子使用率变得很低，电流输出能力不高；因此，研究者们在六相半波的基础上发明了带平衡电抗器双反星形可控整流电路，让两个半桥同时工作，从而提高了管子利用率和电流输出能力。

发展是永恒的！随着科学技术的进步，世界各国都对制造业的发展提出了宏伟目标，这个宏伟目标的实现，依赖于各个制造领域的发展，焊接正朝着智能化、智慧化的方向发展。事物的发展是必然的，但前进的道路也是曲折的、迂回的，因此，我们更应该专注于自己的专业领域，汇聚更大的力量，在发展的过程中找到自己的位置，发挥自己的潜能，创新性地解决各种困难。

## 6.4 晶闸管的移相触发

晶闸管是半控型器件，它最重要的特性是正向导通的可控性，当阳极加上一定的正向电压后，还必须在门极与阴极之间加上足够的正向控制电压、电流，即触发电压、电流以及达到维持晶闸管导通的维持电流，晶闸管才能从阻断转化为导通。晶闸管导通后，门极控制信号就失去了控制作用，直到电流过零或阳极承受反向电压时，其阳极电流小于维持电流，晶闸管才自行关断。

触发电路在可控整流电路中的作用就是向晶闸管门极提供相位可以调节的触发脉冲电压、电流，使晶闸管在需要导通的时刻可靠导通。根据控制要求决定晶闸管的导通时刻，对弧焊电源的输出电压、电流进行控制。触发电路是通过输出触发信号来实现对晶闸管的控制的。触发信号可以是直流信号、交流信号或脉冲信号。因为晶闸管导通后，触发信号就失去作用，为减小门极功耗并使触发更准确可靠，通常采用脉冲触发信号。触发电路的作用如图6-39所示。

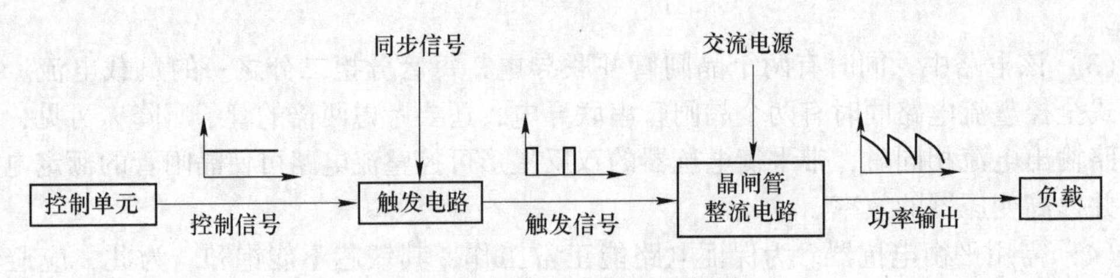


图 6-39 触发电路作用示意图

### 6.4.1 对触发电路的要求

晶闸管门极控制电路称为触发电路。触发电路是用来产生移相触发脉冲的，为保证晶闸管可靠地工作，触发脉冲必须满足如下要求：

（1）触发脉冲应有足够功率。信号极性要求门极为正，阴极为负。晶闸管出厂时其触发参数均写在标签上。弧焊电源使用的晶闸管其触发电压一般在 2~4V，触发电流一般在 50~200mA。

（2）触发脉冲应有一定宽度。脉冲前沿应尽可能陡，以使晶闸管导通后阳极电流迅速上升，超过擎住电流而维持可靠导通。根据晶闸管的开通时间决定脉冲宽度，一般为 20~50μs；对于感性负载，脉冲宽度还应加长，一般不小于 100μs；特别是当主电路存在大电感负载时，电流上升速度较慢，触发脉冲宽度通常要求有 1ms 以上宽度。此外，不同类型的整流电路对脉冲宽度还有一些特殊要求，例如三相桥式全控整流电路采用单宽脉冲触发时，其脉冲宽度应大于 60°，否则应采用双窄脉冲；双反星形整流电路要求触发脉冲宽度大于 30°，以保证两组星形电路可靠运行。

（3）触发脉冲相位必须与加在晶闸管上的阳极电压同步。触发脉冲与主电路电源电压应有相同频率且保持一定相位关系称为同步。只有二者同步，才能保证在恒定条件下，每个周期都在同样的相位触发晶闸管，即各周期的触发角 $\alpha$ 不变，从而使整流电路输出稳定的电压或电流。否则负载上的电压会忽大忽小，甚至触发脉冲出现在电源电压的负半周，使主电路不能正常工作。

一般的相控触发电路中都有“同步环节”，即使没有明确的同步电路，但只要有同步功能，同样起到了“同步环节”的作用。作用于触发电路的同步信号有正弦波、锯齿波等多种形式。

（4）触发脉冲可以移相且能达到所要求的移相范围。为了调节焊接参数和控制电源的外特性形状，需要改变晶闸管的触发角 $\alpha$，即通过移相触发电路改变触发脉冲相位。通过在移相范围内改变触发角 $\alpha$ 的大小，在晶闸管弧焊整流器工作于电阻电感性负载的条件下，即可实现其整流输出电压从最大值到零的调节，对应的触发角 $\alpha$ 的调节范围，即为所要求的触发脉冲移相范围。对于三相桥式全控、带平衡电抗器双反星形和六相半波可控整流电路，触发脉冲移相范围为 0°~90°，对于三相桥式半控整流电路则要求触发脉冲移相范围为 0°~180°。

（5）多路触发脉冲之间应有电气隔离。尤其是在三相桥式全控整流电路中，各路触发脉冲之间必须有电气隔离。

### 6.4.2 触发电路的套数

不同的可控整流电路所需要的触发电路套数不同；同样的可控整流电路采用触发电路的套数也可以不同。带平衡电抗器双反星形整流电路应用较广，本节先分析其需要用触发电路的套数。对于其他整流电路，以此作为参考。

6.4.2.1 用6套触发电路

由于带平衡电抗器双反星形可控整流电路中有6只晶闸管，给每只晶闸管提供一套触发电路，则共需要6套。所以提供6套触发电路来触发6只晶闸管，肯定是可以的，在国产ZDK-500型晶闸管式弧焊整流器中就采用了这种方案。采用6套触发电路的优点是：各相晶闸管的触发互不牵制，允许触发脉冲的移相范围大，可达0°~180°。但这个优点在带平衡电抗器双反星形可控整流电路中得不到发挥，因为从空载到短路，其移相范围为0°~90°。这种方案的缺点是触发电路套数太多，各套电路参数难以达到一致，难以保证三相电路平衡，同时还增加了电路发生故障的可能性，增加维护维修难度。

6.4.2.2 用3套触发电路

因为带平衡电抗器双反星形可控整流电路由正、反极性两组三相半波电路组成，a与-a相、b与-b相、c与-c相的晶闸管的阳极电压刚好相反，完全可以共用一套触发电路。也就是说当a与-a相其中一相为正时，另一相必定为负，即使同时触发a相和-a相所对应的晶闸管，也只有阳极承受正向电压的一只晶闸管能导通，另一只晶闸管则关断，因此a与-a相完全可以共用一套触发电路。同理b与-b相、c与-c相也可以共用一套触发电路。例如，用一套每隔180°产生一次脉冲的触发电路同时去触发a与-a相相应的晶闸管$VT_1$和$VT_4$。这时若$u_a$处于正半周，则只有$VT_1$导通；而$u_{-a}$处于负半周，$VT_4$虽同时获得触发信号，但不会导通。过180°后，产生下一次脉冲时情况刚好相反，$u_{-a}$处于正半周，$VT_4$被触发导通；而$u_a$处于负半周，$VT_1$不能导通。如此用三套产生互差120°的脉冲的触发电路，各套本身每隔180°产生一次脉冲，各自触发一相的晶闸管即可。触发脉冲的分配如图6-40所示。与6套触发电路相比，同样允许大的脉冲移相范围，但触发电路的套数却减少一半，而且提高了设备工作可靠性，简化了调试工作。

6.4.2.3 用2套触发电路

如果带平衡电抗器双反星形可控整流电路采用共阳极接法，即各个晶闸管在负半波导通，可以用2套触发电路，分别触发正极性、反极性组晶闸管。每一个组可以看成是一个三相半波可控整流电路的形式。当滤波电感量足够大时，三相半波整流电路的输出电压从空载调至短路，相应的触发角$\alpha$调节范围是0°~90°。各相所要求的移相范围是互不重叠的，如图6-41所示，因此完全可以用一套触发电路，依次触发各相的晶闸管。

下面我们来分析一套触发电路产生的脉冲是怎样分配给一组三相半波可控整流电路的各晶闸管的。

如图6-42（a）所示，其主电路是图6-31（b）共阳极接法中的正极性组，其余的VT、$R$、$VD_1$、$VD_3$、$VD_5$等组成脉冲分配电路。晶闸管VT的阳极与晶闸管$VT_1$、$VT_3$、$VT_5$的阳极连接在一起，它的阴极，经$R$，$VD_1$，$VD_3$、$VD_5$中之一与$VT_1$、$VT_3$、$VT_5$中阴极电位最负的晶闸管门极相连。例如在图6-42（b）中$\omega t_1$之后$u_a$最负，即$VT_1$阴极电

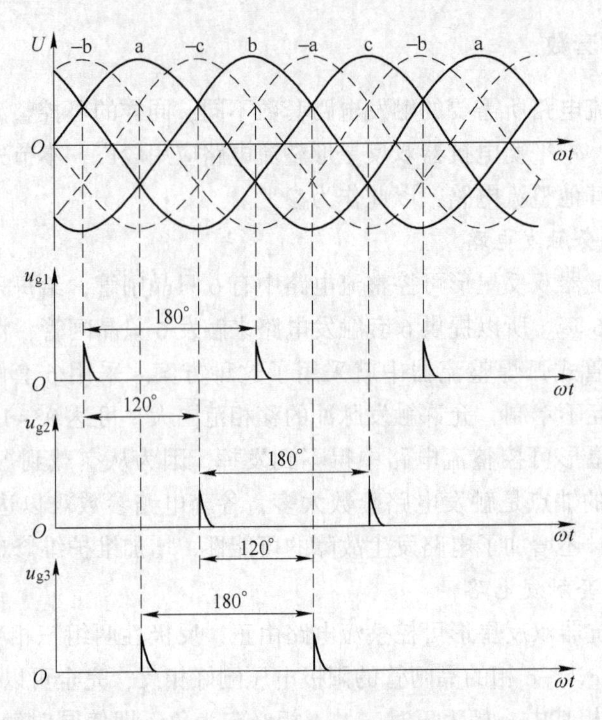


图 6-40 三套触发电路的脉冲分配

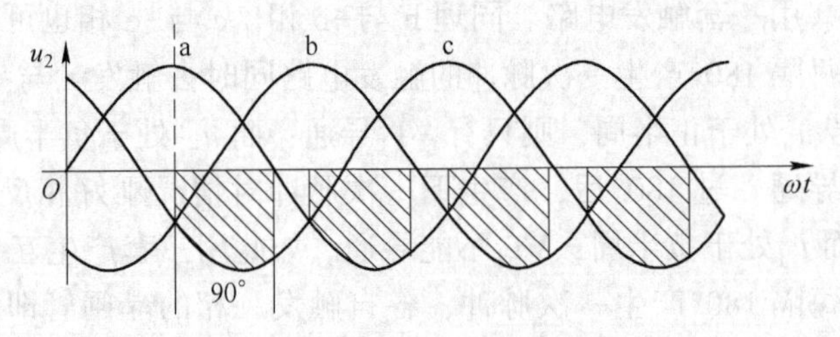


图 6-41 各晶闸管触发角的移相范围

位最负，这时 VT 阴极经 $R$、$VD_1$ 接至 $VT_1$ 门极。由于 $u_a$ 最负，$VD_1$ 导通，它的正向压降可以忽略，且与其串联的电阻阻值又很小，所以 O 点的电位近似等于 $u_a$，以致 $VD_3$、$VD_5$ 皆承受反压而不能导通。此时触发脉冲只令 $VT_1$ 触发导通，$VT_3$、$VT_5$ 因 $VD_3$、$VD_5$ 阻断而不能收到触发信号，故而不能导通。$VT_1$ 一旦导通后，正向压降只有 1V 左右，不足以维持 VT 继续导通而关断，为触发另一只晶闸管做准备。VT 由图 6-42（c）所示的相隔 120°的一系列脉冲去触发。在 $\omega t_2$ 时刻脉冲 2 触发晶闸管 VT，这时 $u_b$ 最负，即 $VT_3$ 阴极电位最低而被触发导通。依此类推，只要有一套能够每隔 120°产生一个脉冲的触发电路，通过脉冲分配电路即可依次触发一组整流电路中的各个晶闸管。

这种方案所需触发电路套数最少，既可靠，又经济。其主要缺点是允许的触发脉冲移相范围较小，理论上是 120°，但这已经满足弧焊整流电源的要求。

### 6.4.3 触发脉冲移相控制电路的简介

触发电路一般由同步电路、脉冲形成电路、脉冲移相和放大电路等组成。按触发电路

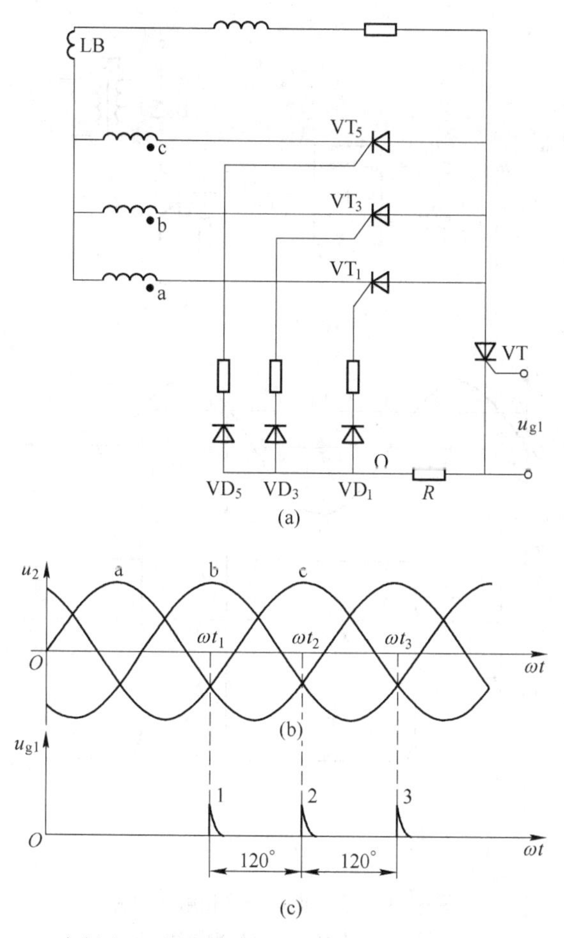


图 6-42 一套触发电路触发一组三相半波可控整流电路时脉冲分配

（a）电路图；（b）相电压波形；（c）触发脉冲波形

使用的器件可分为单结晶体管触发电路、数字式触发电路和集成触发电路等几种。按工作原理可分为切割式和积分式两类。本节对触发脉冲移相控制电路进行简单介绍。

6.4.3.1 切割式

切割式移相触发电路的基本工作原理是将控制信号 $U_k$ 与同步信号 $u_t$ 进行比较，在控制电压与同步电压相等处（即在控制电压与同步电压的切割点上），产生所需的晶闸管触发脉冲。控制信号是一个直流电压信号，同步信号是与弧焊电源整流电路输入交流电压保持同相位或固定相位差的正弦波或锯齿波电压信号。

A 正弦波同步

一般正弦波同步信号与弧焊电源整流电路的交流电源电压来自同一电网，所以两者之间自然保持同相位或固定相位差。正弦波同步信号的幅值一般在几伏至十几伏，一般是由同步变压器降压得到的。正弦波同步移相触发电路如图 6-43 所示。

在图 6-43（a）中 N 为比较器，直流控制信号 $U_k$ 和同步正弦波信号 $u_t$ 分别从比较器的反相输入端和同相输入端输入，通过比较，得到矩形波的输出信号 $u_a$，即当 $u_t>U_k$ 时，$u_a=0$；当 $u_t<U_k$ 时，$u_a\approx+U_{cc}$（比较器电源电压）。$u_a$ 的跃变点对应于 $u_t$ 与 $U_k$ 的切割点

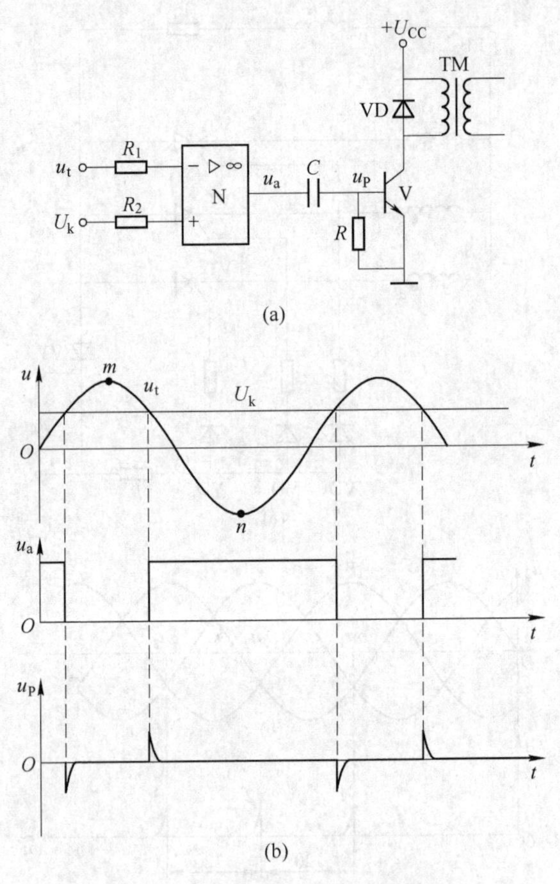


图 6-43 正弦波同步移相触发电路
（a）电路图；（b）波形图

（见图 6-43（b））。矩形波 $u_a$ 通过 $RC$ 构成的微分电路，转换为脉冲信号 $u_p$，即在 $u_a$ 的上升沿和下降沿分别产生正、负脉冲信号。晶体管 V 起功率放大作用，当 $u_p$ 为正脉冲时，V 导通，通过脉冲变压器（或光隔离器），向晶闸管输出触发脉冲。在图 6-43（b）所示同步电压 $u_t$ 的 $mn$ 范围内，触发脉冲的相位随 $U_k$ 的大小而变化，其理论移相范围为 180°。

为了保证触发脉冲的相位随 $U_k$ 大小变化而线性变化，同步信号 $u_t$ 与主电路中晶闸管的阳极电位 $u_2$ 一般要求有 90°的相位差，如图 6-44 所示。由图 6-44 可见，当 $u_t$ 与 $u_2$ 相差 90°时，恰好是 $u_2$ 的半个波处于 $u_t$ 正弦波曲线的 $m \sim n$ 范围内。由于 $u_t$ 在 $m \sim n$ 曲线段具有单调近似线性的特点，因此 $U_k$ 与 $u_t$ 的切割点可以在 $m \sim n$ 段连续变化，理论移相范围可达 180°。对于三相可控整流的弧焊电源，晶闸管的移相范围是从自然换相点算起，自然换相点在 $u_2$ 的 30°处，由于 30°~120°正是 $m \sim n$ 区间内线性较

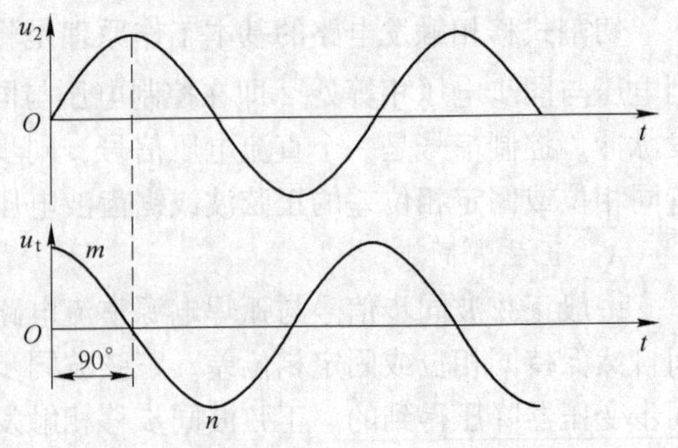


图 6-44 同步电路与主电路相位关系

好的一段，因此图 6-43 所示的 $U_k$ 与 $u_t$ 的关系，原则上可用于所有的晶闸管整流式弧焊电源。

B 锯齿波同步

锯齿波同步往往是将正弦波同步信号通过转换电路变为锯齿波同步信号。图 6-45 所示为锯齿波同步信号工作原理图。

如图 6-45 所示，正弦波 $u$ 经过零检测电路 ZP 得到与正弦波过零点相对应的同步脉冲 $u_m$。$u_m$ 为窄脉冲，控制并联在电容 $C$ 上的开关 K 的通断，当 $u_m$ 出现时，K 瞬时闭合，电容 $C$ 迅速放电，使电容 $C$ 上的电压 $u_t=0$；$u_m$ 消失后，K 断开，电容 $C$ 在电流源 $I$ 的作用下充电，使 $u_t$ 线性上升；循环往复，形成锯齿波信号。$u_m$ 的周期决定了锯齿波同步信号 $u_t$ 的周期。锯齿波 $u_t$ 与 $u_m$ 保持同步，也就是与正弦波保持同步。$u$ 通过同步变压器与主电路的 $u_2$ 同步，从而实现了锯齿波 $u_t$ 与主电路电压 $u_2$ 的同步。

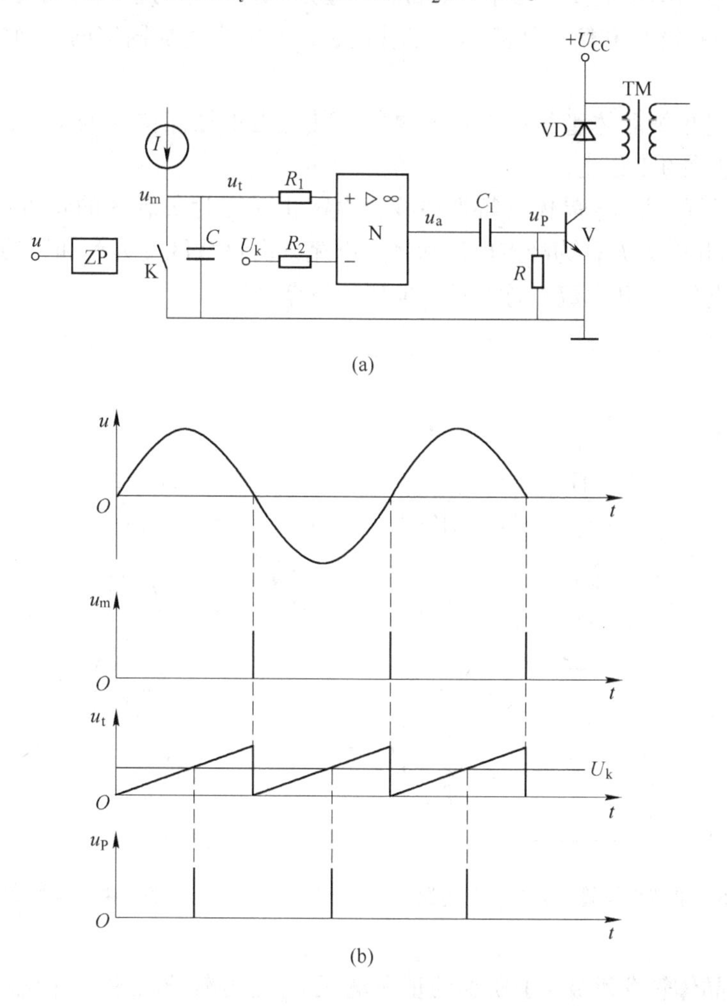


图 6-45 锯齿波同步电路
（a）电路图；（b）波形图

锯齿波同步信号 $u_t$ 通过比较器 N 与直流控制信号 $U_k$ 相比较，$U_k$ 切割锯齿波 $u_t$，在其相交点处产生矩形波 $u_a$。通过微分电路 $RC_1$ 产生与 $u_a$ 相对应的触发脉冲 $u_p$。改变 $U_k$，$U_k$ 与 $u_t$ 的切割点随之改变，从而改变了触发脉冲 $u_p$ 的相位，即实现了移相控制的目的，该移相脉冲电路波形如图 6-45（b）所示。

对比正弦波同步电路，锯齿波同步电路不是直接利用正弦波信号作为同步信号，而是利用正弦波的过零点对电容进行同步放电，由恒流源充电电路在电容上产生线性上升的电压波形，从而形成锯齿波，该锯齿波信号作为同步信号。

6.4.3.2 积分式

积分式触发脉冲移相控制电路的基本原理是将控制信号通过同步积分电路与固定的基准电压进行比较，当积分电路输出达到该基准电压时，产生所需要的触发脉冲。

图 6-46 所示的单结晶体管触发脉冲移相控制电路是积分式触发脉冲移相控制电路。该电路中，单结晶体管是核心器件。单结晶体管是一种特殊的半导体器件。它有三个极，发射极 e、第一基极 $b_1$ 和第二基极 $b_2$。工作时，$b_2$、$b_1$ 之间加固定的正向电压 $U_{bb}$，e 加正向电压 $U_e$。

分压比 $\eta$ 是单结晶体管的一个重要参数，其值由单结晶体管的结构决定，通常 $\eta=0.3\sim0.9$，一般在 0.5 以上。

图 6-47 显示的是单结晶体管特性曲线，由截止区变为负载区的转折点 $P$ 称为峰点，对应的电压 $U_P$ 和电流 $I_P$ 称为峰点电压和峰点电流；由负载区变为饱和区的转折点 $V$ 称为谷点，对应的电压 $U_V$ 和电流 $I_V$ 称为谷点电压和谷点电流。

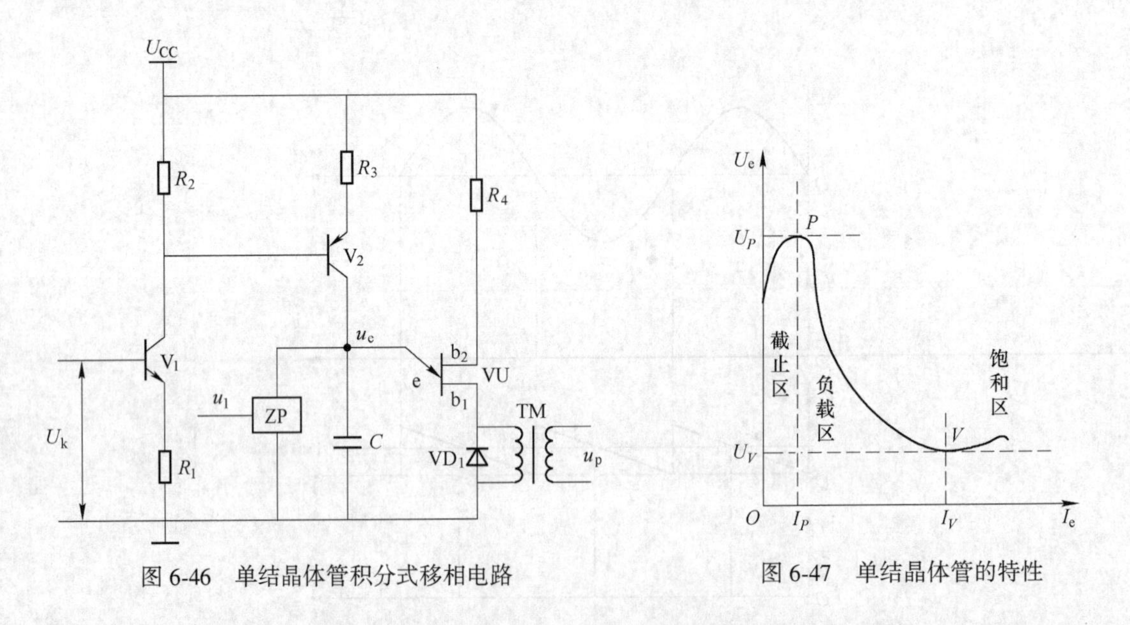


图 6-46 单结晶体管积分式移相电路

图 6-47 单结晶体管的特性

如果单结晶体管发射极 e 上所加的正向电压 $U_e$ 是逐渐升高的，当 $U_e<\eta U_{bb}$ 时，单结晶体管的 $eb_1$ 结可以看成是一个等效二极管，该二极管处于反向偏压的截止状态；当 $U_e=\eta U_{bb}$ 时，二极管转为零偏，$I_e=0$；当 $\eta U_{bb}<U_e<\eta U_{bb}+U_D$（$U_D$ 为 $eb_1$ 结的正向压降，约为 0.7V）时，二极管处于正向偏压，但仍未导通，电流 $I_e$ 很小，单结晶体管一直工作在截止区。

当 $U_e=\eta U_{bb}+U_D=U_P$时，二极管导通，$I_e$增大，同时 $U_e$随 $I_e$增加而下降，特性进入负阻区。负阻区是不稳定的过渡区，当 $U_e=U_P$后，单结晶体管从截止区迅速经过负阻区达到谷点 $V$。此时需要增加 $U_e$，单结晶体管恢复正阻特性，进入饱和区。

由此可见，当 $U_e>U_P$时，单结晶体管才会导通；当 $U_e<U_V$、$I_e<I_V$时，管子又会重新阻断。

图 6-46 所示的单结晶体管触发脉冲移相控制电路由单结晶体管 VU、晶体管 $V_1$和 $V_2$、电容 $C$ 等组成。

当直流控制电压信号 $U_k=0$ 时，晶体管 $V_1$、$V_2$均截止，其集电极-发射极之间的等效电阻很大，电容 $C$ 的充电时间常数很大。当 $U_k$为一正电压信号，$V_1$基极电位升高，$I_{b1}$增大，$V_1$工作在放大区，$I_{b2}$也增加，$V_2$也工作在放大区，其集电极-发射极之间的等效电阻减小，电容 $C$ 的充电时间常数减小，此时，直流电源 $U_{CC}$通过电阻 $R_3$、晶体管 $V_2$对电容 $C$ 充电，其充电电流为 $I_{c2}$。电容上的电压 $u_c$随时间增加而上升，而 $u_c$作用在单结晶体管 VU 的发射极，即 $u_c=u_e$。在 $u_e<U_P$时，$I_e=0$，单结晶体管工作在截止区，电容电压 $u_c$与控制电压 $U_k$呈积分关系随时间增加而上升。当 $u_c$增加到 $U_P$值，即 $u_e=U_P$时，单结晶体管由截止转变为导通，电容上的电压 $u_c$不能突变，只能是单结晶体管电流 $I_e$突变，其工作点由峰点 $P$ 跳到谷点 $V$。电容上的电压开始通过单结晶体管的 $e_{b1}$结迅速向脉冲变压器 TM 放电，放电电流在脉冲变压器二次侧感应出触发脉冲 $u_p$。随着电容的放电，$u_c$下降，当 $u_c<U_V$，即 $u_e<U_V$时，单结晶体管从导通转变为截止，电容 $C$ 又开始新的充电过程。循环往复，电路形成振荡，产生一系列的触发脉冲。图 6-48 为该电路各点的电压波形图。由此可见，在直流控制电压信号 $U_k$的作用下，积分电路中的输出电压 $u_c$发生变化，当其达到单结晶体管固定的峰点电压 $U_P$ 时，该触发电路产生触发脉冲。

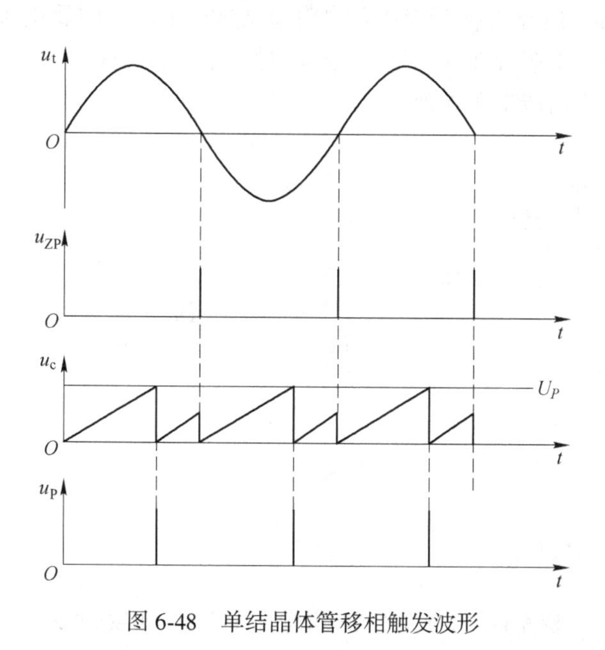


图 6-48 单结晶体管移相触发波形

该电路中的 ZP 起同步作用。由于同步信号 $u_t$的作用，在同步点使同步开关 ZP 连通，

电容 $C$ 被强迫放电，使 $u_c=0$，然后 ZP 关断，电容 $C$ 重新开始充电。也就是说，每次在同步点，电容 $C$ 都是由 0 电平开始充电，从而保证每个晶闸管所需要的触发脉冲相位都相同。在产生第一个触发脉冲以后，电容充电过程可能达不到 $U_P$，电容 $C$ 就可能被同步开关 ZP 强迫放电（见图 6-48），或者又有若干个触发脉冲产生，但是只有同步点以后的第一个脉冲为晶闸管触发的“有效”脉冲，该脉冲与同步点之间的时间即为整流电路中晶闸管的触发脉冲触发角 $\alpha$，其余脉冲对晶闸管触发不起作用。直流控制电压 $U_k$ 越大，晶体管 $V_2$ 的集电极-发射极之间的等效电阻越小，充电电流 $I_{c2}$ 越大，电容 $C$ 的充电时间越短，积分电路中输出电压 $u_c$ 达到单结晶体管固定的峰点电压 $U_P$ 的时间越短，触发脉冲相位前移，触发脉冲触发角 $\alpha$ 越小。改变直流控制电压信号 $U_k$ 的大小，也就改变了触发脉冲的相位。

单结晶体管移相触发电路比较简单，易于调试。由于单结晶体管的参数如 $\eta$ 具有较大的分散性，同时又容易受环境温度的影响而波动，所以在多路触发的一致性和工作稳定性上，该电路难以达到较高的水平。

### 6.4.4 触发脉冲的传输

触发脉冲信号传输给晶闸管有多种方式，只有传输方式合适，才能可靠地触发晶闸管。常用的触发脉冲传输方式有电磁耦合、光电耦合、直接耦合。

#### 6.4.4.1 电磁耦合

电磁耦合采用脉冲变压器 TI 来传输脉冲信号，其电路如图 6-49 所示。其工作原理是移相脉冲触发信号 $U_g$ 驱动晶体管 V，使 V 导通，变压器一次侧流过脉动直流电流，二次侧感应出正的脉冲电压。当没有移相脉冲触发信号 $U_g$ 时，V 截止，TI 产生反电动势，在二次侧感应出负脉冲。续流二极管 $VD_1$ 的作用是防止 TI 产生的反电动势对 V 造成危害，$VD_2$ 用于阻断负脉冲。电阻 $R_1$ 和 $C_1$ 防止 V 导通时产生电流冲击，$C_2$ 的作用是防止误触发，避免晶闸管 VT 因干扰而产生误导通。

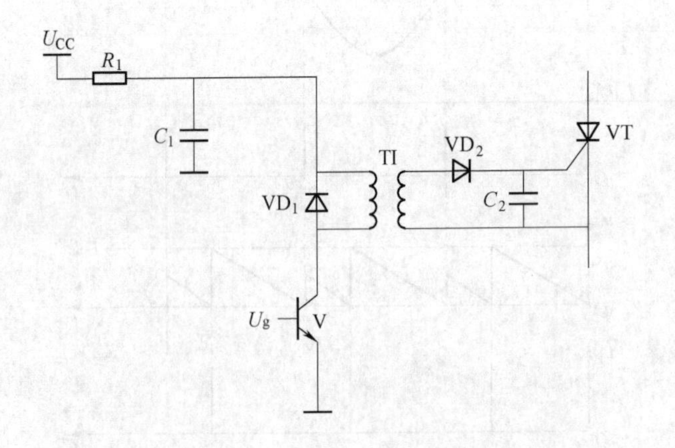


图 6-49 脉冲变压器输出与晶闸管的典型连接方法

脉冲变压器的目的是：阻抗匹配，在触发脉冲电压一定的情况下，触发电流由晶闸管门极导通电阻所决定；在触发多个晶闸管时，可输出多路隔离的触发脉冲，并可改变脉冲的正负极性；实现主电路与控制电路之间的电气隔离。

脉冲变压器一般只能输出窄脉冲。若需要输出大于60°的宽脉冲，变压器体积需要做得很大（避免磁饱和），而且流过晶体管V的电流将很大，加大了驱动功率，所以宽脉冲输出时很少采用这种传输方式。脉冲变压器实现宽脉冲输出的方法是采用连续的窄脉冲替代宽脉冲，这样可以减小变压器体积和驱动功率。若想要触发大功率晶闸管，可以采用先触发小功率晶闸管，然后利用已导通的小晶闸管去触发大功率晶闸管的方式。

#### 6.4.4.2　光电耦合

光耦合器件是由发光元件和光敏元件组成在一体的器件，采用光电耦合传递信号。光耦合器件的输入与输出之间在电气上是隔离的，这一点与电磁耦合中的脉冲变压器一样。所不同的是，光电耦合的输出只是一个无源开关，只起开通和关断作用，而脉冲变压器则可以输出电信号，这是光耦合器件不如变压器的地方。但是它不存在变压器的反电动势和磁饱和问题，因此驱动电路简单，而且可以采用宽脉冲触发。图6-50所示为光耦合器输出电路。它也是一种强触发方式，具有以下优点：

（1）驱动晶体管不承受感性负载产生的反电压，工况得到改善。

（2）可输出任意波形脉冲信号。

（3）光耦合器件与脉冲变压器相比，成本低，体积小，易于在电路板上安装焊接。

#### 6.4.4.3　直接耦合

对于晶闸管式弧焊整流器，由于主电路电压较低，控制电路输出级与主电路的隔离主要目的是解决各晶闸管之间的不等电位问题。如果不存在不等电位问题，则可以采用直接传输方式。直接传输是将移相触发电路的脉冲信号经功率放大后，直接输出到主电路的晶闸管，如图6-51所示。例如在三相桥式半控电路中，将三只晶闸管接成共阴极形式，即可采用直接传输方式。这种脉冲传输方式的优点是结构简单；其缺点是控制电路与主电路之间没有隔离，易产生干扰。

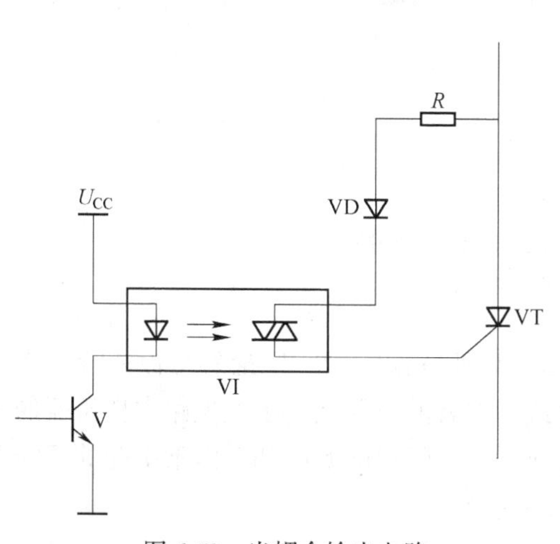

图6-50　光耦合输出电路

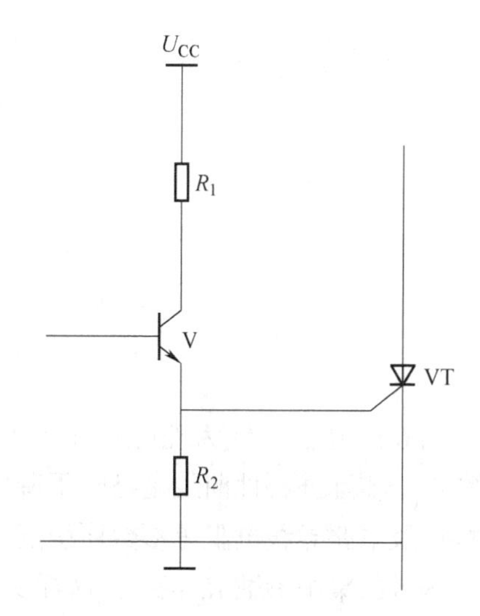

图6-51　无隔离直接输出电路

# 6.5 晶闸管式弧焊整流器的特性控制

在前一节中已经学习了移相触发电路。在移相触发电路中，控制电压 $U_k$ 的变化将改变触发脉冲的相位，从而决定了晶闸管的导通角和弧焊电源的输出电压。根据晶闸管式弧焊整流器的结构可知（见图 6-9），控制信号 $U_k$ 与给定信号、反馈信号和控制电路有关。因此，如果仅从控制电压和输出电压的关系看，晶闸管式弧焊整流器的外特性是由给定电压与输出电压、电流负反馈来控制和形成的，当采用电流反馈、电压反馈或电流电压联合反馈时，可以得到陡降、恒压（平）或缓降等外特性。

## 6.5.1 晶闸管弧焊整流器的开环特性

在主电路中已经分析过，晶闸管式弧焊整流器的输出电压 $U_0$ 与触发角 $\alpha$ 的关系为：

$$U_0 = AU_2\cos\alpha \tag{6-12}$$

式中，$A$ 为与主电路结构有关的系数（三相桥式全控整流电路 $A=2.34$，六相半波可控整流电路 $A=1.35$，带平衡电抗器双反星形可控整流电路 $A=1.17$）；$U_2$ 为变压器二次侧相电压；$\alpha$ 为触发角。

由式（6-12）可见，当触发角 $\alpha$ 一定时，输出电压 $U_0$ 也一定，所以晶闸管式弧焊整流器开环时为平特性，如图 6-52 所示。

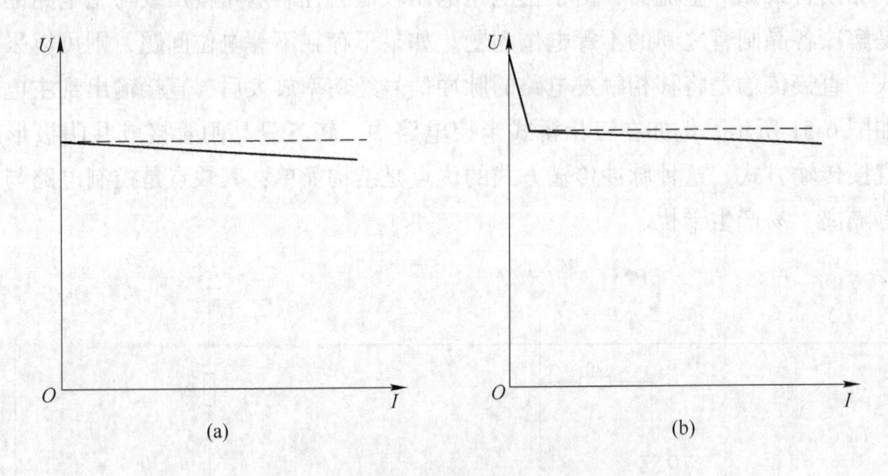


图 6-52 晶闸管式弧焊整流器的开环外特性

（a）三相桥式全控；（b）带平衡电抗器双反星形

图 6-52 中，虚线为理论外特性曲线，实线为实际外特性曲线。理论外特性曲线为水平特性，实际外特性曲线是略有下降的平特性曲线。二者的差别是由于主电路中变压器的漏抗以及电路导线电阻等参数所引起的压降所造成的。对弧焊电源内部多因素引起的压降可用等效的集中参数 $R_0$ 表示，这样实际外特性可表示为：

$$U_f = U_0 - I_f R_0 \tag{6-13}$$

式中，$U_f$ 为输出电压；$I_f$ 为输出电流；$U_0$ 为空载电压。由式（6-13）可知，随输出电流

$I_f$ 增大，输出电压 $U_f$ 减小，下降斜率由集中参数 $R_0$决定，$R_0$代表了电源的等效内阻。

图 6-52（a）和图 6-52（b）所示曲线的差别是在空载和小电流阶段，这是因为后者电路中有平衡电抗器，而当电流很小时，平衡电抗器不起作用，此时相当于六相半波电路，系数 $A=1.35$，要比正常工作时的系数 $A=1.17$ 高，所以在空载和很小电流时的输出电压比正常工作时高。

在移相触发电路中，假设控制电压对电源输出的控制作用为正向，也就是说当控制电压 $U_k$增大时，晶闸管式弧焊整流器的输出电压也增大。因此移相触发与主电路可以用一个比例环节表示，设比例系数为 $A_0$，则晶闸管式弧焊整流器的开环控制框图如图 6-53 所示。

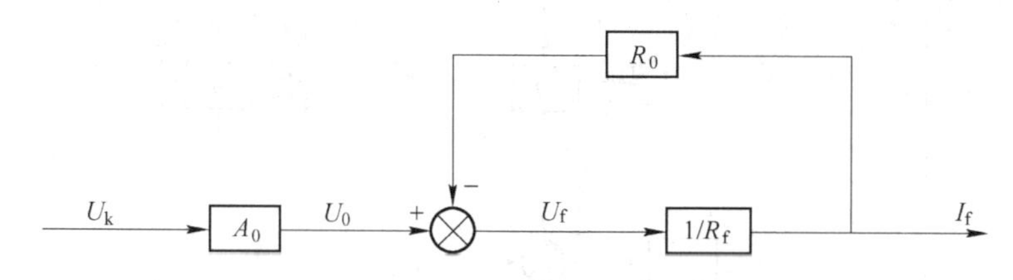


图 6-53　晶闸管式弧焊整流器开环控制框图

图 6-53 中，$U_k$为控制电压，是该系统的输入量；$U_f$ 为晶闸管式弧焊整流器的输出电压，是该系统的输出量；$A_0$为该系统的传递函数，这是一个比例系统，表示系统的放大倍数；$R_0$为弧焊电源的等效内阻；$R_f$ 为其输出端的负载电阻；$I_f$ 为输出电流。根据图 6-53 所示的框图可得：

$$U_f = A_0 U_k - I_f R_0 \tag{6-14}$$

式中，$A_0U_k=U_0$，为弧焊电源的空载电压，所以式（6-14）和式（6-13）实质是相同的，但式（6-14）表明输出电压 $U_0$是可以由控制电压 $U_k$调节的。

### 6.5.2　晶闸管弧焊整流器的闭环特性

在开环条件下，晶闸管式弧焊整流器可以得到平外特性或下降外特性，下降的斜率由等效内阻 $R_0$决定。为使晶闸管式弧焊整流器获得各种各样的外特性需要引入反馈环节，形成闭环控制。晶闸管式弧焊整流器外特性的控制与机械调节型的弧焊电源（如弧焊变压器）不同，它不是依靠电磁部件的结构变化来获得所需外特性的，晶闸管式弧焊整流器外特性的控制是依靠控制电路完成的，是采用不同的控制方法而获得所需的外特性。

具体来说，将晶闸管式弧焊整流器的输出电压、电流，通过某种采样环节及放大环节进行采样，再与给定量进行比较和放大，由此形成控制电压 $U_k$，$U_k$再作用于移相触发电路，移相触发电路再输出触发脉冲作用于主电路的晶闸管，从而对主电路的输出进行调控，这样便构成了闭环反馈系统。此时的弧焊电源外特性将由反馈环节所决定。接下来对通过反馈环节控制晶闸管式弧焊整流器外特性的基本原理、方法和电流、电压信号的检测方法进行介绍。

6.5.2.1　外特性控制的基本原理

晶闸管式弧焊整流器闭环反馈系统框图如图 6-54 所示。在这个系统中，含有电流、电压反馈，$U_k$、$A_0$、$R_0$与前面开环系统一样，$U_f$ 为输出电压，$I_f$ 为输出电流，$m$ 为电压反馈系数，$n$ 为电流反馈系数，$U_{gu}$为电压给定量，$U_{gi}$为电流给定量，$A_m$为电压反馈环节误差放大倍数，$A_n$为电流反馈环节误差放大倍数。

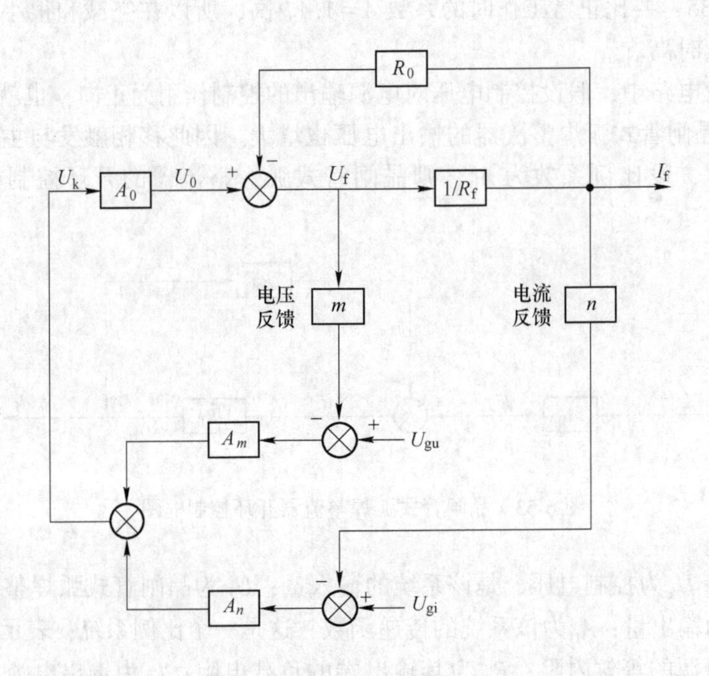


图 6-54　晶闸管式弧焊整流器闭环反馈系统框图

晶闸管式弧焊整流器闭环反馈系统外特性方程与开环系统外特性方程在形式上是相同的，如式（6-15）所示：

$$U_f = A_0 U_k - I_f R_0 \tag{6-15}$$

但二者在含义上是不同的，式（6-14）中，$U_k$是一固定的给定电压，与整流电路的输出无关，而式（6-15）中的$U_k$则既与给定量相关，又与整流电路的输出和反馈环节参数相关。根据反馈系统的结构可以得到$U_k$的表达式：

$$U_k = U_{ku} + U_{ki} = A_m(U_{gu} - mU_f) + A_n(U_{gi} - nI_f) \tag{6-16}$$

式中，$A_m(U_{gu} - mU_f)$为电压给定量 $U_{gu}$ 与电压反馈量 $mU_f$ 的差进行误差放大后的控制量 $U_{ku}$；$A_n(U_{gi} - nI_f)$为电流给定量 $U_{gi}$ 与电流反馈量 $nI_f$ 的差进行误差放大后的控制量 $U_{ki}$；二者相加之后则为电压反馈和电流反馈的综合结果，即控制量 $U_k$。

将式（6-16）带入式（6-15）可得：

$$U_f = A_0[A_m(U_{gu} - mU_f) + A_n(U_{gi} - nI_f)] - I_f R_0 \tag{6-17}$$

将上式整理后得：

$$U_f = \frac{A_0 A_m U_{gu} + A_0 A_n U_{gi}}{1 + m A_0 A_m} - \frac{n A_0 A_n + R_0}{1 + m A_0 A_m} I_f \tag{6-18}$$

将式（6-18）与弧焊电源外特性的基本表达式 $U_f = U_0 - I_f R_n$ 对比，可以得到晶闸管式弧焊整流器闭环反馈系统空载电压 $U_0$及等效内阻 $R_n$的表达式：

$$U_0=\frac{A_0A_mU_{gu}+A_0A_nU_{gi}}{1+mA_0A_m} \tag{6-19}$$

$$R_n=\frac{nA_0A_n+R_0}{1+mA_0A_m} \tag{6-20}$$

式（6-20）表达了闭环反馈控制弧焊电源的等效内阻$R_n$与开环控制弧焊电源的等效内阻$R_0$之间的关系。由以上分析可见，在闭环反馈的弧焊电源系统中，通过改变控制电路中的参数，如反馈系数、放大倍数等即可改变弧焊电源的外特性。

6.5.2.2 外特性控制的基本方法

接下来进一步分析晶闸管式弧焊整流器闭环反馈系统如何获得各种各样的外特性。

A 只取电流反馈，获得陡降外特性

陡降外特性是一种最常见的弧焊电源外特性，如焊条电弧焊和钨极氩弧焊焊等焊接常用此类外特性。所谓陡降外特性，就是当负载电流增加时负载电压迅速下降的外特性。如果用式（6-18）所示的弧焊电源外特性曲线方程描述，即电源的等效内阻$R_n$特别大，当$I_f$增加时，在$R_n$上将产生很大的压降。由此可见，要获得陡降外特性，可以通过增加电源的等效内阻$R_n$来实现。

根据式（6-20）所示的$R_n$的表达式，可以看到$R_n$与电压反馈系数$m$成反比，所以为了增加$R_n$，应尽可能减小电压反馈量，因此令$m=0$，即完全取消电压反馈的作用。这时弧焊电源外特性方程、空载电压$U_0$和弧焊电源内阻$R_n$分别为：

$$U_f=A_0A_nU_{gi}-(nA_0A_n+R_0)I_f \tag{6-21}$$

$$U_0=A_0A_nU_{gi} \tag{6-22}$$

$$R_n=nA_0A_n+R_0 \tag{6-23}$$

由式（6-23）可知，在只有电流反馈时，等效内阻$R_n$由两部分组成，其中一部分为开环控制时的固有内阻$R_0$，$R_0$通常很小；另一部分为电流反馈形成的等效电阻$nA_0A_n$。$A_0$为开环系统放大倍数，$A_n$为电流误差放大器的放大倍数。通常$R_0 \ll nA_0A_n$，所以$R_n \approx nA_0A_n$。可以看出，这里的$R_n$不是一个实体电阻，它是一个由电流反馈形成的具有电阻量纲的等效电阻。

电流反馈为什么能形成等效内阻呢？这里进行简要分析。$n$为电流采样系数，它是有量纲的，因为$n$表示将电流通过某种传感方式转换为电压的转换系数，所以它的量纲是$U/I$，也就是电阻，这恰好符合$R_n$的物理含义。实际上电流采样环节有时候就相当一个电阻，如通常使用的分流器，标准分流器在额定电流时的压降只有75mV，这对于数百安培的输出电流表明它本身的电阻值极小。设分流器的电阻值为$n$，由于$n$极小，所以分流器上的电压降为$nI_f$也是一个极小的电压值，但将该信号放入闭环反馈系统后，将以负反馈的方式作用于误差放大器。将使误差放大器的输出电压$U_k$下降$nI_f$，再通过移相电路和主电路放大$A_0A_n$倍后，则使主电路输出端电压下降$nA_0A_nI_f$。对比电流分流器上$I_f$的系数，可见电流负反馈相当于将原来极小的电阻$n$放大了$A_0A_n$倍，所以闭环反馈系统的等效电阻即为$nA_0A_n$。通过以上分析可见，对于开环特性为平特性的弧焊电源，以电流反馈的方法获得陡降特性，实质上是用输出电流通过负反馈控制输出电压，当反馈系统放大倍数很大时，只要输出电流有很小的变化，由于强烈的负反馈作用就会使输出电压产生很大的反向变化。具体来说，当电流上升时，电压下降；当电流下降时，电压上升。由输出端看电压相对于电流的变化关系，等效于电源有很大的内阻。

B 只取电压反馈，获得平外特性

平外特性也是一种最常见的弧焊电源外特性，常用于 $CO_2$ 焊和 MIG、MAG 焊等。所谓平外特性（或称恒压特性），就是当负载电流增加时，负载电压保持不变的外特性。如果用式（6-18）所示的弧焊电源外特性曲线方程描述，即弧焊电源的等效内阻 $R_n$ 特别小，当增加电流 $I_f$ 时，在 $R_n$ 上产生的压降很小。由此可见，要获得平外特性，可以通过降低电源的等效内阻 $R_n$ 来实现。为此分析式（6-20）所示的 $R_n$ 的表达式，可以看到 $R_n$ 与电压反馈系数 $m$ 成反比，与电流反馈系数 $n$ 成正比。所以，为了降低 $R_n$ 应减小电流反馈量，因此令 $n=0$，即完全取消电流反馈的作用。这时弧焊电源外特性方程、空载电压和等效内阻分别为：

$$U_f = \frac{A_0 A_m U_{gu}}{1 + m A_0 A_m} - \frac{R_0}{1 + m A_0 A_m} I_f \tag{6-24}$$

$$U_0 = \frac{A_0 A_m U_{gu}}{1 + m A_0 A_m} \tag{6-25}$$

$$R_n = \frac{R_0}{1 + m A_0 A_m} \tag{6-26}$$

由式（6-26）可见，$R_n$ 的分子为电源开环时的固有内阻 $R_0$，分母为 $1+mA_0A_m$，也就是说电压反馈使弧焊电源的内阻降低了（$1+mA_0A_m$）倍。通常 $R_0$ 本身就很小，而又有 $mA_0A_m \gg 1$，所以电压反馈使电源的等效内阻 $R_n \to 0$。与电流反馈一样，$R_n$ 也不是一个实体电阻，但它具有电阻的量纲，所以称为等效电阻。

如果没有电压反馈，电源内阻为 $R_0$；添加电压反馈后，等效内阻变为 $R_0/(1+mA_0A_m)$。也就是说，电压反馈使得电源等效内阻降低了（$1+mA_0A_m$）倍。由于 $R_0$ 本来就很小，而电压反馈中 $m A_0 A_m > 10$，因此电压反馈闭环系统中，等效内阻 $R_n$ 可以忽略不计。加之 $m A_0 A_m \gg 1$，因此式（6-24）可以变形为：

$$U_f \approx \frac{U_{gu}}{m}$$

值得注意的是，在晶闸管式弧焊整流器中，无论是电流反馈增加内阻，还是电压反馈降低内阻，都不改变弧焊电源内部的损耗，电源内部损耗恒为 $R_0 I_f$。

C 取电流截止负反馈

电流截止负反馈是指当电源的输出电流小于阈值 $I_{th}$ 时，既不采用电流反馈，也不采用电压反馈，弧焊电源输出的特性为弧焊电源中变压器的特性，即开环特性，也就是平缓特性；当电流大于阈值时，采用强电流负反馈，从而可获得陡降外特性。

虽然前面已经分析过，通过采取电流反馈，可以获得陡降外特性，而且为了使弧焊电源外特性获得较大的陡度，常将 $A_0A_n$ 做得很高，这样就使得等效内阻 $R_n$ 很大，此时空载电压的计算值 $A_0 A_n U_{gi}$ 就会很高，可能有上百伏，而实际弧焊电源的空载电压一般都要求在 60~70V（触发角 $\alpha=0°$ 时的电压）。这是怎么做到的呢？在弧焊电源的实际设计过程中，其最高输出电压是用开环特性曲线进行限制的。

实际的陡降特性弧焊电源的外特性曲线如图6-55所示。图中曲线1为弧焊电源的开环外特性曲线，曲线2为电流负反馈的外特性曲线，曲线1与2在$P$点相交。弧焊电源的实际外特性为：曲线1由$U_0'$点至$P$点，然后由$P$点沿曲线2向下转折到$I_{wd}$点，所得的$U_0'$-$P$-$I_{wd}$三点构成的折线。

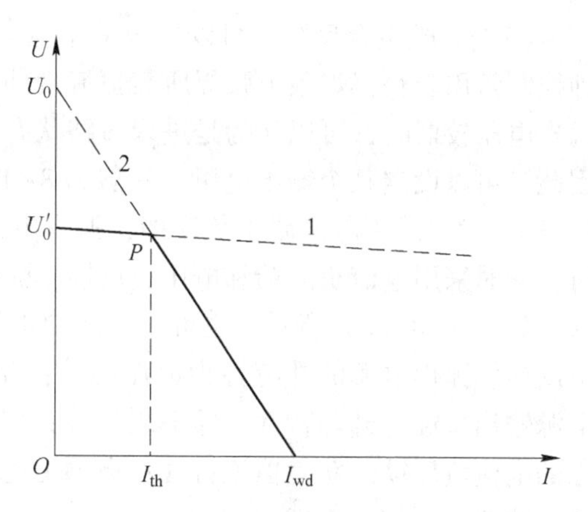

图6-55 电流截止负反馈所得外特性曲线

接下来分析其工作原理。为了获得上述$U_0'$-$P$-$I_{wd}$折线所示陡降外特性，通过对反馈系统设计，使得当输出电压的计算值$U_f = A_0A_n(U_{gi} - nI_f) > U_0 + R_0I_f$时，放大系统处于饱和状态，触发角$\alpha=0°$，电流反馈实际不起作用，弧焊电源特性由开环特性所决定，为曲线1所示的平特性；当$U_f = A_0A_n(U_{gi} - nI_f) = U_0 + R_0I_f$时，曲线1和2相交于$P$点；当$U_f = A_0A_n(U_{gi} - nI_f) < U_0 + R_0I_f$时，放大系统退出饱和状态，触发角$\alpha$随控制电压$U_k$的变化而变化，电流反馈发挥作用，此时弧焊电源外特性转到曲线2上。$P$点所对应的电流就是阈值$I_{th}$。

当电源输出电流$I_f < I_{th}$时，开环特性；当输出电流$I_f > I_{th}$时，采用电流负反馈特性，这就是电流截止负反馈。

D 取复合反馈

复合反馈是指在弧焊电源外特性控制中既采用电压负反馈，又采用电流负反馈。采用复合反馈可分为若干种情况：

（1）同时采用电压、电流负反馈。在弧焊电源外特性控制中，同时采用电压反馈和电流反馈时，外特性方程、空载电压及等效内阻表达式分别如式（6-18）、式（6-19）和式（6-20）所示，此时弧焊电源外特性为一斜率为负的直线，其陡度由电压反馈和电流反馈相关参数决定，其外特性形状如图6-56所示。

（2）分段采用恒压与电流截止负反馈。在弧焊电源外特性控制中，可以分段采用不同的反馈控制，而获得所需要的外特性形状。例如，以一定的电流值$I_{th}$作为阈值，当弧焊电源输出电流小于阈值$I_{th}$时，采用电压负反馈，弧焊电源输出特性为恒压特性；当电源输出电流大于阈值$I_{th}$时，采用电流负反馈，弧焊电源输出特性为恒流特性，则其外特性形状如图6-57所示。

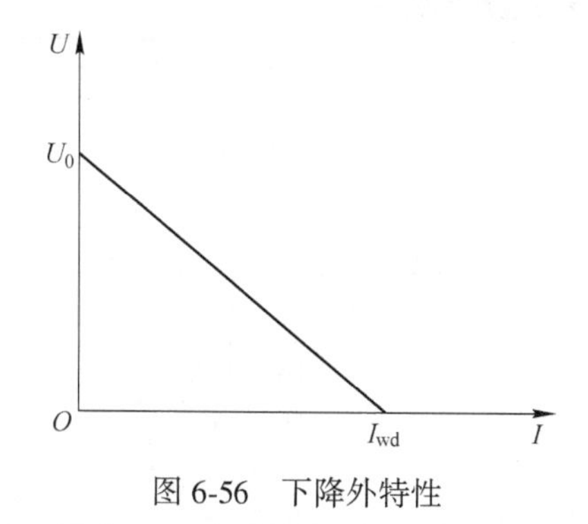

图6-56 下降外特性

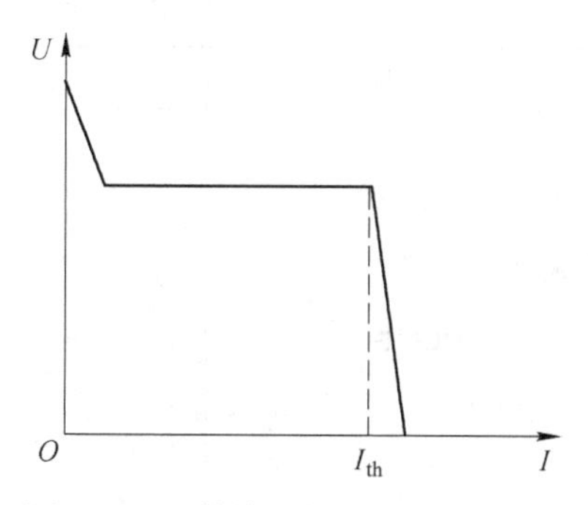

图6-57 平外特性与恒流外特性组合

(3) 分段组合反馈。可以分段采用电流截止负反馈和电流与电压的复合负反馈。这种控制常用于获得焊条电弧焊所需恒流带外拖特性。例如，在焊条电弧焊时，当弧焊电源输出电压较低时，可以认为是进入短路状态，此时需要较大的焊接电流来促进熔滴过渡，因此，可以设定某个输出电压（一般为 8~15V）为阈值 $U_{th}$，当弧焊电源的输出电压大于阈值 $U_{th}$时，采用电流截止负反馈，弧焊电源的外特性为恒流特性；而电压小于阈值 $U_{th}$时，同时采用电流负反馈和电压负反馈，弧焊电源的外特性为下降特性，其电源外特性的形状如图 6-58（a）所示。也可以在弧焊电源的输出电压大于阈值 $U_{th}$时，采用电流截止负反馈，弧焊电源的外特性为恒流特性；而当电压小于阈值 $U_{th}$时，不采用任何负反馈，电源输出特性为开环特性，即平缓特性；但当电流大于事先确定的电流阈值 $I_{th}$时，采用强的电流负反馈，获得恒流特性；该阈值电流 $I_{th}$就是所要控制的最大短路电流值，其外特性曲线形状如图 6-58（b）所示。

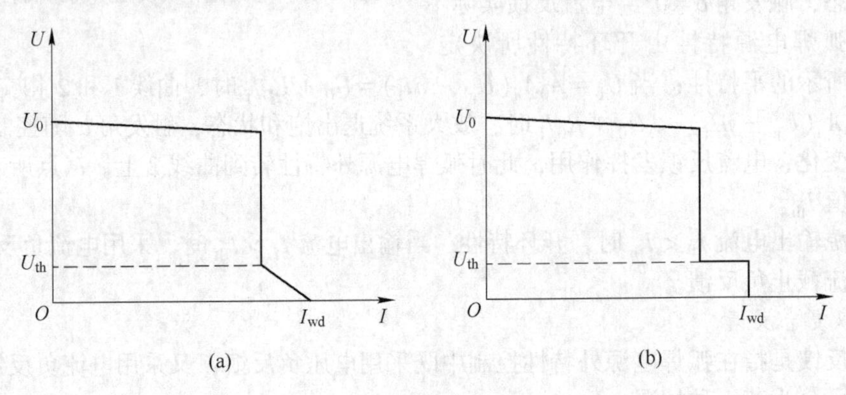


图 6-58　恒流带外拖特性
（a）带斜外拖特性；（b）带恒流外拖特性

复合反馈控制可以任意进行组合，从而获得所需要的各种形状的外特性曲线，例如，熔化极脉冲电弧焊中常用的恒压特性与恒压特性、恒流特性与恒压特性、恒流特性与恒流特性以及恒压特性与恒流特性的组合等。

综上所述，在电子控制型弧焊电源中，外特性的形状是依靠电压、电流负反馈及其组合形式来控制的。表 6-2 列出了常用弧焊电源外特性形状与选用的负反馈控制之间的关系。

**表 6-2　常用弧焊电源外特性与负反馈控制的关系**

| 特　性 | 反　馈 | 图　形 |
| --- | --- | --- |
| 恒压特性 | 电压负反馈 | U, U0, O, I |

续表 6-2

| 特　性 | 反　馈 | 图　形 |
| --- | --- | --- |
| 陡降特性 | 电流负反馈 | 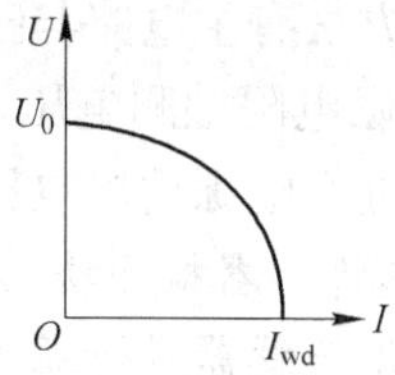 |
| 斜特性 | 电压与电流复合负反馈 | 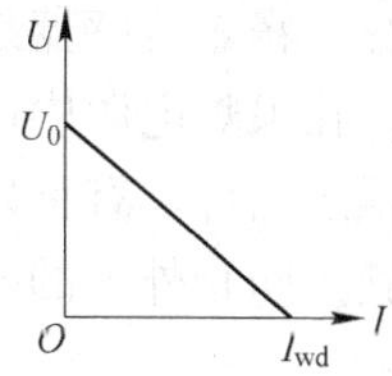 |
| 恒流特性 | 电流截止负反馈 | 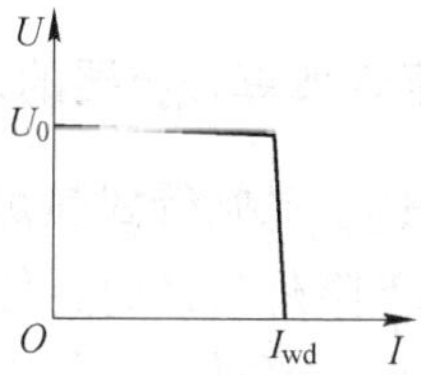 |
| 恒流带斜外拖特性 | 电流截止负反馈和电压电流复合负反馈 | 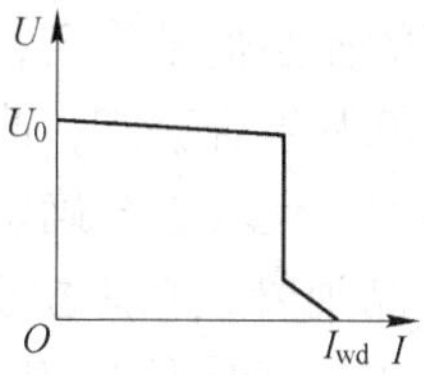 |
| 恒流带阶梯外拖特性 | 电流截止负反馈和电流截止负反馈 | 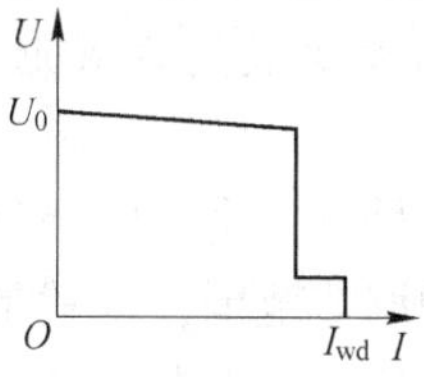 |

6.5.2.3　电流、电压信号的检测

在晶闸管式弧焊整流器反馈系统中，为了取得电流、电压反馈信号，需要进行电流、电压信号检测，所检测到的信号除了用于反馈控制获得电源所需的外特性外，还用于电源动特性以及波形的控制，也可以用于过电压、过电流保护控制。因此，电源输出电流、电压的信号检测与信号处理是电子控制弧焊电源中的重要环节。接下来对电流、电压信号的检测进行简单介绍。

A　取样电阻法

采用电阻检测电流、电压信号是最简单的方法，常用的有串联电阻检测电流和并联电阻检测电压。

（1）串联电阻检测电流。在弧焊电源的主回路直接串联取样电阻进行电流信号检测的方法简单、可靠、不失真、速度快，但是有损耗，而且主电路与控制电路没有电气隔离。该方法一般只适用于小电流并不需要隔离的情况。目前在直流弧焊电源中，经常利用输出回路中的电流分流器作为取样电阻，提取电流信号。这种方法虽很简便，但由于电流分流器的电阻很小，所以获得的电压信号很小，易受干扰，因此，需要进行信号滤波、放大处理。该方法有主电路与控制电路没有进行电气隔离的问题。

（2）并联电阻检测电压。该方法是直接在弧焊电源输出两端并联电阻组，采用电阻分压的方法进行电源输出电压的检测。

B 霍尔传感器检测法

采用霍尔传感器进行弧焊电源电流、电压信号检测的方法在电子控制弧焊电源中的应用越来越广泛。霍尔传感器是比较理想的快速电流、电压信号检测传感器，它的核心器件是霍尔器件。在弧焊电源中可以采用霍尔电流传感器、霍尔电压传感器进行输出电流、电压的检测。霍尔器件具有良好的隔离作用，但由于是利用磁场变化检测电流，因此在使用中应采取措施，防止外界的电磁干扰。霍尔传感器检测法的工作原理可查阅相关书籍，这里不再赘述。

### 6.5.3 晶闸管弧焊整流器的调节特性

如前所述，晶闸管式弧焊整流器外特性控制是借助于电流、电压反馈信号来进行的，当需要获得下降外特性时，触发脉冲的相位由给定电压和电流反馈信号经比较器后得到的控制信号确定；当需要获得平外特性时，触发脉冲的相位由给定电压和电压反馈信号经比较器后得到的控制信号确定；当需要获得任意外特性时，触发脉冲的相位由电压、电流反馈信号的比例及组合决定，改变这个比例或组合，就可以得到任意外特性。一旦电压、电流反馈信号的比例及组合确定后，那么外特性的形状就确定了。

为了使晶闸管式弧焊整流器具有调节特性，则其外特性还应可以调节，这是通过调节控制电路中的给定信号 $U_{gu}$ 和 $U_{gi}$ 来实现的，通过给定信号的调节，改变触发脉冲的相位，从而改变晶闸管导通角的大小，晶闸管导通角大，则焊接电流（电压）也大；反之亦然。

给定信号是一个可以调节的直流电压信号。该信号的调节范围决定了弧焊电源输出电流或电压的调节范围，也就是弧焊电源外特性的调节范围。给定信号往往是采用电子控制电路中的直流稳压电源，通过电阻分压获得。

## 思 考 题

6-1 请简述什么是触发角、导通角，可画图表示。

6-2 晶闸管开通和关断的条件是什么？

6-3 晶闸管弧焊整流器主电路有哪几种？

6-4 移相触发电路由哪几部分电路组成，按器件可以分成哪几类？

6-5 移相触发脉冲信号传输方式有哪几种，弧焊电源调节外特性的方式有哪两种？

6-6 在晶闸管式弧焊整流器中，无论是电流反馈________内阻，还是电压反馈________弧焊电源内部的损耗，电源内部损耗恒为 $R_0I_f$。

6-7 请简要描述晶闸管弧焊整流器分别是怎样获得陡降外特性和平外特性的。

6-8 请画出三相桥式半控整流电路触发角 $\alpha = 0°$、$\alpha = 30°$、$\alpha = 60°$ 时的有效相电压波形、线电压输出波形和触发脉冲时序。

6-9 请画出三相桥式全控整流电路触发角 $\alpha = 0°$ 、$\alpha = 30°$ 、$\alpha = 60°$ 时的有效相电压波形、线电压输出波形和触发脉冲时序。

6-10 请画出电阻电感性负载条件下，带平衡电抗器双反星形可控整流电路触发角 $\alpha = 90°$ 时的波形及触发脉冲时序。

扫码看答案

# 7 逆变式弧焊电源

逆变式弧焊电源出现在20世纪六七十年代，其优良的性能和显著的特点使其迅速发展，被视为新一代弧焊电源，尤其是进入21世纪以来，逆变式弧焊电源更是得到了广泛的应用。

在电力电子技术中，整流和逆变是一组逆过程名称，整流是将交流电变为直流电；而逆变则是将直流电变为交流电。实现整流的装置称为整流器，实现电流逆变的装置则称为逆变器。将逆变技术运用到弧焊电源中，就得到了逆变式弧焊电源，它是一种新型的电子控制型弧焊电源。

不论是弧焊整流器，还是逆变式弧焊电源，其性能都与半导体功率器件直接相关。本章首先简单介绍半导体功率器件，然后介绍逆变式弧焊电源的组成和特点、基本原理及特性等内容。

## 7.1 半导体功率器件

现代弧焊电源中的整流式弧焊电源、逆变式弧焊电源的性能都与半导体功率器件的性能直接相关。半导体功率器件制造技术与其容量、性能、参数的提高以及新型功率半导体器件的出现，推动了现代弧焊电源的迅速发展。目前被用于现代弧焊电源的半导体功率器件主要有晶闸管（SCR）、大功率晶体管（GTR）、功率场效应晶体管（MOSFET）以及绝缘门极双极晶体管（IGBT）等。本节主要介绍常用于弧焊电源的几类半导体功率器件的基础知识。

### 7.1.1 晶闸管

晶闸管是晶体闸流管的简称。它包括普通晶闸管、双向晶闸管、门极关断（GTO）晶闸管和逆导晶闸管等电力半导体器件。普通晶闸管俗称可控硅整流器（silicon controlled rectifier，SCR），简称可控硅。

晶闸管的外形有三种：螺栓式、平板式和模块式，如图7-1所示。螺栓式和平板式晶闸管一般属单管结构；模块式晶闸管往往由两个、三个甚至六个晶闸管构成，或者由晶闸管和二极管构成。模块式晶闸管具有结构紧凑，易安装，占地小等特点，因此其应用越来越广泛。

#### 7.1.1.1 晶闸管的结构和符号

晶闸管的结构和符号如图7-2所示，它的内部有一个由硅半导体材料做成的管芯，它分为P、N、P、N四层，有A、K、G三端，它的三个极为阳极A、阴极K、门极G。

如图7-3所示，晶闸管是四层三端器件，它有$J_1$、$J_2$、$J_3$三个PN结。把它中间的$N_1$和$P_2$分为两个部分，构成一个PNP型三极管和一个NPN型三极管的复合管，如图7-3

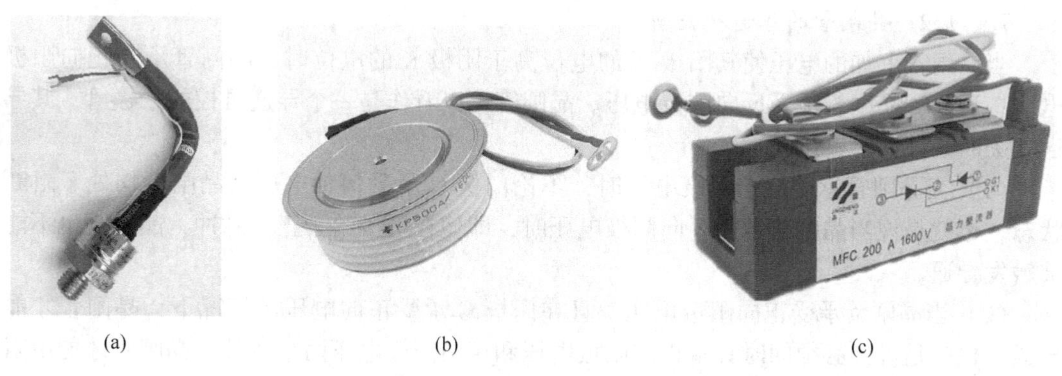


(a) (b) (c)

图 7-1 晶闸管外观图

（a）螺栓式；（b）平板式；（c）模块式

（b）所示。它的工作电路如图 7-3（c）所示。

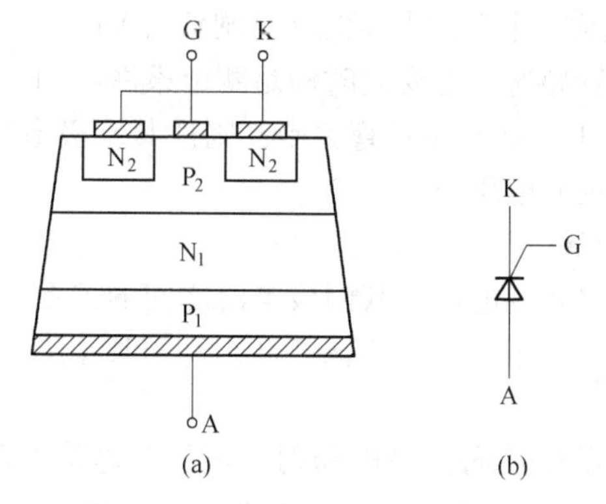


(a) (b)

图 7-2 晶闸管的结构和符号

（a）晶闸管的结构；（b）晶闸管的符号

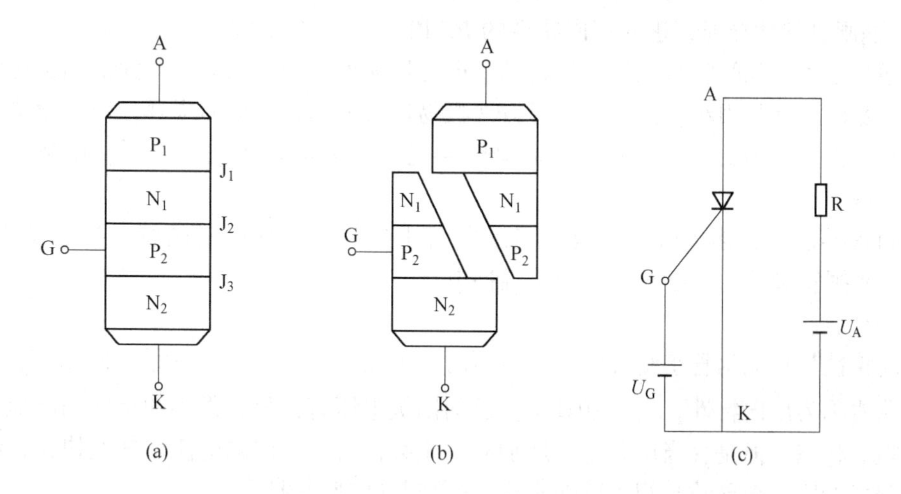


(a) (b) (c)

图 7-3 晶闸管工作原理

（a）晶闸管的 PN 结；（b）两个晶体管的复合管；（c）晶闸管的工作电路

7.1.1.2 晶闸管的导通和关断

当晶闸管上加的电压使其阳极A的电位高于阴极K的电位时，晶闸管承受正向阳极电压；反之，晶闸管承受反向阳极电压。晶闸管可以看作是一个导通可控的二极管，其导通和关断条件如下：

（1）当晶闸管承受反向阳极电压时，不论门极G承受何种电压，晶闸管均处于阻断状态。也就是说当晶闸管承受反向阳极电压时，即使在门极给予正向脉冲，晶闸管也不能被触发导通。

（2）当晶闸管承受正向阳极电压，且在门极G承受正向电压的情况下，晶闸管才能导通。也就是说，必须同时具备正向阳极电压和正向门极电压两个条件，晶闸管才能由阻断转变为导通的状态。

（3）晶闸管导通后，只要仍有一定的正向阳极电压，不论门极G有触发脉冲或者没有触发脉冲，晶闸管都维持导通。

（4）晶闸管在导通情况下，当主回路电压（或电流）减小到低于它的最低导通电压（接近于零），或者对它施加一个反向电压时，晶闸管会关断。

总而言之，要使晶闸管导通，需要同时满足两个条件：（1）使其承受正向阳极电压；（2）使其门级承受正向电压。要使晶闸管关断，则使其阳极电压降低到最低导通电压以下或者对其阳极施加一个反向电压。

7.1.1.3 晶闸管的特性

晶闸管的阳极与阴极之间的电压与其阳极电流之间的关系，即为伏安特性。如图7-4所示，晶闸管伏安特性位于第Ⅰ象限（正向特性）和第Ⅲ象限（反向特性）。

A 正向特性

正向特性是指晶闸管承受正向阳极电压时，电压与电流之间的关系。当 $U_{AK}>0$ 时，对应的曲线是正向特性。由图7-4可看出，晶闸管的正向特性可分为关断状态 $OA$ 段和导通状态 $BC$ 段两个部分。在门极电流 $I_G=0$ 时，逐渐增大晶闸管的正向阳极电压，晶闸管处于关断状态，只有很小的正向漏电流；随着正向阳极电压的增加，当达到正向转折电压 $U_{BO}$ 时，晶闸管突然导通，进入正向特性的 $BC$ 段。

导通状态时的晶闸管特性和二极管的正向特性相似，即可以通过较大的阳极电流，而晶闸管本身的压降却很小。但这种导通方法极易造成晶闸管击穿而损坏，应尽量避免。一般采用在门极上施加触发电流 $I_G$，使晶闸管导通所需要的转折电压降低。$I_G$ 越大，转折电压就越低。

晶闸管导通后，逐步减小阳极电流，当 $I_A$ 小到等于 $I_H$ 时，晶闸管由导通变为阻断。$I_H$ 是维持晶闸管导通的最小电流，简称维持电流。

B 反向特性

反向特性是指晶闸管承受反向阳极电压时，电压与电流之间的关系。即当 $U_{AK}<0$ 时，对应的曲线称为反向特性。当晶闸管承受反向阳极电压时，只有很小的反向漏电流，晶闸管处于阻断状态。但是，当反向电压增加到一定数值时，反向漏电流增加变快，再继续增大反向阳极电压，会导致晶闸管反向击穿，造成晶闸管的损坏。

在正向阻断和反向阻断时，晶闸管的电阻不是无穷大，断态时有漏电流。正向导通时晶闸管的电阻不是零，通态时有管压降。实际晶闸管在使用时，施加的阳极电压不能超过

其转折电压 $U_{BO}$，通过的电流不得超过允许值（即晶闸管的损耗和温升不超过允许值）。

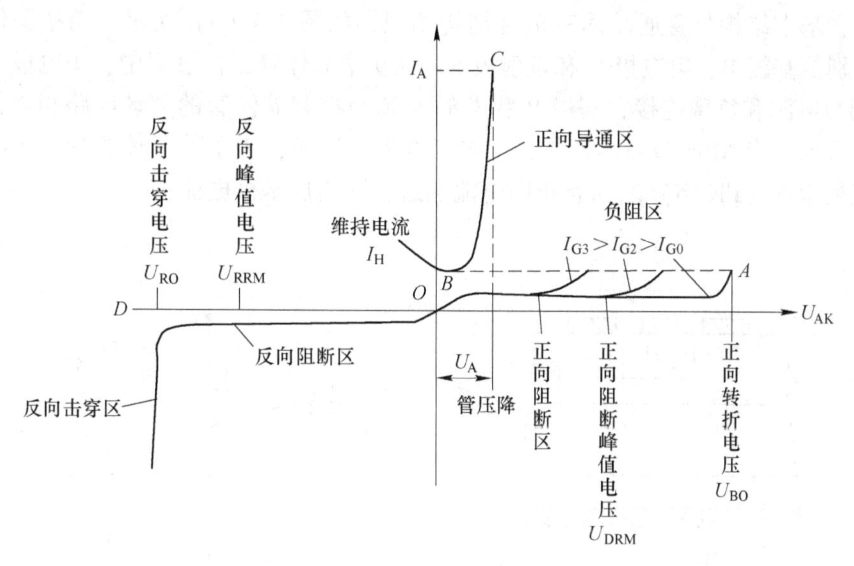


图 7-4 晶闸管伏安特性曲线

在弧焊电源领域，普通的晶闸管广泛应用于焊条电弧焊、埋弧焊、钨极氩弧焊、等离子弧焊和熔化极气体保护焊等焊接方法的整流式弧焊电源中。

### 7.1.2 功率晶体管

功率晶体管（giant transistor，GTR）是一种双极性型大功率高反压晶体管。目前 GTR 的电流容量已经达到上千安培，在中小功率应用方面，是取代晶闸管的自关断器件之一。在电子控制型弧焊电源中，既有整流式晶体管模拟型弧焊电源，也有整流式晶体管开关型弧焊电源，而且还有晶体管式逆变弧焊电源。

#### 7.1.2.1 晶体管的分类和符号

晶体管的外形有三种基本形式：金属壳封装、塑料封装和模块。晶体管也有三个电极：集电极 E、发射极 C 和基极 B，如图 7-5（b）所示。晶体管分为 NPN 型和 PNP 型两类。

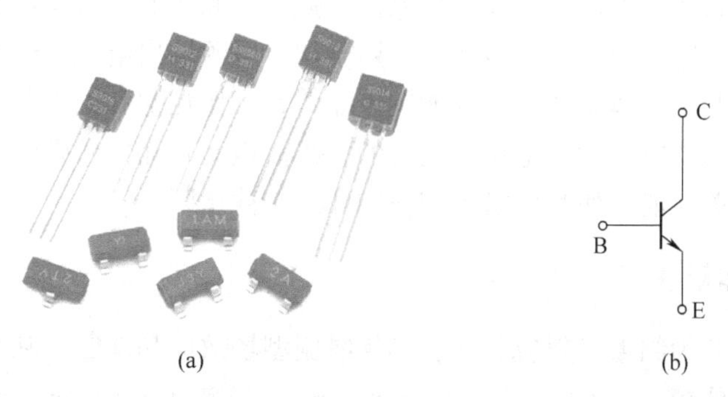


图 7-5 晶体管外观及符号

（a）塑料封装型晶体管外观；（b）NPN 型晶体管符号

7.1.2.2 晶体管的工作原理

晶体管基本结构与普通晶体三极管结构相似，如图 7-6（a）所示。功率晶体管有三个极，分别是基极 B、集电极 C 和发射极 E。在功率晶体管工作过程中，集电极 C 和发射极 E 分别与电源和负载连接，基极 B 和发射极 E 与控制晶体管的驱动电路相连接。如图 7-6（b）所示，当 NPN 型晶体管承受正向集电极电压时，为了使晶体管导通，必须使基极 B 和发射极 E（PN 结）之间有正向电流通过，即施加基极电流。

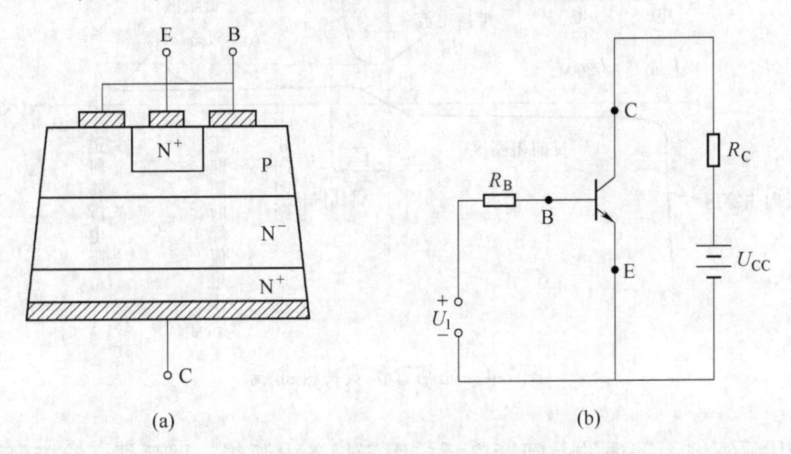


图 7-6 晶体管结构和工作电路
（a）NPN 型晶体管内部结构；（b）晶体管工作电路

7.1.2.3 晶体管的输出特性

功率晶体管的输出特性是指集电极电流 $I_C$和电压 $U_{CE}$以及基极电流 $I_B$之间的关系。如图 7-7 所示，晶体管的输出特性曲线分 5 个区：Ⅰ区为截止区，$I_B=0$，$I_C$为 CE 之间的漏电流，其值很小；Ⅱ区为线性放大区，当 $I_B$增加时，$I_C$跟随 $I_B$线性增加；Ⅳ区为深度饱和区，该区间内，随着 $U_{CE}$连续降低，$I_C$已没有增长能力，这时的 $U_{CE}$称为晶体管的饱和压降，用 $U_{CES}$表示，晶体管的状态称为饱和导通状态；Ⅲ区为准饱和区；Ⅴ区为击穿区，即当 $U_{CE}$增加到一定值时，即使 $I_B$不增加，$I_C$也会增加，这时 $U_{CE}$就是晶体管的一次击穿电压，如果 $U_{CE}$继续增加，那么 $I_C$也增加。

在整流式晶体管弧焊电源中，模拟型晶体管弧焊电源指的是弧焊电源中的晶体管工作在晶体管的线性放大区，起可变电阻作用，用于调节电源输出电压、电流的大小。开关型晶体管弧焊电源是利用晶体管的开关性能，使晶体管工作在饱和区与截止区，通过晶体管导通时间的长短来调节电源输出电压、电流的大小。逆变式晶体管弧焊电源中的晶体管也是利用晶体管的开关性能，使晶体管工作在饱和区与截止区。

## 7.1.3 场效应晶体管

场效应晶体管分为结型场效应晶体管和绝缘栅型场效应晶体管。功率场效应晶体管是绝缘栅型场效应晶体管（metal oxide semiconductor field effect transistor，MOSFET），是一种电压控制的单极型功率半导体器件。在电子控制型弧焊电源中，功率 MOSFET 管通常作为开关器件。由于其功率比较小，往往采用多只 MOSFET 管并联使用。

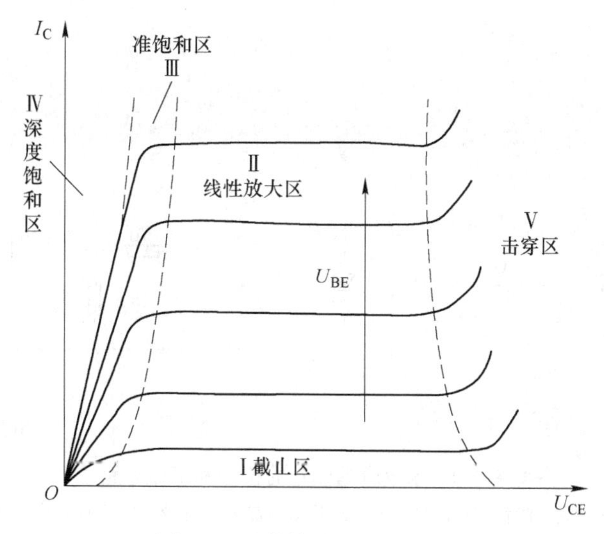


图 7-7 晶体管输出特性曲线

7.1.3.1 场效应晶体管的分类和结构

场效应晶体管的外形基本有三种：金属壳封装、塑料封装和模块。场效应晶体管也有三个电极：漏极 D、源极 S 和栅极 G，如图 7-8（b）所示。场效应晶体管分为 N 沟道和 P 沟道两种，N 沟道 MOSFET 的导通电流从漏极 D 流向源极 S；而 P 沟道 MOSFET 的导通电流从源极 S 流向漏极 D。相应的电气图形符号如图 7-9（a）和图 7-9（b）所示。图中，反并联的二极管是指 MOSFET 结构中的寄生二极管或集成的可续流二极管。需要注意的是，由于该二极管的反向恢复时间一般比较长，因此不宜作快速续流二极管。

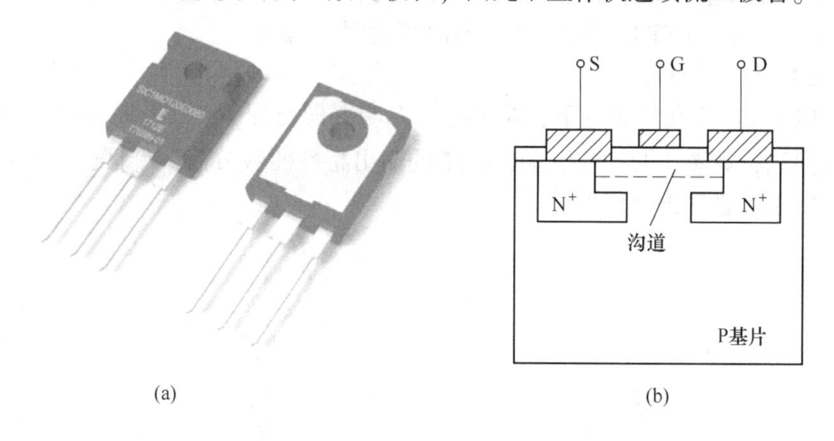


图 7-8 功率场效应管外观和内部结构

（a）塑料封装型功率场效应管外观；（b）N 沟道场效应晶体管内部结构

7.1.3.2 场效应晶体管的工作原理

场效应晶体管在工作过程中，它的漏极 D 和源极 S 分别与电源 $U_C$ 和负载 $R_L$ 连接，组成场效应晶体管工作电路；它的栅极 G 和源极 S 与控制场效应晶体管的驱动电路相连接，组成控制电路，如图 7-9（c）所示。为使场效应晶体管导通，在它承受正向漏极电压的

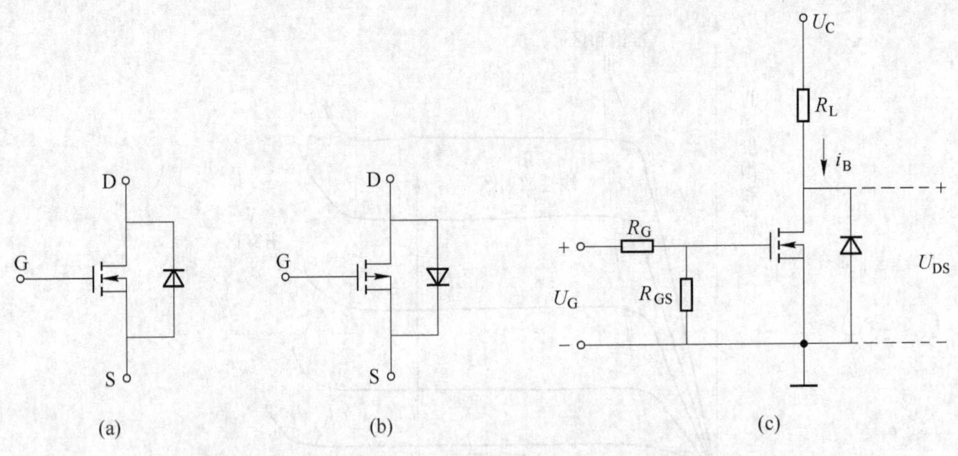


图 7-9　场效应晶体管的符号和工作电路

（a）N 沟道场效应晶体管符号；（b）P 沟道场效应晶体管符号；（c）场效应晶体管工作电路

同时，必须对栅极 G 施加正电压。场效应晶体管的栅极为绝缘结构，输入阻抗达 $10^8$ ~ $10^{13}\Omega$，可以用电压驱动，驱动功率很小。

7.1.3.3　场效应晶体管的基本特性

MOSFET 的基本特性包括静特性和动特性两部分，静特性包括转移特性和输出特性；动特性主要是指开关特性。

A　转移特性

MOSFET 是电压控制型器件，它的转移特性是指漏极电流 $I_D$ 与栅源电压 $U_{GS}$ 之间的关系，如图 7-10 所示。图中曲线的斜率 $\Delta I_D/\Delta U_{GS}$ 表示 MOSFET 的放大能力，将其定义为跨导 $g_m$。$U_{GS(Th)}$ 为 MOSFET 的开启电压，有时直接用 $U_G$ 表示。

B　输出特性

在栅源电压 $U_{GS}$ 变化的条件下，漏极电流 $I_D$ 与漏源电压 $U_{DS}$ 关系曲线族称为 MOSFET 的输出特性曲线，如图 7-11 所示。MOSFET 的输出特性曲线分为四个区：可变电阻区Ⅰ、线性区Ⅱ、阻断区Ⅲ和击穿区Ⅳ。

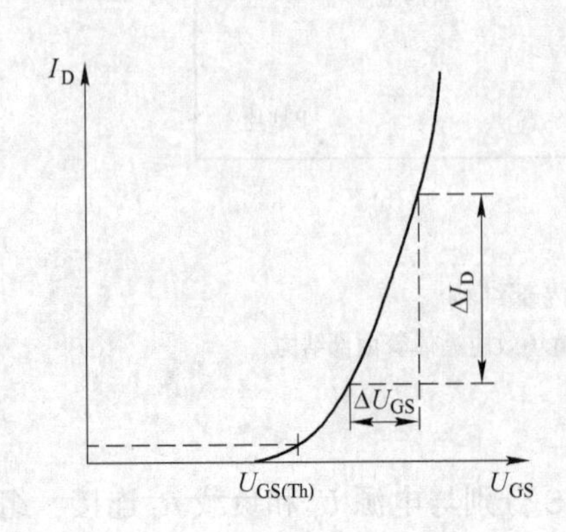


图 7-10　场效应晶体管的转移特性

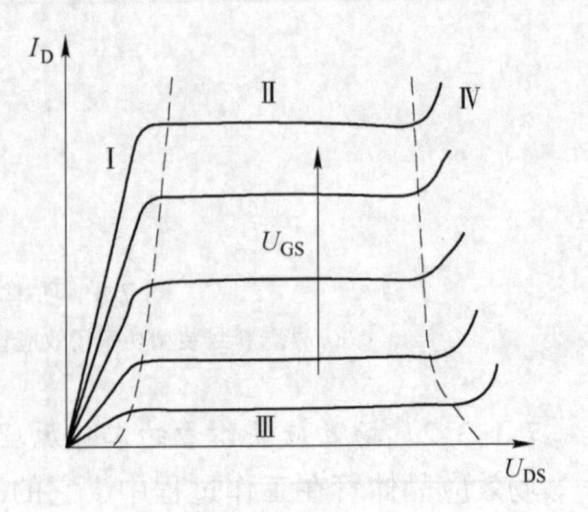


图 7-11　场效应晶体管的输出特性

（1）在可变电阻区Ⅰ，漏极电流 $I_D$ 与漏源电压 $U_{DS}$ 呈线性关系。这个线性关系随 $U_{GS}$ 的变化而变化，所以称为可变电阻区；而 $I_D$ 又不随 $U_{GS}$ 的变化而线性增加，所以这个区也称为 MOSFET 的饱和压降特性。

（2）线性区Ⅱ因漏极电流 $I_D$ 与栅源电压 $U_{GS}$ 呈线性关系而得名，有时也叫线性放大区。在这个区，$U_{GS}$ 不变时，加大 $U_{DS}$，$I_D$ 几乎不变，即 $I_D$ 饱和，所以这个区也叫输出饱和区。MOSFET 工作在这个区时，其管芯耗散功率会比较大。

（3）在阻断区Ⅲ即 $U_{GS}<U_{GS(Th)}$，$I_D$ 很小，只有漏电流，这时 MOSFET 处于阻断状态，这个区也叫作截止区。

（4）在击穿区Ⅳ，不论 $U_{GS}$ 有多大，当 $U_{DS}$ 加大到一定程度时，源漏之间的寄生 PN 结就会发生雪崩击穿，电流 $I_D$ 快速增加，使器件被烧坏。

C　开关特性

在现代弧焊电源中，MOSFET 多用于逆变开关电路中，因此 MOSFET 一般都工作在开通或关断状态，即开关状态。MOSFET 的开关特性是揭示开关过程中，$I_D$ 和 $U_{DS}$ 随 $U_{GS}$ 的变化关系，更多关于 MOSFET 开关特性的内容可以参考相关的书籍。

### 7.1.4　绝缘栅双极型晶体管

绝缘栅双极晶体管（insulated gate bipolar transistor，IGBT）是 MOSFET 与 GTR 的复合器件。它既有 MOSFET 的工作速度快、输入阻抗高、驱动电路简单以及热温度性好的优点，又有 GTR 的载流量大和阻断电压高等多项优点，是取代 GTR 的理想开关器件。近年来 IGBT 发展很快，目前已经被广泛地应用于各种弧焊逆变电源的逆变主电路中。

7.1.4.1　IGBT 的结构

IGBT 的外形有塑料封装和模块式两种基本形式，其外形与功率双极型晶体管相似。IGBT 有集电极 C、发射极 E 和栅极 G。IGBT 的外观、内部结构和图形符号如图 7-12 所示。由图 7-12（b）可知，ICBT 基本上是在 MOSFET 的漏极下又加了一层 P 区，多了一个 PN 结，显然 IGBT 是一个 MOSFET 与一个 GTR 的复合管，其结果成为一个控制极为绝缘栅极的双极型晶体管，如图 7-12（c）所示。

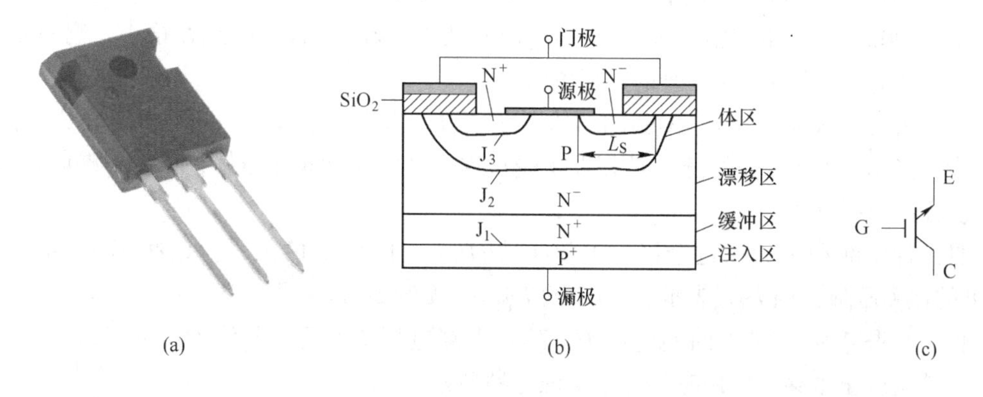


图 7-12　IGBT 外观、内部结构及符号
（a）塑料封装型 IGBT；（b）IGBT 的内部结构；（c）IGBT 的符号

7.1.4.2 IGBT的工作原理

IGBT是以GTR为主导半导体器件，以MOSFET为驱动的器件。根据GTR和MOSFET的工作原理，就不难理解IGBT的工作过程。IGBT的开通和关断是由栅极电压$U_{GE}$来控制的。栅极施以正电压时，MOSFET内形成沟道，并为PNP晶体管提供基极电流，使IGBT导通。在栅极上施以负电压时，MOSFET内的沟道消失，PNP晶体管的基极电流被切断，IGBT关断。由于IGBT的驱动方法与MOSFET基本相同，只需控制输入极N沟道MOSFET，因而它具有高输入阻抗特性。

7.1.4.3 IGBT的基本特性

IGBT的基本特性也分为静特性和动特性两部分。静特性包括输出伏安特性、转移特性和静态开关特性；动特性主要是指开关特性。

A 静特性

IGBT的静态输出伏安特性、转移特性和静态开关特性如图7-13所示。

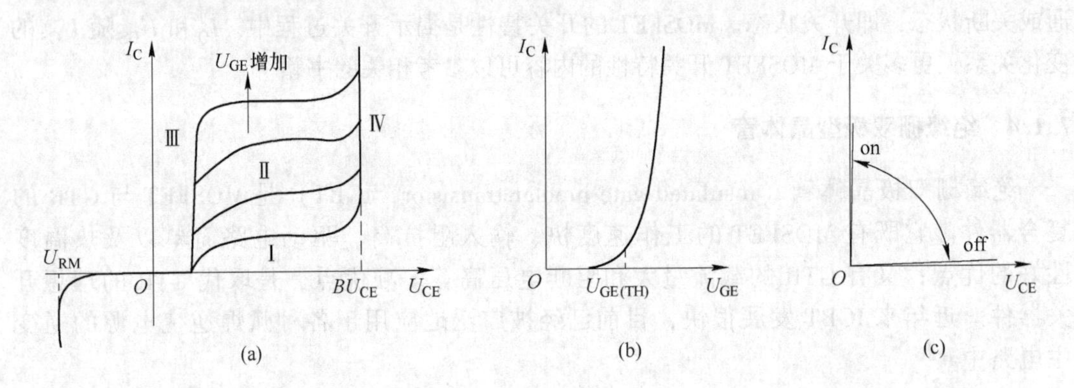


图7-13 IGBT的基本特性

(a) IGBT的伏安特性曲线；(b) IGBT的转移特性；(c) IGBT的开关特性

(1) IGBT的输出伏安特性。IGBT的输出伏安特性是指其输出电流$I_C$、集—射极电压$U_{CE}$和栅极电压$U_{GE}$之间的关系。

由图7-13 (a) 可知，这个特性曲线分为如下四个区：

Ⅰ区为截止区，也叫阻断区。这时$U_{GE}\approx0$或$U_{GE}<U_{GE(Th)}$，电流$I_C$很小，它只是CE间的漏电流$I_{CEO}$，即$U_{GE}\approx0$时的集射电流。

Ⅱ区为线性放大区。与MOSFET类似，$I_C$与$U_{GE}$呈线性关系。由于IGBT在逆变弧焊电源中，工作在开或关的状态，所以要求越过这个区的时间越短越好，尽量不停留在放大区，从而减小损耗。

Ⅲ区称作饱和区。在这个区，电流$I_C$与$U_{GE}$不再呈线性关系。此状态下$U_{GE}$就是IGBT的饱和压降，用$U_{CES}$表示。IGBT的$U_{CES}$一般为2~4V。

Ⅳ区为击穿区。CE之间的电压$U_{CE}$高到击穿电压$U_{CE}$后，即使$U_{GE}$不变，$I_C$也会增加，这就是过压击穿，应用时要防止出现这种现象。

(2) IGBT的转移特性。IGBT的转移特性即$I_C$与$U_{GE}$的关系特性曲线，如图7-13 (b) 所示。当$U_{GE}$很小时，$I_C\approx0$，$U_{GE}$升到$U_{GE(Th)}$时，$I_C$开始明显升高。$U_{GE}$进一步增加时，$I_C$

呈线性增长，进入线性放大区。$U_{GE(Th)}$被称为IGBT的门极开启电压，一般为3~6 V。

（3）IGBT的静态开关特性。IGBT的静态开关特性如图7-13（c）所示。在逆变弧焊电源中，每一个时刻的IGBT要么工作在截止状态，要么工作在饱和导通状态。

B 动特性

IGBT的动特性是指其在开通和关断过程中集电极电流$I_C$和端电压$U_{CE}$的变化曲线，也称开关特性曲线。和MOSFET一样，IGBT的开关特性曲线也和负载的性质有关，具体可以参考相关书籍。

## 7.2 逆变式弧焊电源的概述

将直流电（DC）转变为交流电（AC）的过程称为逆变，实现这种变换的装置就称为逆变器。被用于为电弧提供能量，实施焊接过程，并具有弧焊工艺所要求的电气性能的逆变器，则被称为弧焊逆变器，也称为逆变式弧焊电源。在逆变式弧焊电源中，通常把直流电变换成几千至几万，甚至二十万赫兹的频率较高的交流电或中频交流电，从而获得一系列有别于其他类型弧焊电源的特点。

### 7.2.1 逆变式弧焊电源的基本结构

与整流式弧焊电源相比，逆变式弧焊电源的基本结构发生了变化。图7-14是逆变式弧焊电源的基本结构框图，由图可知逆变式弧焊电源与其他电子控制型弧焊电源一样，主要由电子功率系统（也称主电路）和电子控制系统构成。逆变式弧焊电源首先从电网上取来工频交流电；然后进行整流，将交流电（AC）变为直流电（DC）；再通过逆变电路将直流电（DC）变为中频交流电（AC）；然后通过中频变压器进行降压；最后对逆变所得中频交流电再次进行整流滤波，以直流形式向电弧供电；如果需要以交流形式向电弧进行供电，则需要对第二次整流所得直流电再次进行逆变，其原因将在后面介绍。其过程可简化为交流→直流→交流→直流，也可以表示为AC—DC—AC—DC，这就是一般逆变式弧焊电源工作的基本原理，也是逆变式弧焊电源的能量传递过程。由于逆变式弧焊电源应用了逆变技术，使弧焊电源的控制性能得到极大的提高，从而使弧焊电源的电气特性尤其是动态性能得到改善，其工作频率的提高更是为其结构和性能带来了巨大进步。

逆变式弧焊电源主要包括电子功率系统和电子控制系统，电子功率系统就如同手臂，在焊接过程中是执行和出力的部分；而电子控制系统则如同大脑，焊接时，由它来控制电子功率系统的输出情况，接下来具体介绍这两部分的组成。

（1）电子功率系统。如图7-14所示，逆变式弧焊电源的功率系统主要由输入电路、逆变电路、输出电路等构成，也称为主电路。输入电路包括输入整流和滤波电路，整流电路大多采用桥式整流电路；滤波电路应用较多的是电容滤波。逆变电路是逆变式弧焊电源的核心，由半导体功率开关器件和逆变降压变压器等构成。对于要求直流输出的逆变式弧焊电源，其输出电路包括输出整流和滤波电路。对于要求交流输出的逆变式弧焊电源则是在直流输出电路后再添加逆变电路，其原理与前面的逆变电路相同，这里不再赘述。

（2）电子控制系统。在弧焊电源的逆变电路中，通过半导体功率开关管的导通与关

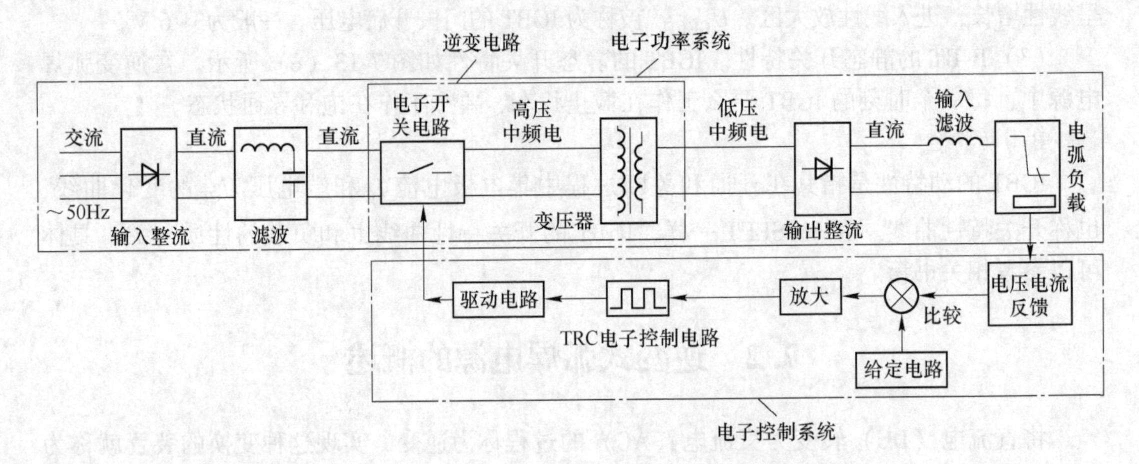


图 7-14 逆变式弧焊电源的基本结构框图

断，将直流电转变为中频交流电。半导体功率开关管的导通与关断，则是由一定的驱动脉冲信号进行控制，驱动脉冲决定着半导体功率开关管的通断情况（开通时刻、导通时间、关断时刻等），也就决定了逆变式弧焊电源的输出。驱动脉冲的产生和调节是由控制电路来进行的。如图 7-14 所示，控制电路主要包括电压或电流给定电路、电压和电流反馈电路、比较放大电路、时间比率（TRC）电子控制电路、驱动脉冲功率放大电路等。

### 7.2.2 逆变式弧焊电源的基本原理及逆变形式

#### 7.2.2.1 逆变式弧焊电源的基本原理

逆变式弧焊电源的基本原理可以图 7-14 所示框图来说明，具体包括如下几个方面的内容：

(1) 通电。从电网取来的单相（或三相）工频（50Hz）的交流网路电压，单相为 220V（或三相 380V）。

(2) 整流滤波。单相为 220V（或三相 380V）的交流网路电压经输入整流器整流和滤波器滤波之后，获得逆变主电路所需的平滑直流电压，单相整流约 310V（或三相整流约为 520V）。

(3) 逆变。采用逆变技术对整流滤波所得平滑的直流电进行逆变，通过控制电路对逆变主电路中的半导体功率开关器件（晶闸管、晶体管、场效应晶体管或 IGBT）组的通断进行控制，从而得到几千至二十万赫兹的中频高压电。

(4) 变压。再利用中频变压器将逆变所得中频高压电进行降压，从而获得几十伏的适用于焊接的低电压。

(5) 反馈控制。通过电子控制系统的控制驱动电路和给定与反馈电路，以及焊接回路的阻抗来获得弧焊工艺所需的外特性、调节特性和动特性。

(6) 输出。如果需要采用直流电进行焊接，交流还需经输出整流器整流和经电抗器、电容器滤波，把中频交流变换成为直流输出。如果用作交流电源时，还要用电子开关再次逆变成低频交流电。值得注意的是，输出整流器与输入整流器有所不同，输出整流器采用的二极管并非普通二极管，而是快速二极管，具体将在 7.3.3 节进行介绍。

通常在工频电网输入端设有输入电压软启动装置，为了防止合闸浪涌电流，可以通过不同的电路环节来实现。例如，串入限流电阻，在启动之后再将它短接；或串入晶闸管，在启动过程中令其导通角逐渐增大；也可把输入整流器改为晶闸管式，在启动过程中逐渐增大输出的电压等。输入端的滤波器包括低通滤波器和整流滤波器。低通滤波器置于输入整流器之前与工频电网连接，其作用是防止工频电网上的高频干扰进入弧焊逆变器，同时阻止弧焊逆变器本身产生的高频干扰反串入工频电网。

7.2.2.2 逆变式弧焊电源的逆变形式

常用的逆变形式主要有以下几种：

（1）交流→直流→交流（AC—DC—AC）形式。这种逆变形式最终输出的是交流电，逆变器的逆变频率就是所得交流电的频率，这个频率一般远远高于工频。正是由于频率的提高，为逆变式弧焊电源带来了很多有别于其他类型电源的特点。但是高频率交流电的传输损耗较大，传输距离受到限制，因此这种逆变形式在实际弧焊电源中很少采用。

（2）交流→直流→交流→直流（AC—DC—AC—DC）形式。这种逆变形式最终输出的是直流电，是目前大多数逆变式直流弧焊电源所采用的形式。它是在形式（1）所得的中频交流电的基础上进行整流，最终以直流形式输出。它既保留了高频率带来的优点，又解决了高频损耗带来的传输距离受限问题。在国外也把它称为弧焊整流器，或逆变式弧焊整流器。

（3）交流→直流→交流→直流→交流（AC—DC—AC—DC—AC）形式。这种形式有两次整流和两次逆变，最终输出的是矩形波交流电。最终输出的矩形波交流电的频率可以选择得较低，一般用于铝、镁及其合金的 MIG 焊或埋弧焊。目前交流逆变式弧焊电源、变极性逆变式弧焊电源往往采用此种形式。

### 7.2.3 逆变式弧焊电源的分类

逆变式弧焊电源的分类方法有多种：按照输出的电流种类可以分为直流逆变弧焊电源、交流逆变弧焊电源、脉冲逆变弧焊电源等；按照应用对象可以分为焊条电弧焊逆变电源、气体保护焊逆变电源、等离子弧焊逆变电源等；最常见的分类方法是根据半导体功率开关管的类型进行分类，具体可以分为晶闸管式逆变弧焊电源、晶体管式逆变弧焊电源、场效应晶体管式逆变弧焊电源、IGBT 式逆变弧焊电源等。

逆变式弧焊电源主电路的核心部分是逆变电路，而逆变电路的核心器件就是半导体功率开关管。因此半导体功率开关管的开关特性，在一定程度上决定了其逆变式弧焊电源的特点。表 7-1 呈现了常用的功率半导体开关器件的主要参数。

**表 7-1 常用半导体功率开关器件的主要参数**

| 特性 | 器件 | | | | |
|---|---|---|---|---|---|
| | 晶闸管（SCR） | 门级关断晶闸管（GTO） | 晶体管（GTR） | 场效应晶体管（VMOS） | IGBT |
| 开关速度/μs | 25~100 | 6~25 | 1~5 | 0.1~0.5 | 0.5~1 |
| 安全工作区（SOA） | 大 | 大 | 小 | 大 | 大 |
| 额定电流密度/A·cm$^{-2}$ | — | — | 20~30 | 5~10 | 50~100 |
| 驱动功率 | 大 | 大 | 大 | 小 | 小 |

续表 7-1

| 特性 | 器件 | | | | |
|---|---|---|---|---|---|
| | 晶闸管（SCR） | 门级关断晶闸管（GTO） | 晶体管（GTR） | 场效应晶体管（VMOS） | IGBT |
| 驱动方式 | 电流 | 电流 | 电流 | 电压 | 电压 |
| 高压化 | 易 | 易 | 易 | 难 | 易 |
| 大电流化 | 易 | 易 | 易 | 难 | 易 |
| 高速化 | 难 | 难 | 难 | 极易 | 易 |
| 饱和压降 | 低 | 低 | 极低 | 高 | 低 |
| 并联使用 | 难 | 难 | 较易 | 易 | 易 |
| 其他 | 不能自行关断 | 拖尾电流限制频率提高 | 二次击穿现象限制了 SOA | 无二次击穿现象 | 擎住现象限制了 SOA |

逆变式弧焊电源的逆变主电路可以选用不同的半导体功率开关管，不同类型的功率开关管的开关速度、驱动方式、驱动功率，能承受的最大电压电流等参数各不相同，因此，选用不同类型的功率开关管所组成的逆变电路就具有了各不相同的特点。

例如若选用晶闸管，因晶闸管开关速度慢，晶闸管式弧焊逆变电源的逆变工作频率较低，仍处于容易听到的音频范围，因而工作噪声大；但晶闸管的电流和电压容量很大，因此晶闸管式弧焊逆变电源曾得到很大的发展，在逆变式弧焊电源中占有相当大的比例。

若选用晶体管作为逆变主电路的半导体功率开关器件，与晶闸管相比，其开关速度大幅度提升，相应的逆变主电路的工作频率也大幅度提高，可以工作在容易听到的音频范围之上，因而噪声小；同时晶体管的电流和电压容量大，易于制造大容量的逆变式弧焊电源；但其所需驱动功率也大，对驱动电路的要求高。

若选用场效应晶体管作为逆变主电路的半导体功率开关器件，其开关频率最高，因此相应的弧焊电源工作频率也最高，噪声小；但场效应晶体管电流、电压容量小，不易获得大容量的逆变式弧焊电源。

IGBT 是近年来得到快速发展的一种复合电子功率开关，它将晶体管和场效应晶体管复合成一体，既有较大的电流、电压容量，又采用电压驱动，可以达到很高的开关频率。因此，IGBT 逆变式弧焊电源已经成为逆变式弧焊电源发展的主流。本章后面的内容中，如无特殊说明，均以采用 IGBT 作为逆变主电路的半导体功率开关器件的逆变式弧焊电源为载体进行讲述。

### 7.2.4 逆变式弧焊电源的特点

与普通弧焊电源相比，逆变式弧焊电源最显著的特点是工作频率高，目前常见的 IGBT 逆变式弧焊电源的逆变频率一般在 20kHz 左右，正因为其工作频率高，使得逆变式弧焊电源具有许多特点。

#### 7.2.4.1 体积小，重量轻

一般来说，弧焊电源的重量和体积主要集中在变压器和电抗器上，二者所占比例可达到整台焊机重量和体积的约 80%。变压器设计符合电磁定律，对于普通弧焊电源，变压器是对从电网上取得的单相（或三相）工频交流电进行变压，它应满足式（7-1）所示关系：

$$U \propto fNB_mS \tag{7-1}$$

式中，$U$为一次侧输入电压（或二次侧输出电压）；$f$为交流电频率；$N$为一次侧线圈匝数（或二次侧线圈匝数）；$B_m$为铁芯材料的最大磁感应强度；$S$为导磁截面积。

在变压器设计过程中，当所选定的铁芯材料一定时，磁感应强度$B$则为确定值，通常一次侧输入电压和所设定的空载电压也是确定的，因此式（7-1）中影响变压器体积和质量的线圈匝数$N$和导磁截面积$S$的设计与交流电频率$f$成反比：$f$越大，则$NS$的乘积越小，变压器体积和质量越小；$f$越小，则$NS$的乘积越大，变压器体积和质量越大。普通弧焊电源的工作频率一般为50~300Hz，而逆变式弧焊电源的工作频率则为20kHz左右，因此逆变式弧焊电源的变压器$NS$的乘积要比普通弧焊电源小很多，相应的逆变式弧焊电源的体积和质量也要小很多。

在电抗器设计过程中也是一样的，如果弧焊电源的工作频率大幅度提高，则其电抗器的重量和体积也会大幅度减小。

由此可见，变压器和电抗器体积、重量的大幅度减小，将使逆变式弧焊电源本身的体积和重量大幅度减小。例如：一个额定电流为300A的逆变式弧焊电源重约35kg，体积为0.06$m^3$；而一个相同额定电流的晶闸管弧焊整流器重约180kg，体积约0.65$m^3$。由表7-2可以看到逆变式弧焊电源与常用传统弧焊电源体积与重量之间的比较，逆变式弧焊电源较小的重量和体积为其生产、运输、使用等提供了极大的方便，尤其适用于流动及高空作业。

**表7-2 逆变式弧焊电源与传统弧焊电源的主要技术指标比较**

| 规格 | | 型号 | | | | |
|---|---|---|---|---|---|---|
| | | AX7-400直流弧焊发电机 | ZXG-400磁放大器式硅弧焊整流器 | ZX5-400晶闸管式弧焊整流器 | ZX7-400晶闸管式弧焊逆变器 | ZX7-400 IGBT逆变式弧焊电源 |
| 额定输出电流/A | | 400 | 400 | 400 | 400 | 400 |
| 额定负载持续率/% | | 60 | 60 | 60 | 60 | 60 |
| 输出空载电压/V | | 60~90 | 80 | 63 | 70~80 | 75 |
| 输入电压/V | | 三相380V | 三相380V | 三相380V | 三相380V | 三相380V |
| 效率/% | | 53 | 75 | 74 | 85.7 | 约90 |
| cosφ | | 0.9 | 0.55 | 0.75 | 约0.9 | 约0.9 |
| 质量/kg | | 370 | 310 | 220 | 66 | 33 |
| 外形尺寸/mm | 长 | 950 | 690 | 594 | 540 | 550 |
| | 宽 | 590 | 490 | 495 | 355 | 320 |
| | 高 | 890 | 952 | 1000 | 470 | 390 |

#### 7.2.4.2 高效节能

逆变式弧焊电源的变压器和电抗器的体积和重量大大减小，一方面相应的铁损（铁芯磁损耗）和铜损（导线耗能）也随之减小；另一方面因逆变频率高，通电周期小，变压器的励磁电流很小；再者大多数逆变式弧焊电源半导体功率开关器件工作于开关状态，比工作于模拟状态的半导体功率器件的功耗小。因此，逆变式弧焊电源效率较高，功率因数较高，节约电能，可减少配电容量。

7.2.4.3 动特性好，控制灵活

普通的弧焊电源的工作频率一般为工频 50Hz 或其倍频，频率较低，控制周期较长，回路中保持电流稳定的输出电抗器电感较大。即使是带平衡电抗器双反星形晶闸管弧焊整流器的工作频率也仅为 6 倍工频，即 300Hz，控制周期为 3.3ms。而逆变式弧焊电源的工作频率很高，例如 20kHz 工作频率的逆变式弧焊电源的控制周期只有 50μs；且因工作频率高，焊接回路中起滤波作用的电感值也较小，从而使整个回路的时间常数减小（见式(7-2)），控制过程的动态响应速度很快。

$$\tau = L/R \tag{7-2}$$

式中，$\tau$ 为时间常数；$L$ 为回路中所有电感之和；$R$ 为回路中所有电阻之和（包含电弧），在其他条件不变的情况下，工作频率越高，回路电感值 $L$ 越小，整个回路的时间常数 $\tau$ 越小，电路发生转换时所需要的时间越短，动特性越好。

逆变式弧焊电源的外特性、动特性等性能主要由电子控制电路进行调节。电子控制电路的变化和调整灵活、方便，易于在一台电源上实现多种特性的输出，甚至在焊接过程中也可以根据要求切换不同的特性。

7.2.4.4 电路复杂，元器件特性要求高

逆变式弧焊电源是典型的电力电子装置，是高精度的电子控制电源，因此电路复杂。普通弧焊电源工作频率低，一般工作波形为正弦波，$du/dt$、$di/dt$ 较小。而逆变电源由于工作频率高，内部电流换向快，变化剧烈，对 $du/dt$、$di/dt$ 等动态参数的影响十分明显。在这样严酷的工作条件下，逆变电源的功率半导体开关等元器件被击穿、烧穿的可能性大大增加。为了保证逆变式弧焊电源的可靠性、稳定性，不仅需要高质量、高性能的元器件，而且需要设计、应用许多保护电路，这也是逆变式弧焊电源控制电路复杂的重要原因之一。

由于逆变器交变电流的频率高，集肤效应强烈，所以对于变压器的磁性材料及形状、导线材料及形状、线圈绕制方法等都有特殊的要求。

## 7.3 逆变电路

实现从直流到交流变换的方法一般有两种，一种是振荡式，即由振荡电路产生正弦波振荡，经放大输出交流电压；另一种是开关式，即利用半导体功率开关器件来控制直流电源的通断，使直流电压交替地加到变压器一次侧，从而可在变压器二次侧得到交流电压。在逆变式弧焊电源中一般是采用开关式，如前所述，其半导体功率开关器件可采用晶闸管、晶体管、场效应晶体管、IGBT 管等，其中 IGBT 式逆变弧焊电源已经成为当前逆变式弧焊电源的主导产品，而且晶体管式、场效应晶体管式逆变弧焊电源与 IGBT 式逆变弧焊电源的电路结构、工作原理基本相同，因此，本节以 IGBT 式逆变弧焊电源为例对其逆变电路进行分析。

开关式逆变电路的基本形式主要有单端式、推挽式、半桥式和全桥式等，这里主要对这 4 种常用逆变电路的原理及特点进行介绍。

### 7.3.1 单端式逆变电路

单端式逆变电路有单端正激式、单端反激式、双单端式等几种。这里先介绍正激和反

激的概念：当变压器一次线圈有电流时，二次线圈就有电流；一次线圈没有电流时，二次线圈也没有电流，这种情况谓之正激。反之，当变压器一次线圈有电流时，二次线圈却没有电流；一次线圈没有电流时，二次线圈却有电流，这种情况则谓之反激。

图 7-15 为单端反激逆变电路。变压器左侧为逆变部分，右侧为整流输出部分。其工作原理是：IGBT 管 $VT_1$为半导体功率开关管，$U_d$为从电网取来的交流电经整流滤波后输入逆变器的直流电压。$VT_1$在控制脉冲的作用下周期性导通和关断，从而把直流电压 $U_d$变为中频的单向脉冲电压。此电压经中频变压器 T 降压，快速二极管 $VD_1$整流，电抗器 $L$ 和电容 $C$ 滤波，输出稳定的直流电流。

该电路具体工作过程如下：

（1）当 IGBT 管 $VT_1$导通时，直流电压 $U_d$加到变压器 T 的一次线圈 $N_1$上，其电压为上正下负，一次线圈 $N_1$中电流方向由上向下流。根据变压器原理和线圈同名端的定义，二次线圈 $N_2$与一次线圈 $N_1$的电压极性相反，即 $N_2$上感应的电压上负下正，使二极管 $VD_1$承受反压而截止，因此 $N_2$上没有电流。此时流过 $N_1$的电流所产生的电能转化为磁能被变压器 T 储存起来。

（2）当 IGBT 管 $VT_1$关断时，由于感应电动势的作用，变压器一次线圈 $N_1$上电压极性颠倒，即一次线圈 $N_1$的同名端为低电位，即 $N_1$上电压为上负下正，一次侧开路，$N_1$上无电流流通。$N_2$上的电压极性会反转过来（因为根据电磁定律，电感总是抑制电流变化），即上正下负，使 $VD_1$承受正向电压而导通，$N_2$上有电流通过，储存在变压器 T 中的能量被释放出来，加于负载。

总而言之，单端反激逆变电路通过 IGBT 管 $VT_1$按照逆变频率周期性的通断，输入的直流电被转变为断续的中频单向脉冲电压。

由于这种变换器在电子功率开关导通期间只存储能量，在关断期间才向负载传递，中频变压器在工作过程中既是变压器又相当于一个储能用电感，因此称之为“电感储能变换器”。

图 7-16 是带有去磁线圈和钳位二极管的单端正激逆变电路，变压器左侧为逆变部分，右侧为整流输出部分，该电路与单端反激逆变电路相似，只是变压器同名端有所不同（此电路变压器一次线圈 $N_1$、二次线圈 $N_2$的极性相同），同时在电路一次侧添加了去磁线圈 $N_3$和钳位二极管 $VD_3$。

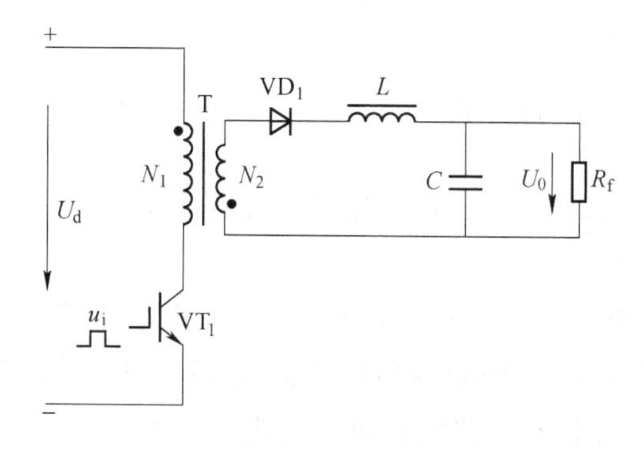


图 7-15　单端反激逆变电路

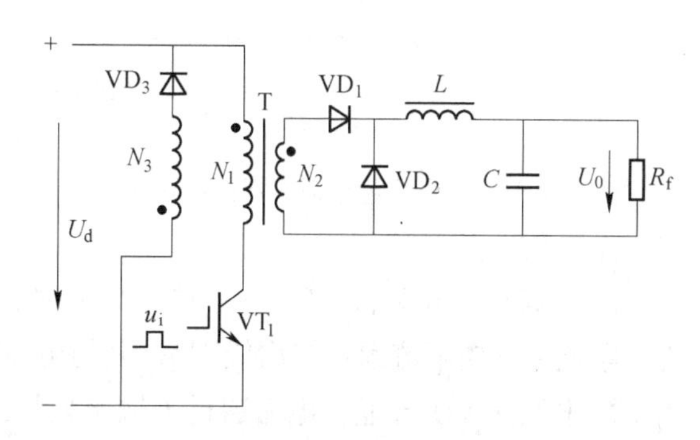


图 7-16　带有去磁线圈和钳位二极管的单端正激逆变电路

该电路的工作过程如下：

（1）当 IGBT 管 $VT_1$在给定控制脉冲信号的作用下导通时，直流电压 $U_d$加到变压器一次侧 $N_1$上，$N_1$上电压方向上正下负，电流方向由上向下。同时 $N_2$的同名端也是高电位，变压器二次回路中的二极管 $VD_1$在正向阳极电压作用下导通，而二极管 $VD_2$以及去磁线圈 $N_3$回路中的 $VD_3$截止。变压器二次回路带有负载 $R_f$，其电流方向为由上向下。变压器 $N_2$的电流不仅提供给负载电流，同时使电感 $L$、电容 $C$ 储能。

（2）当 IGBT 管 $VT_1$关断时，由于感应电动势的作用，变压器一次线圈 $N_1$上电压极性颠倒，即一次线圈 $N_1$的同名端为低电位，即 $N_1$上电压方向上负下正。若无去磁线圈 $N_3$，变压器中储存的能量将导致 $VT_1$的集电极有很高的电位幅值，使 $VT_1$工作条件变得很恶劣；加上去磁线圈 $N_3$后，当 $VT_1$关断的瞬间，变压器 T 中的能量会经过去磁线圈 $N_3$和续流二极管 $VD_3$释放，由于 $N_3$并联在直流供电电源的输出端，所以去磁线圈 $N_3$的电压被钳位于 $U_d$，而 $N_1$的电压被钳位于 $U_c(U_c = U_dN_1/N_3)$，一般取 $N_1=N_3$，则 $U_c=U_d$。当变压器 T 中的能量逐渐释放为零时，$N_1$上的感生电动势消失。一次侧开路，一次线圈 $N_1$上无电流流通。此时变压器二次线圈电压也是上负下正，二极管 $VD_1$在反向阳极电压作用下截止。续流二极管 $VD_2$在输出电感 $L$ 的作用下导通，将 $L$ 储存的能量向负载 $R_f$释放，同时 $C$ 放电，也为 $R_f$补充能量。

总而言之，带有去磁线圈和钳位二极管的单端正激逆变电路通过 IGBT 管 $VT_1$按照逆变频率周期性的通断，也将输入的直流电转变为中频的单向脉冲电压。

图 7-17 为双管钳位单端正激逆变电路，这是目前逆变式弧焊电源中应用最广泛的单端式逆变电路之一。该电路中通过两个二极管钳制电位的形式，将功率开关管端电压限制在直流电源电压 $U_d$，防止电压过冲造成半导体功率开关管损坏。

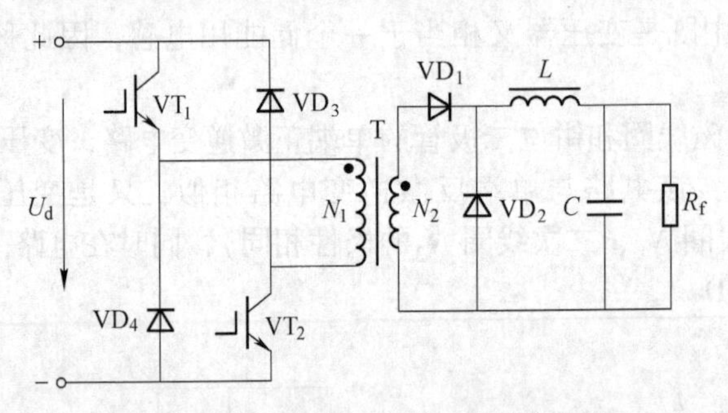


图 7-17 双管钳位单端正激逆变电路

该电路中采用了两个功率开关管 $VT_1$、$VT_2$串联，并增加两个钳位二极管 $VD_3$、$VD_4$。其工作过程为：

（1）当功率开关管 $VT_1$、$VT_2$同时导通时，变压器一次线圈 $N_1$上有电流，电压上正下负，电流由上向下流通；二次线圈 $N_2$上的电压与 $N_1$上的电压极性相同，也为上正下负。$N_2$上的电压使 $VD_1$导通，电流通过 $L$ 输出能量到负载 $R_f$，并使 $L$ 和 $C$ 储能。

（2）当功率开关管 $VT_1$、$VT_2$同时关断时，变压器 T 中 $N_1$、$N_2$的电压极性反转，在一次回路中变压器 T 上储存的能量经 $N_1$、$VD_3$、$VD_4$释放，功率开关管 $VT_1$、$VT_2$上的电压被 $VD_3$、$VD_4$钳位于 $U_d$。在二次回路中，$VD_1$截止，输出电抗器 $L$ 释放能量，通过二极

管 $VD_2$续流，同时，$C$ 通过负载 $R_L$放电，从而保持负载电流的连续。

若功率开关管 $VT_1$和 $VT_2$同时按一定频率通断，则在变压器一次侧将向二次侧传递出中频的单向脉冲电压，一次侧波形如图 7-18 所示，$u_1$为不考虑变压器感应电动势的情况下，直流输入电压 $u_d$加在一次线圈 $N_1$上的情况，$i_1$为一次线圈 $N_1$上流过的电流情况。

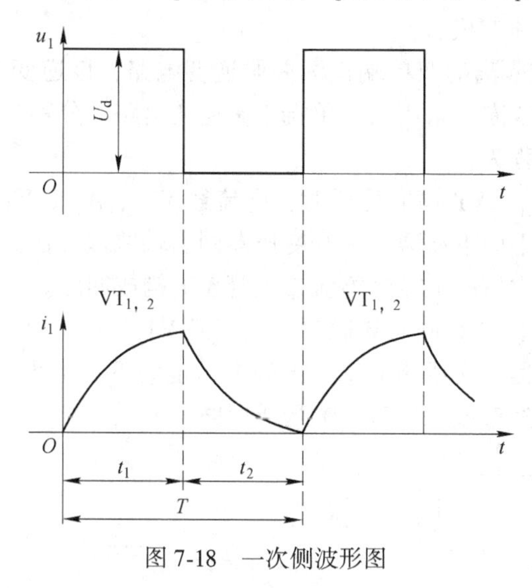


图 7-18　一次侧波形图

上述单端逆变电路是单向工作的，可利用的铁芯的磁通变化量小，因此铁芯的利用率低，变压器体积大，为了对此进行改进，提出了图 7-19 所示的双单端正激并联逆变电路和图 7-20 所示的复合隔离的双单端正激并联逆变电路。

图 7-19 所示为双单端正激并联逆变电路。该电路采用两套单端正激逆变器，其输入输出分别并联，其工作原理与双管钳位单端正激电路基本一致，两套单端正激逆变电路分时工作，共同对负载 $R_f$提供能量。通过两套单端正激逆变器的并联可以得到与全桥式逆变电路一样的转换功率；当开关频率高到一定程度时，两只单端工作的变压器与一只双端

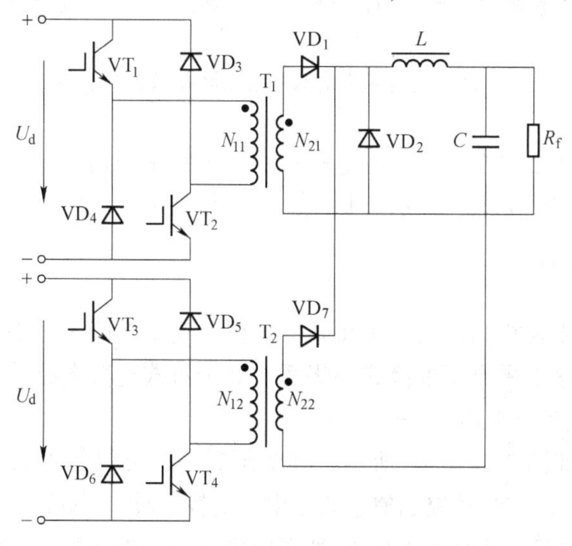


图 7-19　双单端正激并联逆变电路

工作的变压器相比，其体积、重量和造价都相近；由于该逆变电路有利于减小输出电抗器的体积和改善输出纹波，因此可以用于较大焊接电流的逆变式弧焊电源中。

双单端正激并联逆变电路的端电压为直流电源电压 $U_d$，变压器利用率也提高，只是多了一个一次线圈。该电路中所需电子元器件较多，除需要 4 只功率开关管外，还需要 4 只钳位二极管（也称续流二极管）。

图 7-20 所示为复合隔离的双单端正激并联逆变电路，该逆变电源中的变压器具有两个一次线圈和一个二次线圈。采用两个单端正激逆变电路，分别与变压器其中的一个一次线圈相连接。其工作过程为：

（1）当 IGBT 管 $VT_1$、$VT_2$ 同时导通时，电流经 $VT_1$、$N_{11}$、$VT_2$ 构成回路导通，$N_{11}$ 的电压上正下负，电流由上向下流通；根据变压器同名端原理，在变压器二次线圈上感应出的电压为上正下负，二次侧的电流经整流二极管 $VD_1$ 构成回路。

（2）当 IGBT 管 $VT_3$、$VT_4$ 同时导通时，电流经 $VT_3$、$N_{12}$、$VT_4$ 构成回路导通，$N_{12}$ 的电压下正上负，在变压器二次线圈上感应出的电压也为下正上负，与 $VT_1$、$VT_2$ 同时导通时相反，二次侧的电流经整流二极管 $VD_7$ 构成回路。

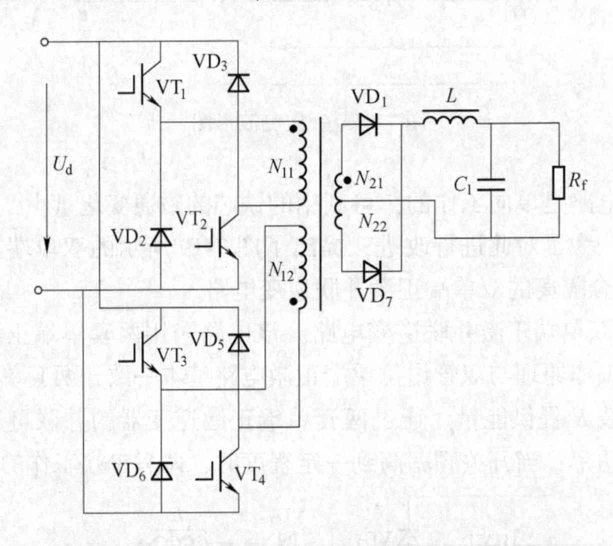


图 7-20 复合隔离的双单端正激并联逆变电路

总而言之，通过两个单端正激逆变电路按照一定频率周期性轮流导通，可在变压器的二次回路中产生矩形波交流电，并通过整流滤波电路输出直流电。

### 7.3.2 双端式逆变电路

双端式逆变电路主要指推挽式、半桥式和全桥式逆变电路，其中半桥式和全桥式逆变电路应用最为广泛。接下来介绍推挽式、半桥式和全桥式逆变电路的工作原理。

#### 7.3.2.1 推挽式逆变电路

推挽式逆变电路如图 7-21（a）所示，其变压器一次绕组包含上下匝数相等的两部分 $N_{11}$ 和 $N_{12}$，IGBT 管 $VT_1$、$VT_2$ 在控制信号的作用下交替导通，相邻两个控制脉冲信号之间的相位相差 180°，从而使得输入直流电压 $U_d$ 被变换成矩形波交流电压。其具体工作过程如下：

（1）当 $VT_1$ 导通，$VT_2$ 截止时，输入直流电压 $U_d$ 经过 $VT_1$ 施加到变压器的一次绕组的上部分 $N_{11}$ 上，其电压为上负下正，电压及电流方向如图 7-21（b）中虚线箭头所示。根据电磁感应定律，一次绕组 $N_{11}$ 和 $N_{12}$ 串联将产生 $2U_d$ 电压，并作用于 $VT_2$ 上。

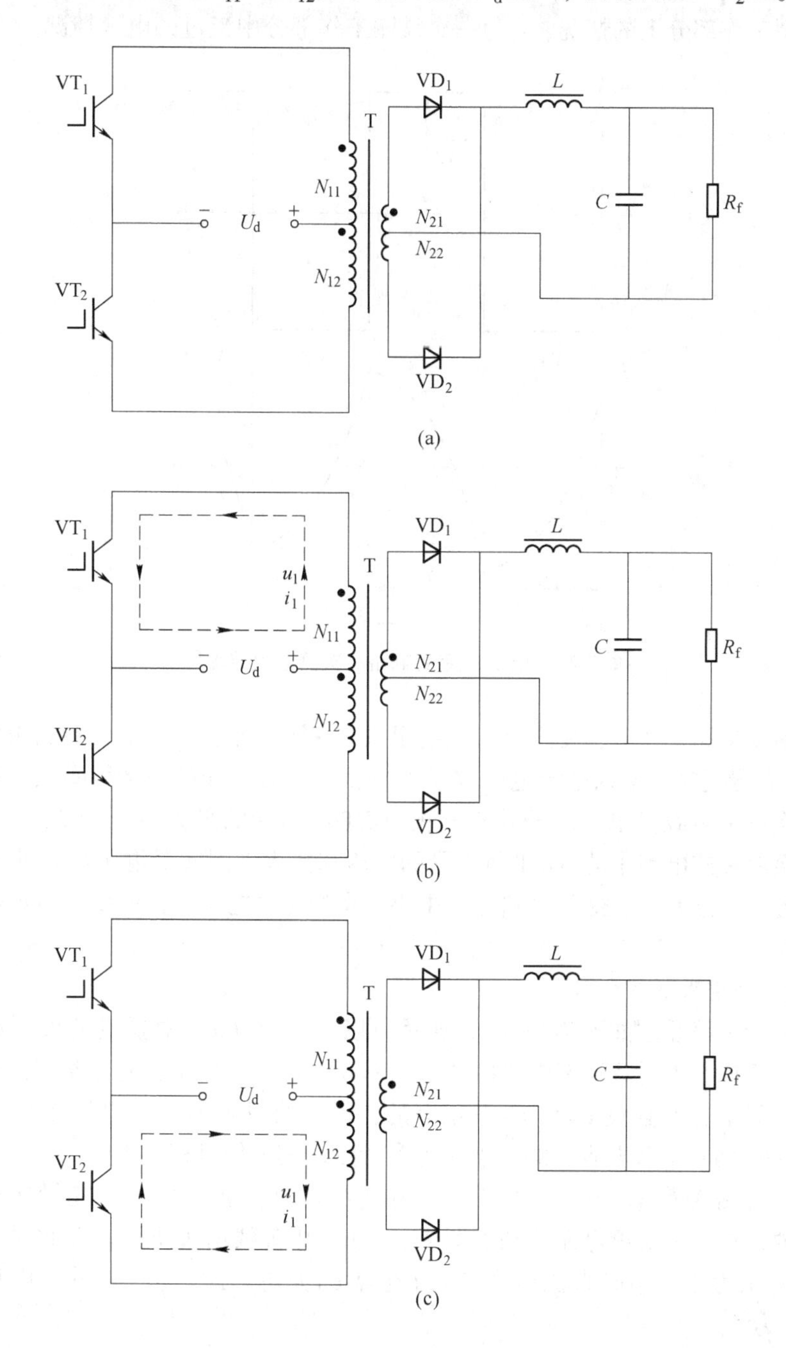


图 7-21　推挽式逆变电路原理图

（a）推挽式逆变电路图；（b）$VT_1$ 导通时的电流流向；（c）$VT_2$ 导通时的电流流向

（2）当 $VT_2$ 导通，$VT_1$ 截止时，工作过程与上述过程类似，电压和电流方向相反，如

图 7-21（c）中虚线箭头所示。

总而言之，推挽式逆变电路通过 $VT_1$、$VT_2$周期性轮流通断，从而把直流电逆变为交流电。其波形如图 7-22 所示，$u_1$为不考虑变压器感应电动势的情况下，直流输入电压 $u_d$加在一次线圈工作部分上的情况，$i_1$为一次线圈工作部分中流过的电流情况。

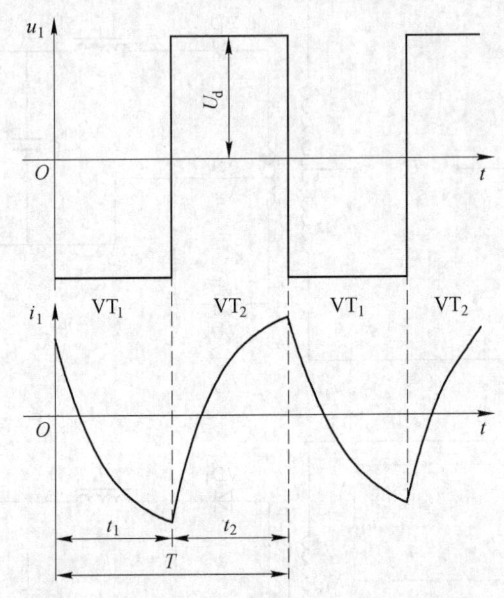


图 7-22　推挽式逆变电路一次侧输出波形图

推挽式逆变电路工作时，变压器一次绕组只有一半工作，所以变压器利用率较低。当某一只 IGBT 管导通时，输入整流电压 $U_d$直接作用于正在工作的一半线圈上，并通过变压器传递到二次侧为负载供电。电子功率开关 IGBT 所承受的最大电压为 $2U_d$，比全桥式、半桥式、甚至单端式电路中的 IGBT 所承受的电压都要大，因此对电子功率开关的性能要求比较高。鉴于上述原因，这种电路适于中小功率的逆变电源，在逆变式弧焊电源中很少被采用。

7.3.2.2　半桥式逆变电路

半桥式逆变电路原理如图 7-23（a）所示，以图 7-23（a）中虚线箭头所示的电压和电流方向为正方向。半桥式逆变电路由两只功率开关管，两只储能电容器和耦合变压器等组成，一般两只电容的容量 $C_1$和 $C_2$是相等的，因此两只电容上的电压是相等的，各为 $U_d/2$。该电路以两只串联电容器的中点作为参考点。其工作过程如下：

（1）当功率开关管 $VT_1$在控制电路的作用下导通时，电容 $C_1$上的能量通过变压器一次侧线圈释放，此时一次侧电流流动如图 7-23（b）中虚线箭头所示，即此时一次线圈上输出电压和电流为正。同时直流电压 $U_d$为电容 $C_2$充电。此时，$VT_1$承受电压为 $U_d/2$，$VT_2$承受电压为 $U_d$。

（2）当功率开关管 $VT_2$在控制电路的作用下导通时，电容 $C_2$上的能量通过变压器一次侧线圈释放；此时一次侧电流流动如图 7-23（c）中虚线箭头所示，即此时一次线圈上输出电压和电流为负。同时直流电压 $U_d$为电容 $C_1$充电。此时，$VT_2$承受电压为 $U_d/2$，$VT_1$承受电压为 $U_d$。

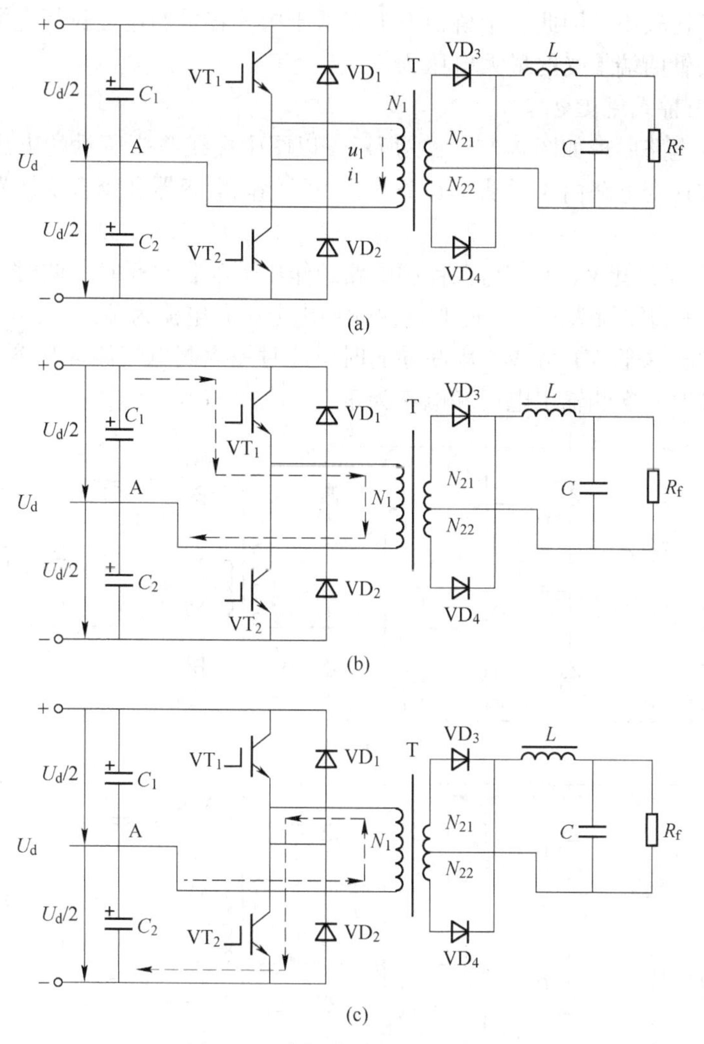


图 7-23 半桥式逆变电路原理图

（a）半桥式逆变电路图；（b）$VT_1$导通时的电流流向；（c）$VT_2$导通时的电流流向

若功率开关管 $VT_1$ 和 $VT_2$ 按一定频率轮流导通，则变压器一次侧将向二次侧传递出矩形波交流电能。其波形如图 7-24 所示，$u_1$ 为不考虑变压器感应电动势的情况下，直流输入电压 $u_d$加在一次线圈 $N_1$上的情况，$i_1$为一次线圈 $N_1$上流过的电流情况。

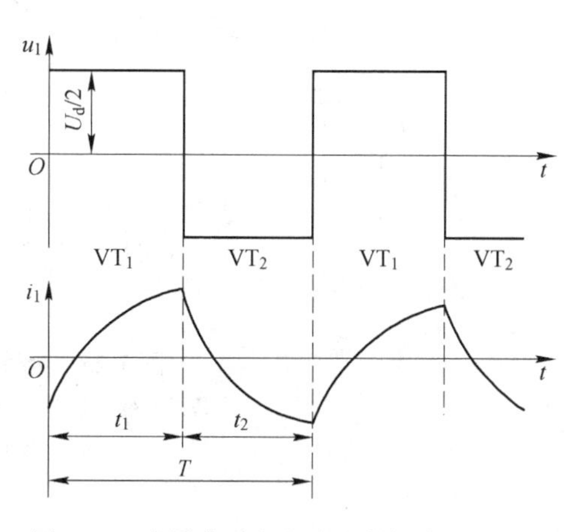


图 7-24 半桥式逆变电路一次侧输出波形图

总而言之，半桥式逆变电路通过 $VT_1$、$VT_2$周期性轮流通断，从而把直流电逆变为矩形波交流电。

半桥式逆变电路中变压器一次线圈的电压只是直流供电电源电压的一半，所以半桥逆变电路的输出功率比较小。因此，半桥逆变电路适于中等容量的逆变弧焊电源。在半桥式逆变电路中，开关管两端承受的最大电压为 $U_d$。

7.3.2.3 全桥式逆变电路

全桥式逆变电路原理如图 7-25（a）所示，以图中虚线箭头所示的电压和电流方向为正方向。全桥式逆变电路由 4 只功率开关管、一只储能电容器和耦合变压器等组成。其工作过程如下：

（1）当功率开关管 $VT_1$ 和 $VT_4$ 在控制电路的作用下串联导通时，此时一次侧电流流动如图 7-25（b）中虚线箭头所示，此时一次侧输出电压和电流为负。

（2）当功率开关管 $VT_2$ 和 $VT_3$ 串联导通时，此时一次侧电流流动如图 7-25（c）中虚线箭头所示，此时一次侧输出电压和电流为正。

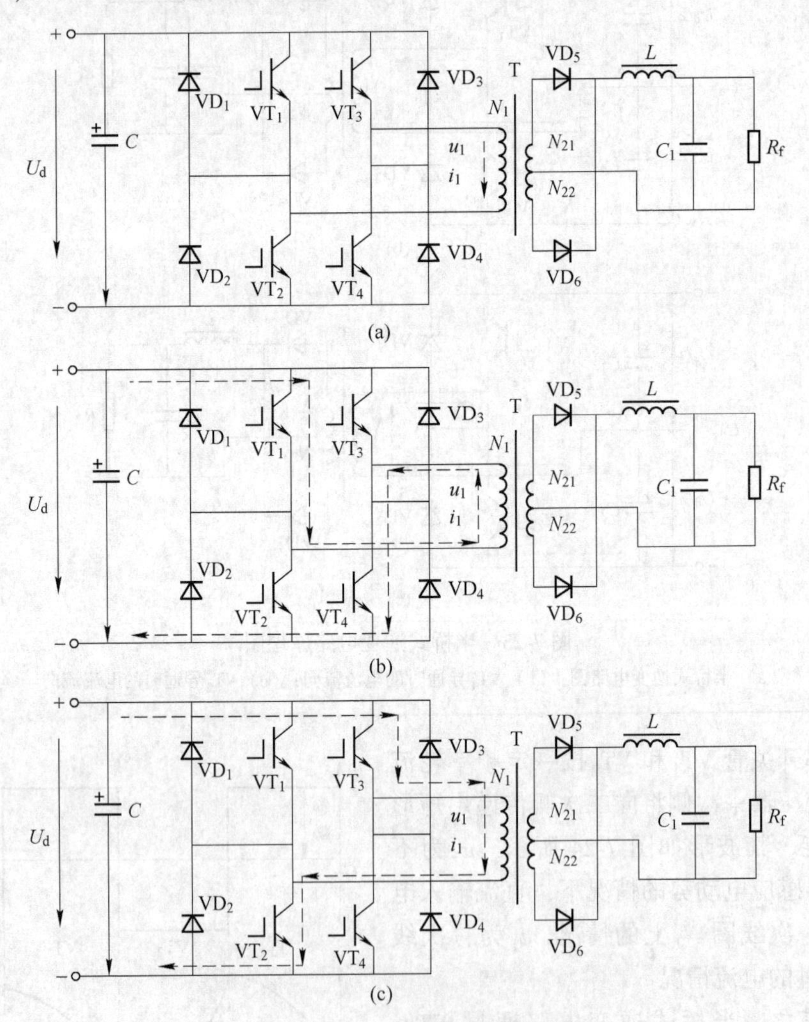


图 7-25 全桥式逆变电路原理图

（a）全桥式逆变电路图；（b）$VT_1$、$VT_4$ 导通时的电流流向；

（c）$VT_2$、$VT_3$ 导通时的电流流向

若功率开关管 $VT_1$、$VT_4$ 和 $VT_2$、$VT_3$ 按一定频率轮流导通，则变压器一次侧将向二次

侧传递出矩形交流电能。其波形如图 7-26 所示，$u_1$为不考虑变压器感应电动势的情况下，直流输入电压 $u_d$加在一次线圈 $N_1$上的情况，$i_1$为一次线圈 $N_1$上流过的电流情况。

总而言之，全桥式逆变电路通过 $VT_1$、$VT_4$和 $VT_2$、$VT_3$周期性轮流通断，从而把直流电逆变为交流电。

$VT_1$ ~ $VT_4$开关管承受的最大正向电压为 $U_d$。在全桥式逆变电路工作时，输入整流电压 $U_d$直接作用于变压器上，利用率高，适用于大、中功率输出。但该逆变电路中需要 4 只（组）半导体功率开关管，驱动电路较为复杂，抗不平衡能力较差。

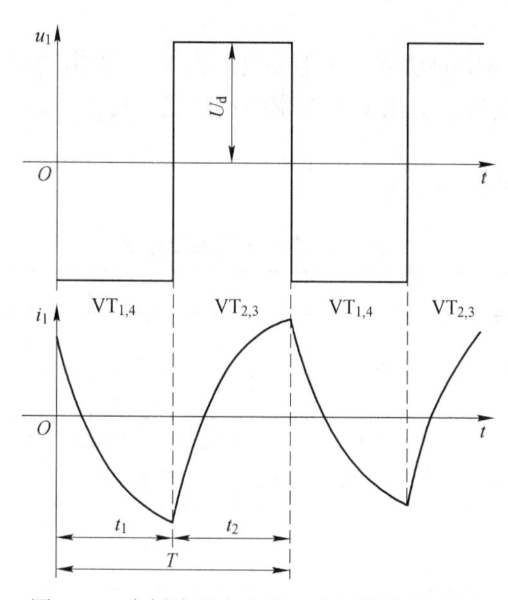


图 7-26　全桥式逆变电路一次侧输出波形图

### 7.3.3　常用逆变电路的特点

前面介绍了单端式和双端式逆变电路，本节主要对其特点与应用进行简单介绍。

7.3.3.1　单端式逆变电路

单端式逆变电路的特点：

（1）功率开关器件少，电路简单。

（2）不存在功率开关器件的直通问题，工作可靠性高。

（3）变压器单向工作，不存在电路不平衡造成的偏磁饱和问题。

（4）与半桥式、全桥式逆变电路相比，其功率开关管承受的电压高。

（5）由于变压器是单向工作，可利用的铁芯的磁通变化量小，因此铁芯利用率低，变压器体积大。复合隔离的双单端并联逆变电路对此进行了改进。

（6）功率传输的占空比小，一般不到 50%，所以输出功率小。

7.3.3.2　双端式逆变电路

双端逆变电路是指推挽式、半桥式和全桥式逆变电路，不包括由单端正激电路演变而来的复合隔离的双单端正激并联逆变电路等。

双端式逆变电路的特点：

（1）推挽式逆变电路所用的功率开关器件少，输出功率大，但开关管的电压高，适用于直流输入电压比较低的逆变器。由于逆变式弧焊电源的输入电压较高，功率较大，因此该电路在逆变式弧焊电源中应用较少。

（2）半桥式逆变电路所用的功率开关器件少，开关管的电压不高，驱动脉冲电路简单，抗电路不平衡能力强，但电路中需要两个大电容器，而且输出功率较小，适用于中小功率的逆变器，该电路在逆变式弧焊电源中得到较多的应用。为了增大输出功率，也可以采用双半桥逆变电路的并联，其形式类似于双单端正激并联逆变电路，即输入输出分别并联。

（3）全桥式逆变电路中的功率开关管的电压不高，输出功率大，但所用功率开关器件较多，驱动电路比较复杂，适用于大功率的逆变器。目前，该电路在逆变式弧焊电源中应用较多。

几种逆变电路性能的比较见表7-3。

**表7-3 逆变电路性能比较**

| 项 目 | 形 式 | | | |
|---|---|---|---|---|
| | 推挽式 | 全桥式 | 半桥式 | 单端式<br>两个IGBT，二极管钳位 |
| IGBT集射极间最大电压 | 稳态为$2U_d$，<br>瞬态过程二极管钳位于$2U_d$ | 稳态为$U_d$，瞬态过程<br>二极管钳位于$U_d$ | 同全桥式 | 截止期二极管钳<br>位于$U_d$ |
| 相同输出功率时集电极电流 | $I_c$ | $I_c$ | $2I_c$ | $2I_c$ |
| 中频变压器上施加的电压 | $U_d$ | $U_d$ | $U_d/2$ | $U_d$ |
| IGBT数量 | 2 | 4 | 2 | 2 |
| 滤波电容数量 | 1 | 1 | 2 | 1 |

## 7.3.4 逆变式弧焊电源的变压器

变压器是逆变弧焊电源的重要组成部分，具有将负载与电网的隔离、功率传输、降压等功能，对逆变器的效率和工作的可靠性以及输出电气性能起着非常重要的作用。与普通的变压器相比，逆变式弧焊电源中的中频变压器工作频率较高，一般为2~30kHz，现在常用的IGBT式逆变弧焊电源中应用较多的是20kHz，而且为矩形波脉冲，因此与普通变压器相比，在磁性材料的选择以及工作原理等方面具有不同的特点。

逆变弧焊电源变压器的常用磁性材料有超薄硅钢片、铁氧体、非晶态合金、微晶合金等。目前应用较多的是铁氧体与非晶或微晶合金磁性材料。常用的变压器计算公式如式（7-3）所示，该式是由正弦波交流电得到的。逆变式弧焊电源的中频变压器变换的是矩形波，该公式不再适用。根据方波交流波形，可以得到逆变变压器的计算公式如式（7-4）所示。

$$U = 4.44fNBS \tag{7-3}$$

$$U = 4fNBS \tag{7-4}$$

# 7.4 输入输出电路

上一节学习了各类逆变电路的工作原理，逆变电路是逆变式弧焊电源的核心部分，也是中心部分，通常它的输入端是从电网上取来的交流电经整流滤波后的直流电；该直流电经逆变电路逆变后，转变为中频的单向脉冲电压或矩形波交流电；随后再经过输出整流、滤波成为平稳的直流电后输送给电弧进行焊接。

为了完整掌握逆变式弧焊电源的工作原理，接下来对为逆变电路提供直流电的输入电路和对逆变电路产生的交流电进行整流滤波的输出电路进行讲解。

## 7.4.1 整流滤波电路

从逆变式弧焊电源的结构及工作原理可以发现，其输入电路和输出电路均为整流滤波电路。其中输入电路是对电网上取来的工频交流电进行整流滤波，所得结果提供给逆变电路作为其输入直流电。而输出电路则是对逆变电路所产生的中频矩形波交流电进行整流滤波，所得结果提供给电弧进行焊接。因此输入电路和输出电路本质上都是整流滤波电路，因此，在学习输入电路和输出电路的具体内容前，先简单学习整流滤波电路的分类和工作原理。

整流电路的作用是将交流电转换成直流电。电源电路中的整流电路主要有半波整流电路、全波整流电路、桥式整流电路、倍压整流电路和晶闸管整流电路。在逆变式弧焊电源输入电路和输出电路中，常用到半波整流、全波整流及桥式整流电路，这里对这 3 种整流电路及其工作原理进行介绍。

### 7.4.1.1 半波整流电路

半波整流滤波电路如图 7-27 所示。电路中 $N_2$ 为变压器的二次线圈，$u$ 是变压器的二次线圈为后续整流滤波电路提供的交流电压，$VD_1$ 是整流二极管，$VD_2$ 是续流二极管，$L$ 和 $C$ 为滤波器件，$U$ 为整流滤波所得直流电压。

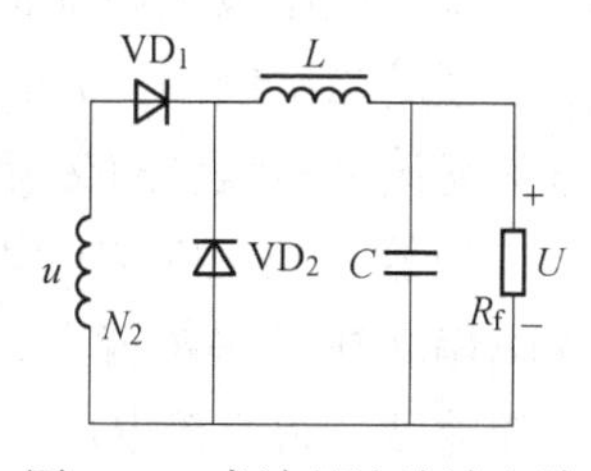

图 7-27 半波整流滤波电路

当交流电压 $u$ 的信号为正半周期时，整流二极管 $VD_1$ 承受正向电压而导通，这样正半周交流电压通过 $VD_1$ 对 $L$ 和 $C$ 进行充电储能，同时经滤波后在输出端输出较为平缓的直流电 $U$。当交流电压 $u$ 的信号为负半周期时，整流二极管 $VD_1$ 承受反向电压而关断，此时 $L$ 放电为输出端提供较为平缓的直流电，再经续流二极管 $VD_2$ 形成回路，同时 $C$ 也释放能量，为输出端提供能量。这样循环往复，交流电 $u$ 经整流滤波后，转变为较为平缓的直流电 $U$。半波整流过程中，交流电在负半周期时，整流滤波器输出的直流电是储能器件在正半周期时储存的，事实上，交流电 $u$ 负半周期的能量是被白白舍弃掉，没有被有效利用的。

半波整流电路非常简单，但输出电压的脉动度很大，整流效率很低，所以在电子电路中应用很少。实用中大多采用全波整流电路和桥式整流电路。

### 7.4.1.2 全波整流滤波电路

半波整流电路中，负载上只能得到正弦电压波形的一半，另一半白白舍弃掉了，所以整流效率很低。如果能把正弦交流电的正、负两个半波都利用起来，输出电压的脉动度会大大减小，整流效率也将得到显著提高。全波整流电路就是实现这一设想的实用电路，其电路如图 7-28 所示。

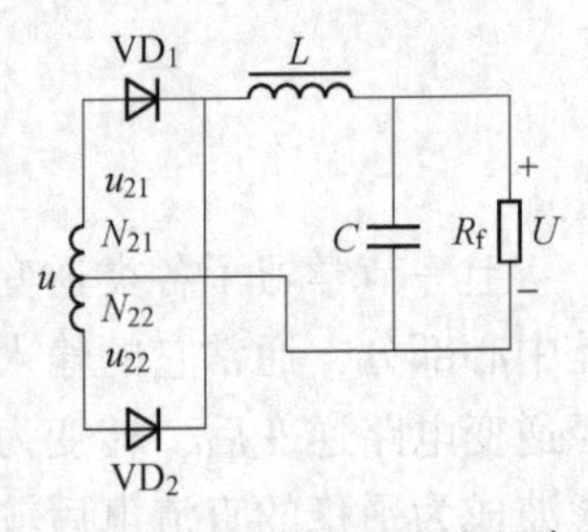

图 7-28　全波整流滤波电路

全波整流滤波电路由带中心抽头的变压器二次线圈 $N_2$（其上半部分记作 $N_{21}$，下半部分记作 $N_{22}$），$u$ 是变压器的二次线圈为后续整流滤波电路提供的交流电压（线圈 $N_{21}$ 上分的为 $u_{21}$，线圈 $N_{22}$ 上分的为 $u_{22}$），$VD_1$ 和 $VD_2$ 是整流二极管，$L$ 和 $C$ 为滤波器件，$U$ 为整流滤波所得直流电压。

当交流电压 $u$ 的信号为正半周期时，线圈 $N_{21}$ 上分的 $u_{21}$ 和线圈 $N_{22}$ 上分的 $u_{22}$ 均为上正下负，此时整流二极管 $VD_1$ 承受正向电压而导通，而整流二极管 $VD_2$ 承受反向电压而关断，这样正半周期交流电压 $u$ 分到线圈 $N_{21}$ 上分的 $u_{21}$ 途经 $VD_1$，同时经 $L$ 和 $C$ 滤波后，在输出端输出较为平缓的直流电 $U$。当交流电压 $u$ 的信号为负半周期时，线圈 $N_{21}$ 上分的 $u_{21}$ 和线圈 $N_{22}$ 上分的 $u_{22}$ 均为上负下正，此时整流二极管 $VD_1$ 承受反向电压而关断，而整流二极管 $VD_2$ 承受正向电压而导通，这样负半周期交流电压 $u$ 分到线圈 $N_{22}$ 上分的 $u_{22}$ 途经 $VD_2$，同时经 $L$ 和 $C$ 滤波后，在输出端输出较为平缓的直流电 $U$。不论交流电压 $u$ 的信号为正半周期还是负半周期，流经负载的电流始终是自上向下，为较为平缓的直流电。

当交流电进入下一个周期时，又重复上述过程。可见，交流电的正负半周期使 $VD_1$ 与 $VD_2$ 轮流导通，在负载上总是得到自上而下的单向脉动直流电。与半波整流相比，它有效地利用了交流电的负半周期。

7.4.1.3　桥式整流滤波电路

桥式整流滤波电路如图 7-29 所示，电路中 $N_2$ 为变压器的二次线圈，$u$ 是变压器的二次线圈为后续整流滤波电路提供的交流电压，$VD_1$ ~ $VD_4$ 是 4 个整流二极管，$VD_1$ 和 $VD_3$ 串联在同一桥臂上，$VD_2$ 和 $VD_4$ 串联在另一桥臂上，$L$ 和 $C$ 为滤波器件，$U$ 为整流滤波所得直流电压。

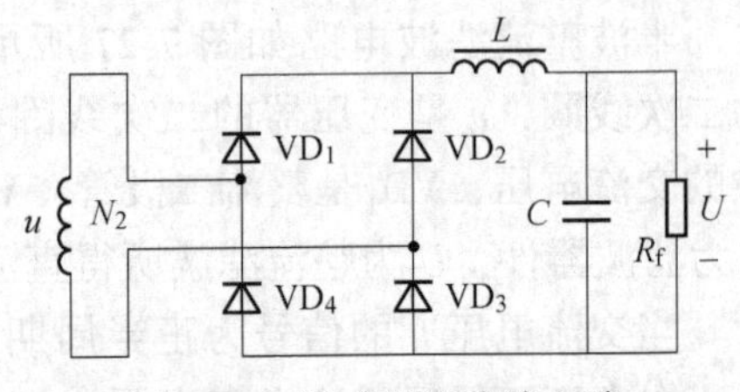

图 7-29　桥式整流滤波电路

当交流电压 $u$ 的信号为正半周期时，线圈 $N_2$ 上的电压为上正下负，此时整流二极管 $VD_1$ 和 $VD_3$ 承受正向电压而导通，而 $VD_2$ 和 $VD_4$ 承受反向电压而关断，这样正半周期交流电压 $u$ 途经 $VD_1$ 和 $VD_3$，同时经 $L$ 和 $C$ 滤波后，在输出端输出较为平缓的直流电 $U$。当交流电压 $u$ 的信号为负半周期时，线圈 $N_2$ 上的电压为上负下正，此时整流二极管 $VD_2$ 和 $VD_4$ 承受正向电压而导通，而 $VD_1$ 和 $VD_3$ 承受反向电压而关断，这样负半周期交流电压 $u$ 途经 $VD_2$ 和 $VD_4$，同时经 $L$ 和 $C$ 滤波后，在输出端输出较为平缓的直流电 $U$。不论交流电压 $u$ 的信号为正半周期还是负半周期，流经负载的电流始终是自上向下，是较为平缓的直流电。

当交流电进入下一个周期时，又重复上述过程。可见，交流电的正负半周期使 $VD_1$ 和 $VD_3$ 与 $VD_2$ 和 $VD_4$ 轮流导通，在负载上总是得到自上而下的单向脉动直流电。桥式整流滤波电路由于电路的性能良好，对器件的要求低，因而得到了广泛的应用。

## 7.4.2 输入整流滤波电路

7.4.2.1 抗电磁干扰器件

逆变式弧焊电源是一种工作在开关状态的焊接电源，如果不经任何处理就接入电网，则其工作过程会对电网产生严重的电磁干扰。加之逆变式弧焊电源的容量较大，工作时其电磁干扰能量很强，因此必须采取措施抑制电磁干扰，避免对电网造成严重污染，而引起其他设备不能正常工作。通常情况下，在逆变电源的输入端连接电磁干扰滤波器（electric magnetic interrupt，EMI）（又称电源滤波器），防止电磁干扰对电网的污染。图 7-30 所示是一个单相输入逆变弧焊电源的输入电路，在其输入端连接了 EMI 电磁干扰滤波器，这样既可以减少逆变弧焊电源对电网的污染，同时也可以抑制电网对逆变弧焊电源传导的电磁干扰。

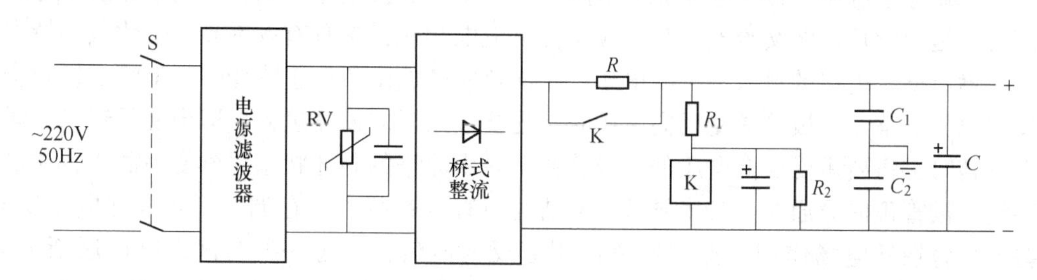


图 7-30 逆变式弧焊电源的输入电路

电源输入电路中还采用压敏电阻 RV，它的作用是抑制电压尖峰，将其波峰削掉，防止电压尖峰对电路中元器件的瞬时冲击；也可以在输入回路中串联适当电感抑制电流突变对网路的影响。此外，还在输入整流的输出侧并联电容 $C_1$ 和 $C_2$ 滤去一些干扰噪声。

7.4.2.2 输入整流电路

逆变式弧焊电源的输入整流电路一般为桥式整流电路，它将电网的工频交流电整流成为具有一定脉动的直流电。对于单相 220V 和三相 380V 输入交流电，分别采用单相桥式和三相桥式整流模块进行整流。由于输入电压比较高，再加上电压电流快速变化造成的尖峰冲击，整流模块应具有较高的耐压值。理论和实验证明，在交流 380V 输入电压的整流电路中，整流模块的耐压值至少应达到 1200V。

7.4.2.3 输入滤波器件

输入滤波器是将输入整流电路得到的脉动直流电进行平滑滤波而得到纹波较小的直流，并提供给逆变电路。由于逆变电路要求输入电路提供的直流电纹波要尽量小，因此输入电路中往往采用大容量的电容进行滤波。

7.4.2.4 限流器件

由于输入整流滤波电路中采用大容量的电容，在合闸通电后的极短时间内，大容量电容的充电电流很大，因此形成合闸浪涌电流。浪涌电流的大小因合闸时电网电压相位不同而有很大差别，最大可达几百安培以上，对电容有强烈冲击，会影响电容的使用寿命，甚至会破坏滤波电容。因此，在合闸时需要采用限流装置限制浪涌电流。

图 7-30 中电阻 $R$ 即为限流电阻，当开关 S 闭合时，经桥式整流得到的直流电经电阻 $R$ 向滤波电容 $C$ 充电，从而限制了充电电流的最大值。但焊接时回路中的电流是很大的，

因此即使限流电阻 $R$ 的阻值很小，焊接过程中也会消耗大量的功率，显然合闸之后，待电路稳定后应该将限流电阻 $R$ 短接，减小损耗。为此，设计了继电器 K。

当开关 S 闭合时，经桥式整流得到的直流电经电阻 $R$ 向滤波电容 $C$ 充电，随着电容 $C$ 上电压的增大，充电电流逐渐减小，经过适当时间后，电容 $C$ 上已有较高电压，充电电流比较小时，使继电器 K 导通，其动合触点 K 闭合将电阻 $R$ 短接，限流作用消失。此时电容 $C$ 上不会产生太大的充电电流，同时也发挥了电容的滤波作用。利用 $R$ 限流的时间一般应超过电容充电时间常数的 3 倍。限流作用只在合闸瞬间是必要的，待电路正常工作后，若仍进行限流，则在 $R$ 上会产生很大的功耗。

### 7.4.3 输出整流滤波电路

逆变弧焊电源中，输出整流滤波电路与输入整流滤波电路不同，输出整流滤波电路的整流对象是中频矩形波交流电，与工频正弦交流电相比，它具有频率高、变化快的特点。

在输出整流电路的输入端，当电压由正向负跳变或由负向正跳变时，整流二极管会承受反向电压。整流二极管承受反向电压时首先要进入反向恢复过程，即当变压器二次线圈极性反转时，将要承受反向电压的二极管并不是由原来的导通状态立刻变为截止，这是因为整流二极管正向导通时，其半导体 PN 结两边有少数载流子存储，一旦外加电压反向，这些电荷将在外电场作用下漂移回来而引起反向电流，经过一段时间，电荷逐渐消失，PN 结恢复反向阻断能力，这种现象称为二极管的反向恢复。反向恢复时间用 $t_{rr}$ 表示，它定义为流过二极管电流从正向下降到零时开始，到反向电流 $I_R$ 衰减到它的峰值的 25%时为止的时间。由于逆变弧焊电源的变压器一般输出频率较高的矩形波交流电，整流二极管承受的反向电压是突然增大的，而不像正弦波那样平缓施加，因此逆变式弧焊电源输出整流电路中，应选用反向恢复速度快的二极管，即快速恢复二极管。

逆变弧焊电源输出滤波器主要作用是对整流得到的脉动直流电进行平滑滤波，以保证小电流焊接电弧连续，满足直流电弧焊接的要求。一般采用电感 $L$ 作为滤波器，称为输出电抗器。由于逆变式弧焊电源输出整流得到的脉动频率高，因此滤波电感值比普通晶闸管整流式弧焊电源的直流滤波电感值要小得多，电抗器体积也较小，其磁性材料可以采用铁氧体或微晶合金材料。

## 7.5 时间比率控制和驱动部分简介

为了对弧焊逆变电源进行灵活控制，需对其逆变电路中的半导体功率开关管的通断进行控制，目前，大多数逆变电源都采用了时间比率控制，接下来就对此进行介绍。

### 7.5.1 时间比率控制

时间比率控制（time ratio control，TRC）是指由时间比率控制电路产生的脉冲信号对半导体功率开关管的通断进行控制的一种控制方法。它通常有 PWM、PFM 和 PWM-PFM 三种控制模式。

#### 7.5.1.1 PWM 控制

PWM（pulse width modify）控制即脉冲宽度控制方式，也可以称为“定频率调脉宽”控制方式。此控制方式是在频率不变的条件下，通过调节脉冲宽度来调节逆变器的输出能量的。

图 7-31 所示是逆变式弧焊电源中采用的 PWM 控制示意图。控制脉冲的频率保持不变，恒为 $1/T$，改变脉冲宽度（$T_{11}>T_{21}>T_{31}$），即改变了逆变式弧焊电源输出电压（$U_1>U_2>U_3$）或电流的平均值，脉冲宽度越宽，平均值越大。输出的脉冲电压或电流经过滤波处理，则可获得连续的、比较平滑的直流电。

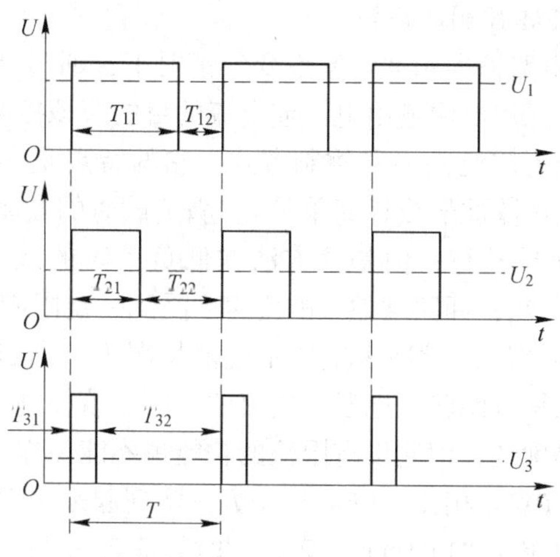

图 7-31　PWM 控制方式示意图

7.5.1.2　PFM 控制

PFM（pulse frequency modify）控制，即脉冲频率控制方式，也就是“定脉宽调频率”控制方式。PFM 控制是在脉冲宽度保持不变的条件下，通过改变脉冲频率来调节逆变器的输出的。

图 7-32 所示是逆变式弧焊电源中采用的 PFM 控制示意图。控制脉冲的宽度保持不变，改变脉冲频率（$1/T_1>1/T_2>1/T_3$），即改变了逆变式弧焊电源输出电压（$U_1>U_2>U_3$）或电流的平均值，频率越高，平均值越大。输出的脉冲电压或电流经过滤波处理，则可获得连续的、比较平滑的直流电。

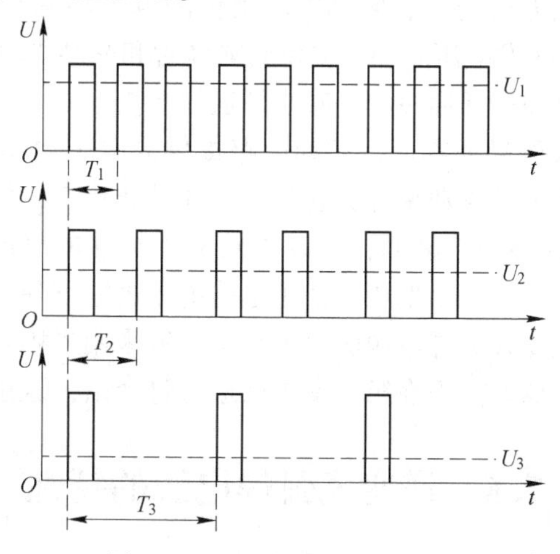

图 7-32　PFM 控制方式示意图

7.5.1.3 PWM-PFM 混合控制

混合调节是把定脉宽调频率和定频率调脉宽两种机制结合起来调节。如晶闸管式弧焊逆变器，因其换流频率受到逆变主电路容抗、感抗参数的制约，其调节范围不够大，因而除了用改变逆变器来均匀调节焊接参数之外，还通过换向电容的换挡来进行粗调，此时脉宽也随之改变。

7.5.1.4 PWM 与 PFM 控制的比较

PWM 控制是在控制电路输出脉冲频率不变的情况下，通过调整其占空比，利用脉冲宽和窄的变化，达到调整弧焊电源输出电压或电流的目的。该控制方式是目前逆变弧焊电源乃至开关电源中应用最为广泛的一种控制方式，它的特点是噪声小（输出电压电流纹波小，开关频率固定，噪声滤波器设计简单等），满负载时的效率高，且能工作在连续导电模式状态，控制方法简单易行；但是该方法在低负荷时的效率较 PFM 差，而且由于 PWM 控制误差放大器的影响，回路增益及响应速度受到一定限制。

PFM 控制是在控制电路输出脉冲占空比不变的情况下，通过调整其频率，利用脉冲的有无变化，达到调整弧焊电源输出电压或电流的目的。该控制方法具有静态功耗小、效率高、动态响应速度快等优点，但它没有限流的功能也不能工作于连续导电模式，滤波困难（谐波频谱太宽），与 PWM 相比，PFM 控制方法实现起来不太容易，IC 价格要贵。

PWM-PFM 兼有 PWM 和 PFM 的特点，若需同时具备 PFM 与 PWM 的优点的话，可选择 PWM/PFM 切换控制方式，在重负荷时采用 PWM 控制，低负荷时自动切换到 PFM 控制。

### 7.5.2 驱动部分简介

驱动电路处于控制电路和主电路之间，它应该具备两个功能。第一，它应具有功率放大的功能，将时间比率控制器输出的脉冲信号进行功率放大，使其能够驱动主电路中的半导体功率开关器件；第二，它应具有隔离作用，使控制电路和主电路之间无直接的电气联系。

为了加速 IGBT 等半导体功率开关管的开通和关断过程，减小开关损耗，驱动电路的功率放大功能应满足以下要求：

（1）半导体功率开关管开通时，驱动电路提供的电子功率开关触发电压或电流脉冲（提供给 IGBT、MOSFET 触发电压脉冲，提供给晶体管和晶闸管触发电流脉冲）有快速上升沿，并有一定的过冲以加速开通过程，减小开通损耗。

（2）半导体功率开关管导通期间，驱动电路提供的电子功率开关触发电压或电流在任何负载情况下都能保证半导体功率开关管处于饱和导通状态，保证较低的导通损耗。

（3）半导体功率开关管关断瞬间，驱动电路提供足够的反向触发驱动电压或电流，以迅速抽出剩余载流子，并加反向偏压，使主电路电流迅速下降，减小关断损耗。

在隔离技术方面，逆变式弧焊电源驱动电路中一般采用光耦合器或脉冲变压器实现控制电路和主电路的电气隔离。前面在第 6 章中已进行过介绍，这里不再赘述。

## 7.6 逆变式弧焊电源的特性

为了满足弧焊工艺的要求，弧焊逆变器的输出电气特性必须具有相应的适应性。电气特性主要包括外特性、调节性能和动特性。逆变式弧焊电源是电子控制的弧焊电源，对外特性、调节特性、动特性等特性的控制主要是在电源自然输出特性的基础上，通过电子控制电路对脉冲输出的时间比率的调节来实现的。因此本节首先学习逆变式弧焊电源的自然输出特性，然后在此基础上学习其外特性、调节特性和动特性。

### 7.6.1 逆变式弧焊电源的自然输出特性

电源自然输出特性是指在无负反馈控制以及半导体功率开关通断时间比率保持不变的条件下电源的输出特性。半导体功率开关通断时间比率通常用占空比来表示，所谓占空比是指在整个脉冲周期中，脉冲峰值时间所占的比例，也就是半导体功率开关导通时间在整个开关通断周期中所占的比例。

图 7-33 所示是电源的一组自然输出特性曲线，其中 $a$、$b$、$c$、$d$ 分别对应不同的占空比，$a>b>c>d$，它们分别对应电源的一条自然输出特性曲线。脉冲占空比越大，相应的自然输出特性曲线位置越靠上，电源能够输出的功率和能量就越大。

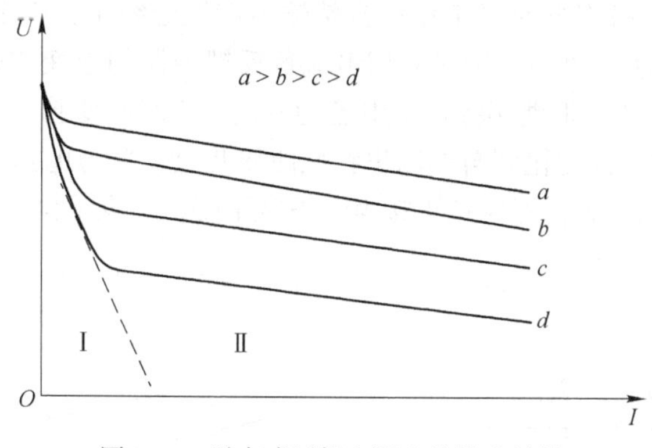


图 7-33 逆变式弧焊电源自然输出特性

自然输出特性曲线是趋于水平的直线，是逆变式弧焊电源的基本特性，它的斜率取决于电源的内部阻抗条件和电源的制造水平，电源内部器件性能越好，电源制造水平越高，电源的内部损耗越小，等效阻抗越小，自然输出特性曲线越趋于水平。

图 7-33 中，在电流较小的Ⅰ区，随电流增加，电压下降较快，而且脉冲占空比越小，电压随电流增大而下降得越快，这主要是由于电流较小时，电流波动较大，电源内部输出电抗器等器件上的压降较大，使输出电压减小。脉冲占空比越小，电流波动越大，电源内部的压降越大，输出电压减小得越多。由于在Ⅰ区电源本身的工作过程不稳定，在使用时，应避免选择在这一区域；在电流较大的Ⅱ区，电流较为平稳，波动小，电压下降较小，此时各曲线的斜率基本相等。输出电压下降的斜率取决于电源的内阻（等效内阻抗），一般情况下电弧焊接过程中（包括引弧、燃弧、空载等）的电流、电压值都处在Ⅱ区。

### 7.6.2 逆变式弧焊电源的外特性

逆变式弧焊电源属于电子控制式电源，和晶闸管弧焊整流器一样，是通过反馈控制，在系统闭环条件下来获得所需外特性的。具体来说，逆变式弧焊电源是在反馈控制的作用下，利用时间比率的 PWM 或 PFM 控制来获得电源的稳态输出特性的。

由于各种弧焊方法对弧焊电源的外特性形状有不同的要求，因此用于不同弧焊方法的逆变式弧焊电源具有不同形状的外特性。同晶闸管式弧焊整流器一样，逆变式弧焊电源外特性曲线形状是由电压、电流反馈控制方式和电子控制电路的控制状态所确定的，因此控制灵活，可以根据需要获得多种形状的外特性。

下面针对恒流特性和恒压特性的获得进行分析，其他特性则可由二者协同或组合实现。

7.6.2.1 恒流特性的控制

图 7-34（a）是逆变式弧焊电源获得恒流外特性的原理示意图。焊条电弧焊、钨极氩弧焊等方法的电弧工作在电弧静特性曲线的水平段，焊接电弧稳定燃烧时，要求弧焊电源具有恒流外特性。假设电弧以弧长 $l_1$ 稳定工作在“电源-电弧”系统的初始工作点为 $A$ 点，即是电弧静特性曲线 $l_1$ 与电源自然输出特性曲线Ⅰ的交点，其焊接电流为 $I_1$。若因某种因素的影响，使电弧弧长增长到 $l_2$，电弧静特性曲线变为曲线 $l_2$。此时如果逆变式弧焊电源中的脉冲占空比不变，弧焊电源仍工作在自然输出特性曲线Ⅰ，则电源-电弧系统工作点变为 $B$ 点，焊接电流为 $I_2<I_1$。若通过采用电流负反馈控制的逆变式弧焊电源，通过负反馈控制，进行 PWM 调节，根据实际焊接电流的变化，实时改变脉冲占空比（亦即时间比率），将弧焊电源输出特性变化到自然输出特性曲线Ⅱ上，并与电弧静特性曲线 $l_2$ 交于 $A'$ 点，从而使焊接电流仍为 $I_1$，即保持焊接电流恒定不变，实现了恒流控制，电源的外特性为恒流特性。

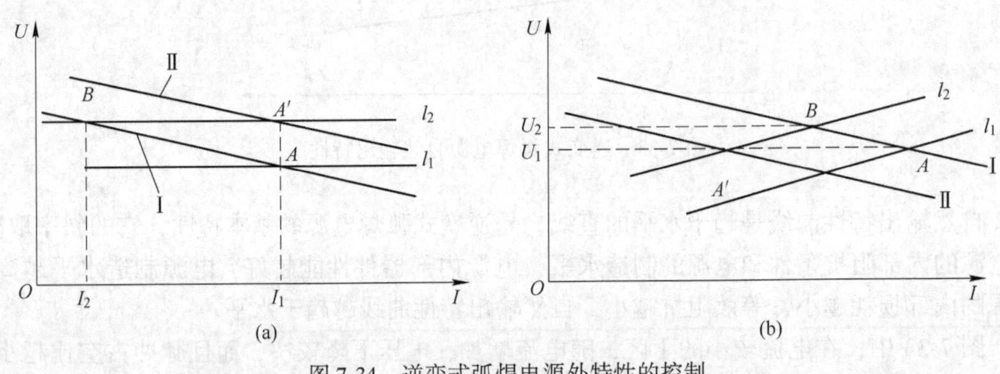


图 7-34 逆变式弧焊电源外特性的控制

（a）恒流特性的控制；（b）恒压特性的控制

7.6.2.2 恒压特性的控制

图 7-34（b）所示是逆变式弧焊电源获得恒压外特性的原理示意图。采用平特性弧焊电源进行焊接的一般是细丝的熔化极气体保护焊，其电弧工作在电弧静特性曲线的上升段。假设电弧以弧长 $l_1$ 稳定工作在“电源-电弧”系统的初始工作点为 $A$ 点，即电弧静特性曲线 $l_1$ 与弧焊电源自然输出特性曲线Ⅰ的交点，其电弧电压为 $U_1$。若因某种因素使电弧弧长增长到 $l_2$，电弧静特性曲线移至 $l_2$，如果脉冲占空比不变，则弧焊电源仍工作在自然特性曲线Ⅰ上，则系统工作点变为 $B$ 点，电弧电压 $U_2>U_1$。采用电压负反馈控制的逆变式弧焊电源，通过电压负反馈控制，进行 PWM 或 PFM 调节，即根据实际电弧电压的变化，实时改变脉宽占空比（亦即时间比率），使弧焊电源工作到自然输出特性曲线Ⅱ

上，该曲线与电弧静特性曲线 $l_2$ 交于 $A'$ 点，弧焊电源输出电压仍为 $U_1$，即保持电弧电压恒定不变，实现了恒压特性控制，即弧焊电源的外特性为平特性。

上述两种控制只是最基本的控制模式。若两种方式结合，则可以获得有一定斜率的外特性曲线，也可实施分段控制，使不同的段获得不同的外特性。

不管是晶闸管式弧焊整流器还是逆变式弧焊电源，外特性的获得都是通过反馈来实现的。为了达到弧焊电源所需要的外特性，反馈是必须的，只有通过适当的反馈和修正，才能达到最终的目标。这实际上和日常的学习、工作或者梦想的实现是一样的道理。曾子曰："吾日三省吾身"，唐太宗说："以铜为鉴，可以正衣冠；以人为鉴，可以明得失；以史为鉴，可以知兴替"，曾子成了"宗圣"，唐太宗开创了"贞观之治"，他们的成功跟他们不断通过各种方式对自身进行反馈和修正是息息相关的。我们也应该像弧焊电源一样，建立良好的反馈系统，不断审视自己，修正自己的行为或前进的方向，尽早实现梦想。

### 7.6.3 逆变式弧焊电源的调节特性和动特性

#### 7.6.3.1 逆变式弧焊电源的调节特性

图 7-35 为逆变式弧焊电源闭环控制系统框图，其结构与晶闸管式弧焊整流器相似，从输出电路中取样反馈电压和电流信号，使其与给定信号进行对比，将其误差放大后用于控制驱动电路，从而实现对半导体功率开关管通断的控制。

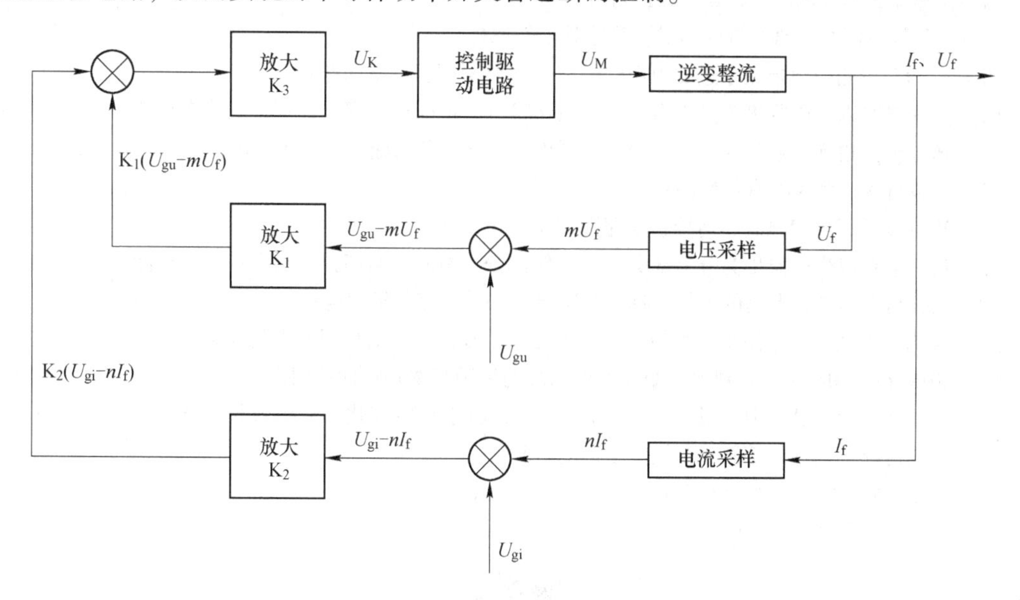


图 7-35 逆变式弧焊电源闭环控制系统框图

通过控制电流反馈和电压反馈的比例或组合可以实现对外特性曲线形状的控制，当二者比例及组合确定后，逆变式弧焊电源的外特性曲线形状就确定了。为了使逆变式弧焊电源具有调节特性，则通过改变给定信号 $U_{gu}$ 或 $U_{gi}$ 从而实现对控制信号 $U_k$ 的控制，再通过控制信号 $U_k$ 对半导体功率开关管的通断进行控制，从而利用时间比率控制中的 PWM、PFM 或 PWM-PFM 方式实现对占空比的控制，获得一系列外特性曲线，使得逆变式弧焊电源具有调节性能。

具体来说，如果是平特性电源，给定信号 $U_{gu}$ 的变化将改变平外特性曲线的上下位置；如果是下降特性的电源，给定信号 $U_{gi}$ 的变化将改变下降外特性曲线的左右位置，从而获得外特性曲线簇。

在直流逆变弧焊电源中，大多是利用稳压直流电源与电阻分压电路获得给定信号 $U_{gu}$ 或 $U_{gi}$ 的，并利用电位器来调节其大小。

7.6.3.2 逆变式弧焊电源的动特性

现代焊接技术的发展越来越注重对弧焊电源动特性的要求。也就是说，要求弧焊电源对外部变化能够快速做出响应。逆变式弧焊电源工作频率高，很小的输出电抗器电感就可以达到滤波的要求，因而逆变式弧焊电源回路的时间常数小，电磁惯性小，动态响应快，使得利用电子线路可以比较容易地控制逆变器的 $di/dt$ 等动特性参数。在逆变式弧焊电源中，可以采用积分、微分和比较放大等电子控制电路，进行电源动特性控制和波形控制以及其他方式的控制。

## 思 考 题

7-1 什么是逆变？请画出逆变式弧焊电源的原理框图，简述各部分的作用。

7-2 请写出逆变式弧焊电源的特点，并进行分析。

7-3 逆变式弧焊电源主电路有哪些形式？简述其工作原理。

7-4 图 7-17 为双管钳位单端正激逆变电路，请分析电路图回答以下问题：

(1) 逆变电路以变压器 T 为分界线分为左右两部分，请问这两部分分别实现什么功能？

(2) 请分析左边部分电路的工作原理，并画出此部分电路的输出电压示意图。

(3) 二极管 $VD_3$ 和 $VD_4$ 有何作用？

7-5 图 7-25 为全桥式逆变电路，请分析电路图回答以下问题：

(1) 逆变电路以变压器 T 为分界线分为左右两部分，请问这两部分分别实现什么功能？

(2) 请分析左边部分电路的工作原理，并画出此部分电路的输出电压示意图。

7-6 图 7-34 为逆变式弧焊电源外特性控制的两种方式，根据图中信息回答下列问题：

(1) 图中 (a) 和 (b) 分别为逆变式弧焊电源的哪种基本外特性控制模式？

(2) 假设某次焊接过程中，稳定焊接时弧长为 $l$，由于板厚变化，使得弧长增长到 $l_1$ 时，请分别分析此情况下两种外特性控制模式工作的过程。

7-7 简述逆变式弧焊电源是如何调节电源输出参数的大小的？

7-8 简述逆变式弧焊电源中 PWM 和 PFM 控制的工作原理。

扫码看答案

# 8 弧焊电源的数字化控制和选择使用

本章以数字化控制技术为主，介绍数字化弧焊电源的基本结构和特点；重点介绍弧焊电源的单片机控制、DSP 和 ARM 等数字化控制技术；简单介绍数字化控制弧焊电源的产品与应用；最后简单介绍弧焊电源的选择、安装使用的一般方法和原则，供实际应用时参考。

## 8.1 数字化弧焊电源的概述和特点

### 8.1.1 数字化弧焊电源的概述

数字化就是把连续变量（信号）按照一定的规则变成数字序列形式表示的离散变量（信号），也就是数字变量（信号）。

采用数字电路、数值计算对数字信号进行处理，对被控对象进行控制的技术为数字控制技术，相应的系统称为数字控制系统。

目前数字化弧焊电源还没有专门的定义，可以理解为：采用数字控制技术的弧焊电源为数字化弧焊电源。在数字化弧焊电源中，用数字控制技术代替了模拟控制技术，即在弧焊电源的控制中，用电流、电压的数字信号代替了模拟信号；用数字信号处理代替了模拟信号处理；用数字电路以及软件程序控制代替了模拟电路控制。弧焊电源的数字化包括电源主电路系统的数字化以及控制电路系统的数字化。

弧焊电源的数字化主要包括电源主电路的数字化和控制电路系统的数字化。从广义角度来看，只要弧焊电源的主电路是在具有一定频率的脉冲信号控制下进行工作的，就可以认为是数字化主电路。因此，开关电源、逆变电源都可以认为是弧焊电源主电路数字化的一种形式。

具体来说，数字化控制的弧焊电源是在模拟电子控制弧焊电源的基础上，以单片微处理器、ARM 嵌入式芯片、DSP 为核心来实现弧焊电源的部分或全数字化控制。目前在弧焊电源中常用的微处理器有：8 位和 16 位的单片微机；以通用型为主的 DSP 数字信号处理器；ARM 微处理器（32 位）也在弧焊电源中得到了广泛的应用。数字化控制的弧焊电源一般在弧焊逆变器上实现数字化，这样可以充分发挥主路和控制电路的优势。

根据使用的微处理器及其数字化程度，可以将弧焊电源分为单片微机控制的数字式弧焊电源、DSP 控制的数字化弧焊电源以及 ARM 控制的数字式弧焊电源。根据其微处理器的不同而具有不同的特点，单片微机控制的数字式弧焊电源以单片微机进行工艺参数控制和弧焊电源的程序控制，以集成的 IC 及分立元件构成逆变器的 PWM 控制；DSP 控制的数字式弧焊电源通常利用高速信号处理能力，同时实现焊接参数和逆变器 PWM 的控制；ARM 控制的数字式弧焊电源以 32 位的高性能 ARM 微处理器为控制核心，不仅控制精度高，并且具有很强的通信能力，可实现双机通信的双丝高速焊等。

### 8.1.2 数字化弧焊电源的特点

8.1.2.1 弧焊电源的数字化

弧焊电源的数字化体现在以下三个方面：

（1）控制电路的数字化。以 DSP（数字信号处理器）或 MCU（微控制器）为核心，根据弧焊工艺要求构建控制通道，对给定信号流、参数反馈流和网压信号流，做综合处理与运算、控制，最终达到对弧焊电源数字化、信息化、柔性化的控制。DSP 的硬件结构及指令执行速度更适合于高频电源控制的需要，但是当前芯片的发展使 DSP 具备了更强的输入/输出和中断处理能力；同时 MCU 也具备了更强的数据信号处理能力，DSP 与 MCU 的界限正在模糊化。

（2）主电路的数字化。自从晶闸管弧焊逆变器产品面世以来，国际上各大焊接设备公司都相继推出各自的弧焊逆变器产品，当前在逆变主电路中使用了 IGBT、MOSFET 等更高开关频率的功率器件。弧焊逆变器的推广使用标志着焊接主电路从模拟向数字化的跨越，主电路中的功率器件工作在 0 和 1 的开关状态。由于工作频率提高，回路输出电流的纹波更小，响应速度更快，弧焊电源可以获得更好的动态响应特性，能够进行更精确的控制，与数字化信号处理和控制技术相结合，可极大的增强其功能和性能。

（3）专家数据库软件系统。弧焊电源发展到数字化阶段要体现实际操作的简单、方便，将专家的经验作为系统输入固化到焊机内部形成专家系统，这样可大大提高数字化弧焊电源的可操作性。专家系统的设置使数字化弧焊电源变得简单，操作人员只需按动操作界面上的按钮便可方便地调用焊接所需的参数进行焊接。同时利用软件设计的灵活性，可实现一机多用。采用多特性输出的设计，分别具有直流脉冲特性、平特性、陡降特性，可用于 MIG/MAG 焊、$CO_2$气体保护焊、焊条电弧焊等，适用于结构钢、细晶钢、高合金钢铝及铝合金、铜和铜合金等材料焊接。

DSP/微处理器软件及 IC 集成电路技术在数字化弧焊电源中扮演了核心角色。现代的 DSP 和微处理器技术使数据处理容量和速度显著提高。软件程序既控制逆变电源的工作，又控制焊接特性，不同的焊接应用可以由不同的软件程序获得。更快的控制速度和更高的控制精度，可使人们随心所欲地控制电弧，从而提高焊接质量和生产效率。数字化焊机正朝着高精尖方向发展，在逆变焊机的基础上研制出具有高精度、智能化、多功能和在线升级等特点的焊接系统。

8.1.2.2 数字化弧焊电源的特点

（1）柔性控制和多功能集成。在模拟控制系统中，硬件电路与其参数决定了模拟控制系统的控制功能，一旦电路确定就很难改变了。而数字控制系统的控制功能是在基本硬件电路的基础上，通过软件编程来实现的。也就是说通过改变软件控制程序，在同一套硬件电路上可以实现不同的控制。对于不同焊接工艺方法和不同焊丝材料、直径，可以选用不同的控制策略、控制参数，从而使焊机在实现多功能集成的同时，每一种焊接工艺方法的工艺效果也将得到大幅度的提高。可见，数字化弧焊电源实现了柔性控制和多功能集成。

（2）接口的兼容性好。数字化弧焊电源具有良好的接口兼容性。由于单片机、DSP

等数字芯片在数字化弧焊电源上的大量应用，数字控制系统可以便捷地与外部设备建立数据交换通道，实现大量的信息交换。随着现代焊接生产网络化管理的发展和普及，数字化弧焊电源良好的接口兼容性必然会发挥愈来愈重要的作用，以方便建立机器人焊接系统、焊接生产的网络化管理与监控等。

（3）具有更好的稳定性和一致性。在模拟系统中，信号的处理是通过电子电路进行的，信号处理参数的设定是通过电阻、电容参数的选择来完成的。这样在模拟系统中阻容参数的容差、漂移必然导致控制器参数的变化，一方面模拟控制的温度稳定性较差，另一方面模拟控制时的产品一致性难以保证。而在数字化控制中，信号的处理或控制算法的实施是通过软件程序来完成的，不存在模拟控制电路中的温漂和时漂等问题，其稳定性增加，产品的一致性也得到了很好的保证。

（4）具有更高的控制精度。模拟控制的精度，一般由元件参数值引起的误差和运算放大器非理想特性参数引起的误差所决定。同时，模拟系统常采用多级处理，其误差积累和噪声被逐级放大，导致了模拟控制系统的总体误差较大。而数字化控制的精度仅仅与模/数转化的量化误差以及系统有限字长有关，因此数字化控制可以获得很高的控制精度。

（5）通用性强，便于功能升级。弧焊电源的数字化控制系统由硬件电路系统和软件程序系统组成。电源的硬件电路系统可以实现标准化和模块化；软件程序系统可以实现平台化、模块化和标准化。仅需要通过软件设计便可实现功能改进，使得数字化弧焊电源的功能方便、快速地升级从而使数字化弧焊电源的市场适应性和竞争力更强。

（6）可操作性强。数字化弧焊电源几乎都具有人机交互系统。操作者可直接通过操作界面向数字控制系统输入信息、发出指令及观察现场参数和信息的窗口，具有灵活性、友好性、明确性、功能性、一致性和可靠性高等特点。数字化弧焊电源利用单片机和DSP，在专家系统等智能控制技术的基础上，可实现焊接参数的一元化调节，实现弧焊电源的“傻瓜式”操作，极大地方便了操作人员。

## 8.2 数字化弧焊电源的基本结构

图 8-1 为一种数字化弧焊电源系统的基本结构图，从图中可知，该电源的主电路系统是逆变电路系统；其数字化控制系统采用了单片机和 DSP 双数字处理器。在弧焊电源数字控制中，利用传感器进行电流、电压信号的采样，并将其反馈信号直接输入 DSP，通过内部的 A/D 转换器，将模拟信号转化为数字信号；电流、电压的给定信号以数字量的形式，经控制面板输入到单机片，再经单片机处理传输给 DSP；DSP 根据电流、电压给定值与反馈值，基于一定的数字控制规则和算法进行运算，产生 PWM 脉冲序列；DSP 输出的 PWM 信号经驱动电路，控制弧焊电源逆变电路功率开关器件的通断，最终得到电源的输出电压与电流。在熔化极弧焊电源中，DSP 还将输出 PWM 信号，并通过驱动电路控制送丝机的送丝速度。

由于数字化弧焊电源系统具备较强的通信能力，不仅可以完成单片机与 DSP 之间的通信，还可通过 RS232 接口实现外部微机与单片机、DSP 的通信，从而可以非常方便的实施网络化管理与软件程序的升级。

由此可见，数字化控制技术、系统总线技术和网络技术等均已成功地应用于数字化弧焊电源。弧焊电源已不再是单纯的焊接能量提供源，而且还是具有数字化操作系统平台、送丝驱动外设接口以及远程网络监控、生产质量管理等功能的弧焊电源系统。

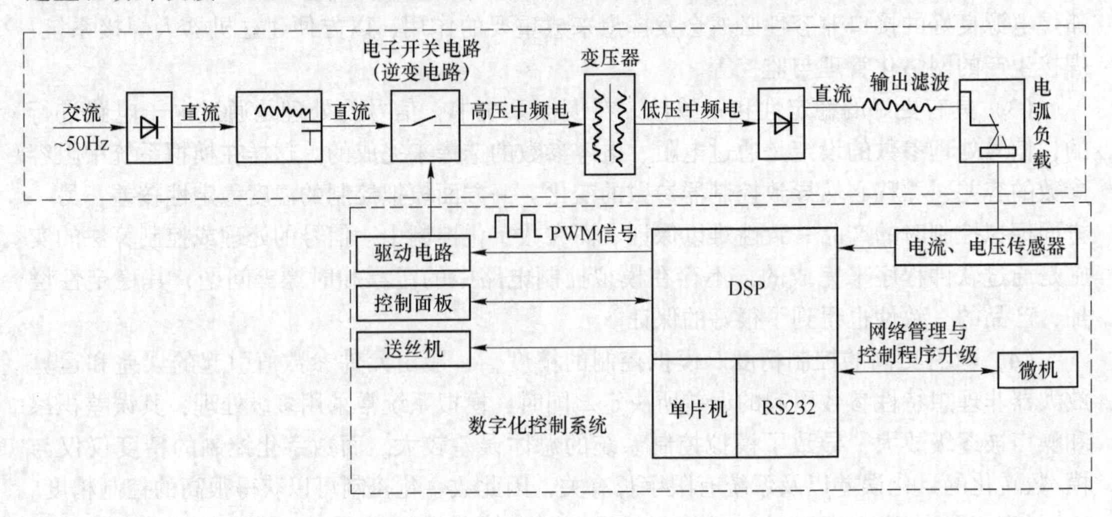


图 8-1　数字化弧焊电源系统结构框图

在目前数字化逆变弧焊电源系统中，其数字化控制系统有单一的 DSP 控制系统、DSP 和单片机双控制器的控制系统，以及双 DSP 的控制系统。

### 8.2.1 基于 DSP 控制的数字化弧焊电源

图 8-2 为基于单一 DSP 控制的熔化极气体保护焊数字化弧焊电源系统模块图。该弧焊

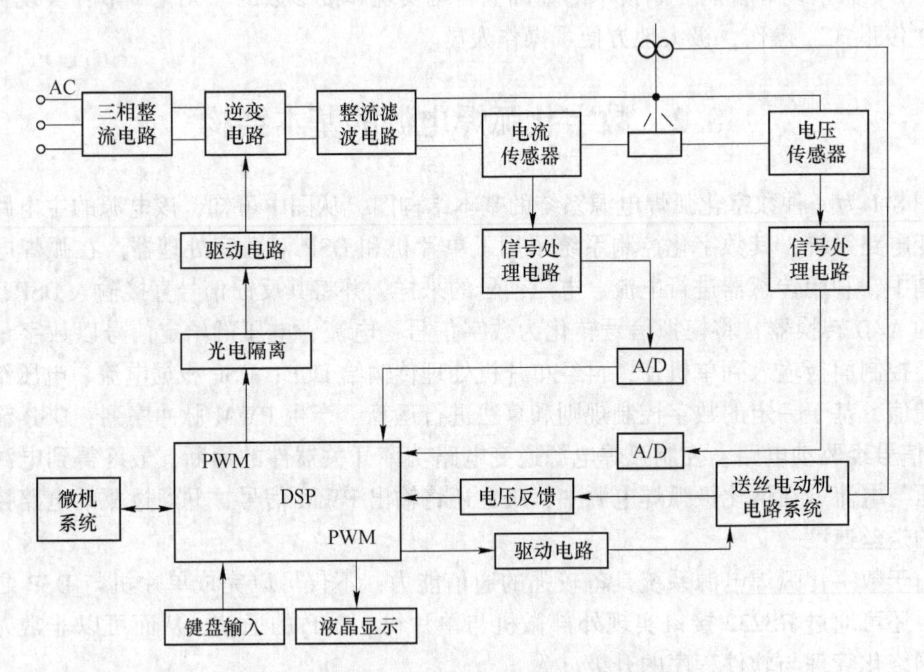


图 8-2　DSP 控制的数字化弧焊电源系统模块图

电源系统主要由电源的主电路系统和数字控制系统组成。其中，电源的主电路为逆变电源系统。数字控制系统的硬件电路主要包括DSP硬件电路系统、键盘输入以及液晶显示电路；焊接参数反馈电路；光电隔离与驱动系统；送丝机调速电路系统等。

送丝机采用了PWM控制的DC-DC斩波电路，通过DSP进行PWM控制。通过对PWM信号占比的调节来控制直流斩波器中的功率半导体开关器件的通断时间，改进送丝电动机的电源电压，从而达到调节送丝速度的目的。

### 8.2.2 基于双DSP控制的数字化弧焊电源

图8-3是基于双DSP主从CPU结构控制的数字化弧焊电源系统框图。主DSP1负责参数输入及显示设备等相关外设备的管理并协调两个DSP等；DSP2为从机，实现弧焊电源特性及参数的控制。虽然双CPU的控制系统增加了系统的复杂性，同时也提高了经济成本，但采用双CPU可以使数字化弧焊电源的功能更加强大，兼容性更强，其应用范围更加广泛。

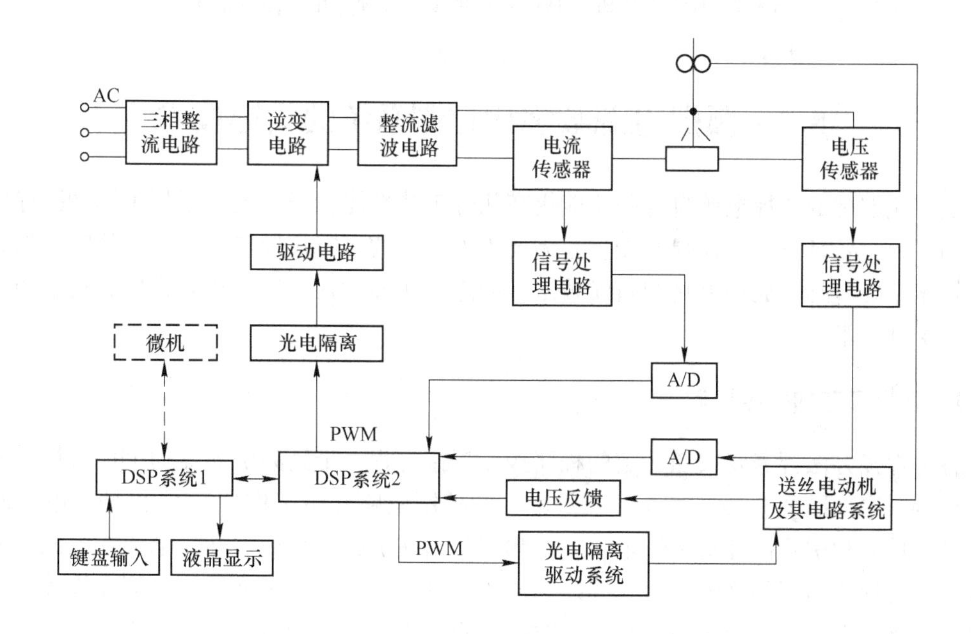


图8-3 基于双DSP控制的数字化弧焊电源系统框图

### 8.2.3 基于单片机和DSP控制的数字化弧焊电源

图8-4是基于单片机和DSP控制的数字化弧焊电源系统框图。从图可见，该弧焊电源的主电路系统为逆变电源系统。数字控制系统包括单片机和DSP两个核心控制器件。单片机作为主机，负责外围设备的管理并协调DSP与单片机；DSP作为从机以实现弧焊电源特性及参数的控制。这样便可以充分发挥单片机管理能力强、DSP强大的数据处理能力和高运行速度的优势，从而提高弧焊电源控制系统的实时性和精准度。

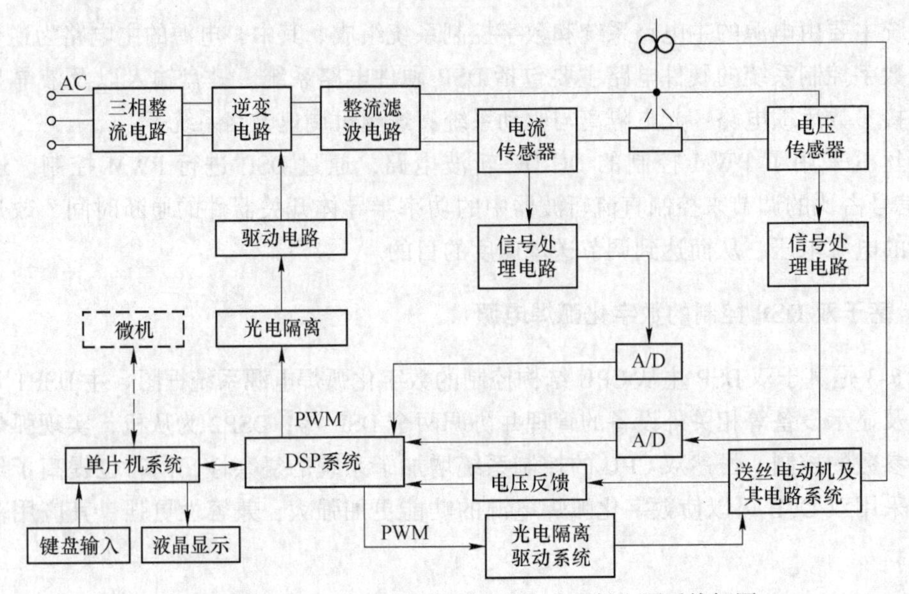


图 8-4　基于单片机和 DSP 控制的数字化弧焊电源系统框图

# 8.3　弧焊电源数字化控制系统的关键技术

数字化控制的弧焊电源自身并不能提高弧焊工艺性能，只是提供了易于提高弧焊性能的控制平台，要真正提高弧焊性能，还需要更加深入的研究弧焊工艺机理。数字化弧焊的关键技术主要包括：成功率高的引弧技术、稳定的弧焊过程、一元化参数控制技术和完美的收弧控制技术。

## 8.3.1　弧焊工艺的时序控制

各种焊接方法都需要按照一定的程序操作焊接过程，带高频引弧器的 TIG 弧焊逆变器工艺控制时序如图 8-5（a）所示。弧焊电源的控制电路开始工作后，Ar 保护气电磁阀开通；延时后高频引弧器开通引燃电弧，高频引弧器在引弧成功后关断。电流在电弧引燃时经过短暂的峰值后回到维弧电流，经过一段预热延时后缓升到正常值。电流在焊接结束前缓慢降至维弧电流，在经过一段时间延时后再降为零，送气阀经过延时后再关断。

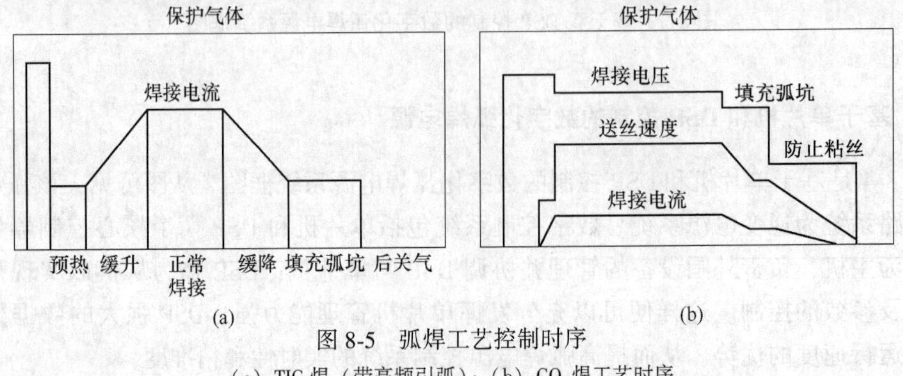


图 8-5　弧焊工艺控制时序

（a）TIG 焊（带高频引弧）；（b）$CO_2$焊工艺时序

$CO_2$焊的工艺在熔化极气体保护焊中比较典型，图 8-5（b）所示为 $CO_2$焊的工艺控制时序。焊枪开关接通后，控制电路处于准备工作状态，$CO_2$保护气电磁阀开通；经过一段时间后弧焊电源接通，电压上升到空载电压；再经过一段延时后先缓慢送丝，当工件与焊丝接触后实现短路引弧，电流缓慢升到正常值。送丝速度、电流和电弧电压都在焊接结束前缓慢下降，以填充弧坑。经过一段时间后再关断 $CO_2$保护气的电磁阀。

### 8.3.2 引弧和收弧控制

根据焊接方法的不同，其引弧方式也不同，熔化极气体保护焊采用接触引弧，当弧焊电源的引弧性不好时，会导致焊丝爆断或焊缝起点不好。而 TIG 焊则采用非接触引弧，一般需要采用专门的高频振荡引弧电路，引弧成功后被切除，一般引弧成功率较高。在收弧时需填满弧坑，并且在焊丝末端不要留下较大的球。

对于熔化极气体保护焊而言，由于弧焊过程中焊丝和工件的接触不可避免地存在抖动，电压产生剧烈振荡，电流缓慢上升，引燃电弧比较困难。

在收弧过程中，为了减少弧坑裂纹等焊接缺陷，电流应该缓慢减少至零，让焊丝回烧以填平弧坑。当收弧过程中电流冲击比较严重时，电弧电压和焊接电流都抖动比较剧烈，导致焊接后出现较大的弧坑。

对于脉冲弧焊一般采用“热脉冲”引弧技术，图 8-6（a）为实测脉冲电弧电流波形。采用“热脉冲”引弧电流波形能够较好地完成引弧，引弧点熔深比普通引弧好，同时“热引弧”对铝板预热充分，引弧过程电弧相对稳定，并且不会扰乱弧焊气氛，焊缝气体保护状况较好。其燃烧和正常弧焊过程的过渡决定了引弧成功率，既不能让提供的能量过大引起断弧或电弧中断，又要保证有足够的能量来维持电弧的燃烧。

基于渐次脉冲过渡小电流填坑和脉冲削球思想，制定针对“数字化”收弧控制试验的收弧控制方案。实测双脉冲收弧电流波形见图 8-6（b）。在正常弧焊结束后，持续输出 3~6 个依次递减的脉冲能量，从而顺利平滑过渡到小电流填坑状态，填坑能量视不同弧焊电流大小而决定。最终输出一个强脉冲将焊丝末端积球削掉。

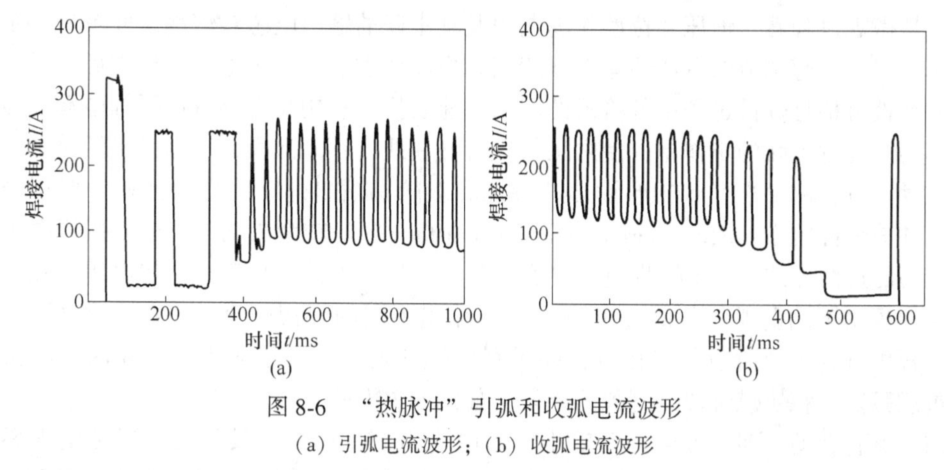


图 8-6 “热脉冲”引弧和收弧电流波形
（a）引弧电流波形；（b）收弧电流波形

### 8.3.3 弧焊参数的一元化调节

在焊接参数的调节中，焊接电压和电流需要有很好的配合，不同焊接方法其电压和电流之间的关系也不同。在某一焊接电流下有与之相对应的最佳电压值，只有电流与电压合理配合才能使焊丝的熔滴过渡最稳定。根据大量焊接工艺试验中电流与电压的搭配关系，可绘制其相对应的一元化曲线。在实际焊接过程中，通常采用的是电压优化的一元化参数调节。根据焊接材料和焊丝直径的不同，将电源电压给定电压信号依据一定的比例转换后作为送丝电动机的控制电压，使送丝速度随着弧焊电源输出电压的增大而增大，从而使输出电流也随之增大。

### 8.3.4 弧焊电源的波形控制

在熔化极气体保护焊中，熔滴的形成、尺寸、过渡形式和熔滴行为等是影响焊接工艺性能、焊缝成形和焊接质量的重要因素，因此，熔滴过渡及行为一直受到焊接工作者关注。$CO_2$短路过渡和脉冲 MIG 焊的喷射过渡均是典型的熔滴过渡模式，研究熔滴过渡模式及行为的目的之一是要实现对熔滴过渡过程的控制。

#### 8.3.4.1 短路过渡的电流波形控制

在 $CO_2$焊中的小电流规范下，熔滴主要以短路过渡，它是在电压较低、弧长较短时，燃弧与短路交替进行的不规则周期性变化过程。焊接电流在短路过渡过程中起着非常重要的作用。焊接电流的大小及变化率，既可控制焊丝的熔化和熔滴的过渡过程，又影响焊缝成形和飞溅的产生。而焊接电流是焊机输出特性和电弧特性综合的结果。焊接工作者研究出了各种有效的控制方法，例如恒压特性控制法、复合外特性控制法、脉冲送丝控制方法、波形控制法等。上述方法的实质是将焊丝熔化、熔滴过渡过程、飞溅、焊缝成形分别或分时予以控制。波控法是目前普遍关注的简便而有效的控制方法，其直接对弧焊电源输出的波形进行控制，经历了从粗糙控制到精细控制的发展历程。

弧焊电源若为恒压外特性，则对弧长变化具有较强的自调节能力，并且一般焊接回路中串联一定的电感（或电子电抗器）。在短路期间，依靠电感限制短路电流上升率以及液桥曝断时的短路峰值电流，降低焊接飞溅；当电弧重新引燃后，电感中存储的能量向电弧释放，使燃弧电流从短路峰值电流缓慢下降，从而保证适当的燃弧能量以形成一定尺寸的熔滴。从微观过程看，恒压外特性弧焊电源及其串联的输出电感对熔滴尺寸具有一定的调节作用。但是电感调节的灵活性差，不能满足更高要求。在电子电抗器出现后，弧焊电源输出外特性可根据焊接过程中各阶段的需求快速切换，利用复合外特性弧焊电源以减小飞溅。其通过控制电弧的工作点，使之工作在特性曲线的不同区段，分别满足短路和燃弧期间不同动态过程的要求。双 L 形输出外特性和双阶梯输出外特性是两种较为典型的控制方法。在波形控制中，STT（surface tension transform）是较为成功的。STT 弧焊电源工作于熔滴短路过渡方式，在 $CO_2$焊过程中实时测量电压与电流变化率，弧焊电源是在一个过渡周期内根据不同电弧电压值（电弧状态）输出不同的焊接电流。STT 弧焊电源将短路过渡过程细分为七个阶段加以控制，即短路前燃弧期、液桥形成段、颈缩段、液桥爆断段、重燃弧段、稳定燃烧段、燃弧后期段，如图 8-7 所示。

（1）短路前燃弧期（$t_0 \sim t_1$）。输出基值电流为 50～100A，其作用是保证电弧燃烧和提供熔滴长大的能量。该电流保证熔滴在表面张力的作用下近乎球状，既不会凝固，也不会过分增长而脱落。

（2）液桥形成段（$t_1 \sim t_2$）。焊丝送进，在基值电流下熔滴发生短路，电压检测器检

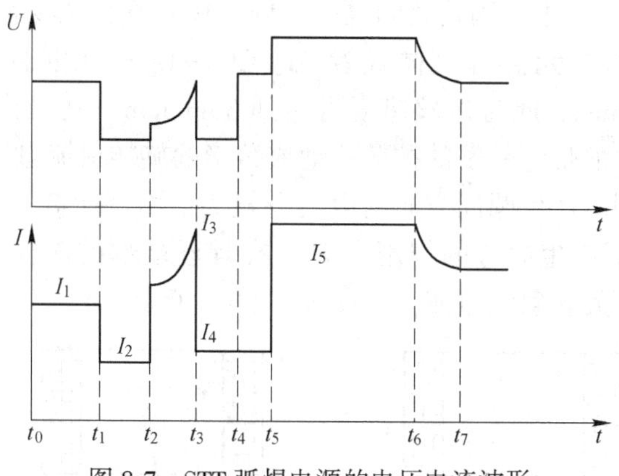


图 8-7 STT 弧焊电源的电压电流波形

测出短路发生。为了进一步促进熔滴和熔池的接触及“润湿作用”，电流立即降至 10A 左右，持续约 0.7ms，使熔滴与熔池形状形成稳定的短路桥。

（3）颈缩段（$t_2 \sim t_3$）。当液桥形成后，电流以双曲线状迅速上升，使短路桥产生颈缩力，同时计算电压变化率 $du/dt$，此时高温下的液态钢电阻率很高，故电压不为零。

（4）液桥爆断段（$t_3 \sim t_4$）。当 $du/dt$ 达到某一确定值后，表明熔断即将发生，电流在几个微秒内降至 50A，使短路液桥依靠表明张力熔断并过渡到熔池内，$t_4$ 表示熔断发生时刻。

（5）重燃弧段（$t_4 \sim t_5$）。当熔断发生后，燃弧电流（50A）维持一段时间（$t_4 \sim t_5$），这样可以减少燃弧时对熔池的冲击，使焊丝平稳地脱离熔池。

（6）稳定燃烧段（$t_5 \sim t_6$）。过渡完成，燃弧（$t_5$ 时刻）之后，电流上升至 450A 左右，时间约为 1~2ms，以增加电弧的燃烧功率，有利于焊缝的形成。

（7）燃弧后期段（$t_6 \sim t_7$）。在该段中电流衰减到基值，为下一个周期做准备。

STT 技术的重要优点是焊接电流与送丝速度无关，因而可以在大幅度减少飞溅和烟尘的同时更好地控制热量的输入，获得合适的熔深和完整的背面成形。

#### 8.3.4.2 高速焊电流波形控制

与传统气体保护焊（GMAW）相比，高速焊在弧焊速度上具有明显优势。目前比较成熟的单丝高速焊工艺通常采用实心焊丝并以 $CO_2$ 作为保护气体，即高速 $CO_2$ 焊。一般情况下，$CO_2$ 焊的焊速为 0.3~0.5m/min，而高速焊可达到 1~4m/min，约为常规 $CO_2$ 焊焊速的 3~8 倍。在保证弧焊质量的同时，大幅度的提高弧焊效率。

在高速焊中会出现一些与常规弧焊时不同的问题，例如焊缝成形差、驼峰、咬边，甚至不连续。正是这些因素的制约，其常规焊速不超过 1m/min，在实际生产中，一般焊速为 0.3~0.5m/min。如何解决高速焊成形问题是大幅度提高弧焊生产效率的关键。

提高弧焊生产效率主要从工艺设备和材料两个方面入手，T.I.M.E 焊即是从材料入手研制的新型高速焊方法。其采用 He（26.5%）、$CO_2$（8%）、$O_2$（0.5%）和 Ar（65%）四元保护气体，利用大干伸长来增加熔化焊丝的电阻热，在连续大电流区间获得了稳定的旋转射流过渡形式，使焊丝的熔覆效率比传统 MAG 工艺提高 2~3 倍，可到 0.43kg/min，这主要是靠加入 He 获得的良好效果。

为了解决高效 MAG 焊中我国贫氦问题，国内殷树言教授成功研制了纵向磁场的高效 MAG 焊，采用 $Ar+CO_2$ 二元混合气体或者 $Ar+CO_2+O_2$ 三元混合气体保护，焊丝直径 $\phi$1.2mm，干伸长为 30mm，此时送丝速度可达到 33m/min。其工作原理为：在纵向磁场的作用下，焊接电弧中的带电粒子的扩散运动或熔滴的旋转射流过渡将引起径向电流 $I_r$ 绕焊丝轴的旋转运动，同时产生圆周方向的电流分量 $I_w$，如图 8-8（a）所示。圆周电流 $I_w$ 也在纵向磁场 $B_z$ 作用下产生向心的作用力 $F_r$，在焊丝端部的液柱上将使其向中心收缩。最后形成稳定的圆锥形旋转射流过渡，如图 8-8（b）所示。

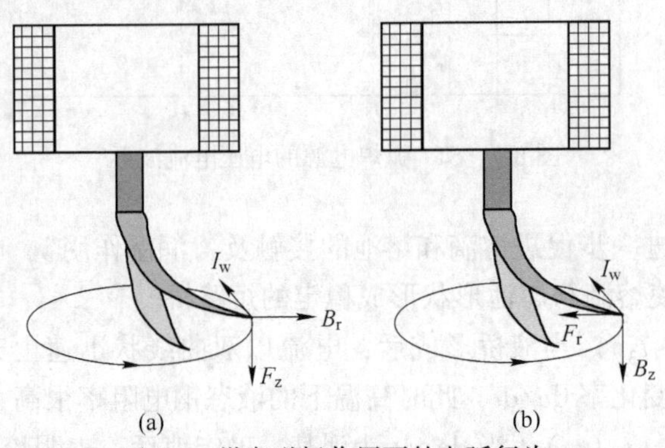

图 8-8 纵向磁场作用下的电弧行为

（a）圆周方向电流分量 $I_w$；（b）向心作用力 $F_r$

在改变保护气体成分提高焊速方面，采用高速焊丝、大干伸长和低氧化性气体，增强了熔池的润湿性，焊缝与母材过渡平滑，可在 1~2m/min 的速度下进行焊接而不出现成形缺焊。在弧焊设备方面则出现了双丝高速焊甚至多丝高速的 MAG 焊工艺。

A 双丝焊工艺的控制

在开始进行双丝焊试验中，焊丝从一个共用的导电嘴送出，如图 8-9（a）所示，试验结果表明弧焊效率并没有得到预期的提高。后来通过改用两个导电嘴时，如图 8-9（b）所示，焊速得到了很大的提高。除了双丝高速焊还出现了三丝焊工艺。

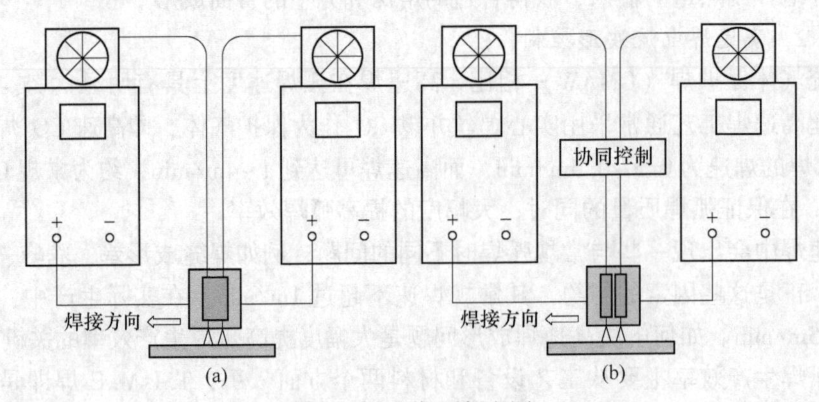

图 8-9 双丝焊弧焊电源

（a）单半导嘴；（b）双半导嘴

在双丝焊弧焊电源中，德国 CLOOS 公司开发了适于中厚板焊接的 TANDEN 高速双丝焊设备。它是将两根焊丝按一定角度放置在一个特别设计的焊炬里，两根焊丝分别由各自的弧焊电源供电，相互绝缘，两台弧焊电源的工艺参数可以独立设定。正常条件下，利用其“1+1 ≫ 2”的强大热效应，使焊速可以达到 2~6m/min，熔敷率约为 20kg/h。

B 多丝焊工艺的控制

日本学者藤村告史开发了三丝焊方法。它采用同一个焊炬同时输送三根焊丝，各焊丝之间相互绝缘，可用药芯焊丝配合 100%的 $CO_2$ 保护气体，也可用实芯焊丝配合 80%Ar+20%$CO_2$ 保护气体。采用同一弧焊电源供电，如果弧焊电源和送丝系统不够稳定，则各电弧的电流和电压会不等，这样可能会使电弧失去自调节能力；此外三根焊丝上燃烧的电弧之间存在强烈的电磁力，会造成电弧不稳、飞溅大，焊缝成形不好。若三焊丝采用隔离的弧焊电源，则设备投入过大，且应用不便。为解决这一问题，藤村告史采用了电流相位控制的脉冲焊接方式，电弧在三个焊丝上轮流燃烧，可以保证电弧的挺直性，使弧焊过程稳定。另外，还可通过优化调节和匹配弧焊参数，改善能量分布，减小咬边、驼峰等成形缺陷，焊速可达到 1.8m/min。

8.3.4.3 脉冲弧焊的电流波形控制

常规下 MIG/MAG 焊工艺，只有当焊接电流大于临界电流时才能得到稳定的喷射过渡，包括射滴过渡和射流过渡。然而，由于临界电流较高，不适于焊接薄板和全位置焊缝。为此，又发明了脉冲 MIG/MAG 焊法。该法可以将焊接电流平均值减小到 50~60A 仍能获得稳定的焊接过程，扩大了 MIG/MAG 焊的使用电流范围。

脉冲 MIG 焊工艺作为一种焊接质量比较高的熔化极气体保护焊方法，它具有熔滴过渡过程可控、平均电流比 GMAW 焊喷射过渡的临界电流低的特点，因此，母材热输入量低，焊接变形小，适合全位置焊接，生产效率高。脉冲 MIG 焊的熔滴过渡形式包括多脉一滴、一脉一滴和一脉多滴，其中一脉一滴是最理想的一种过渡形式，而焊接参数之间的配合对获得该种熔滴过渡形式尤为重要。脉冲焊工艺参数多，除了电弧电压、送丝速度和焊接速度外，还有脉冲频率、峰值电流 $I_p$、峰值时间 $t_p$、基值电流 $I_b$ 和基值时间 $t_b$ 等脉冲参数，如图 8-10 所示。

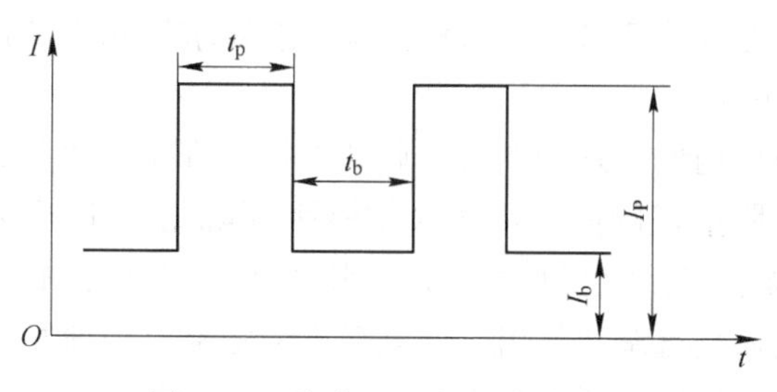


图 8-10 脉冲 MIG 焊的脉冲参数

A Synergic 控制法

Synergic 控制法是英国焊接研究所发明的一种脉冲 MIG 焊电弧控制方法，是已发展的脉冲 MIG 焊控制系统法中应用最广泛的一种焊法。该法解决了众多脉冲参数调节的不便，实现了脉冲 MIG 焊的单选钮控制。其原理为弧焊电源的外特性采用恒流特性，通过两条恒流外特性曲线使切换实现脉冲焊接。在给定的焊丝速度下按照一定的数学模型来控制脉冲参数，使焊丝熔化速度自动与送丝速度相协调，并保持弧长的稳定和最佳的熔滴过渡方式。其具备脉冲频率（或脉冲宽度）与送丝速度的协调性，但该控制方法对弧长（电弧电压）的扰动而言是开环控制，因此其对送丝速度以外的因素引起的弧长扰动没有调节作用。

B 脉冲门限控制系统

它是通过设立电弧电压的门限值来控制弧长，弧焊电源的外特性为“口”字形，如图 8-11 所示。在脉冲与维弧期间均工作在恒流状态，但脉冲频率（即脉冲持续时间）由弧长的给定电压和实际反馈电压的偏差来决定。当焊丝的熔化或焊丝的送进使电弧工作点移动时，电弧电压也随之变化，当电弧电压达到设置的上、下门限值时，控制系统迫使电流发生突变，使电弧电压不超过设置的上、下门限值，在门限值内则按闭环控制处理，从而使弧长得到控制。图 8-11 进一步说明了其原理，在焊接时，电弧工作点位于两条恒流外特性 $I_p$ 和 $I_b$ 上，当焊弧工作点在维弧阶段时，熔化速度小于焊丝送进速度，电弧工作点沿 $I_b$ 恒流线向下移动，当达到设定的门限值 $A$ 点时，控制系统使弧焊电源外特性切换至 $I_p$，即脉冲阶段；此后，熔化速度大于焊丝送进速度，电弧工作点沿 $I_p$ 横流线向上移动，当移动至设定的门限值 $B$ 点时，控制系统使弧焊电源外特性又切换至 $I_b$，即维弧阶段。上述过程往返重复，就实现了脉冲 MIG 焊的参数自动控制，其弧长的控制在 $l_{a1}$ 和 $l_{a2}$ 之间，适当的选择 $A$ 点和 $B$ 点的位置，便可实现稳定的焊接。若在脉冲阶段必须停留足够的时间，使之至少过渡一个熔滴，就能保证脉冲 MIG 焊的稳定。

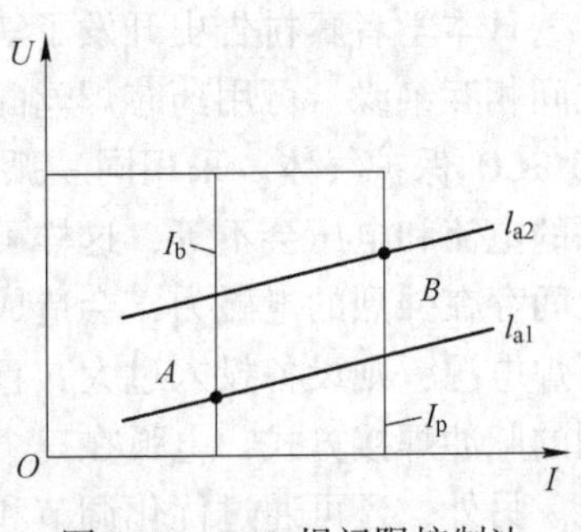

图 8-11 MIG 焊门限控制法的电源外特性

上述的控制方法仍比较粗略，一个脉冲可能过渡一滴，也可能过渡几滴，甚至不过渡，换而言之，熔滴过渡具有不均匀性。为了解决脉冲 MIG 焊熔滴过渡不均匀的缺点，研究工作者进一步提出一个脉冲过渡一个熔滴的思想，即实现所谓的“一脉一滴”，在脉冲基值期间，熔滴逐渐长大，当产生脉冲峰值时，由于超过了射流过渡的临界电流，在此期间会发生跳弧现象，促进熔滴过渡。这种控制思想要求控制更加精确。

C QH-ARC 控制法

在脉冲焊接中，当采用恒压外特性时，遇到干扰时容易产生断弧，若采用恒流特性又容易发生短路。为了克服上述缺陷，清华大学潘际銮院士提出了双阶梯形外特性，如图 8-12（a）所示。当电弧受到干扰变长时，恒流特性 $I_1$ 维持了电弧的燃烧，使之不会断弧熄灭；恒压外特性段电弧具有调节作用，使电弧不会短路；恒流特性 $I_2$ 提供了较大的引弧电流，又可限制短路电流峰值，减少了飞溅。

在两条不同的双阶梯外特性间快速切换，将形成一个方框形外特性，如图 8-12（b）所示。外特性将电弧工作点限制在一个方框内运动，这样既不会短路，也不会断弧。在弧长变化微小时，电弧处于稳定的射流过渡状态，而当弧长出现特大或特小的异常变化时，电弧也能在方框内自动调整，维持燃烧，即 QH-ARC 法。在焊接过程中焊接电流不断剧烈变化，电弧工作点在阶梯的各个阶段不断地往返跳动，两条阶梯形外特性也在快速切换。

D 中值波形控制法

对于脉冲 MIG 焊工艺，一脉一滴是所有过渡形式中焊接质量最佳的。此时，熔滴的大小与焊丝直径相当，这可利用一种新的脉冲电流的中值波形控制法来实现。图 8-13 所

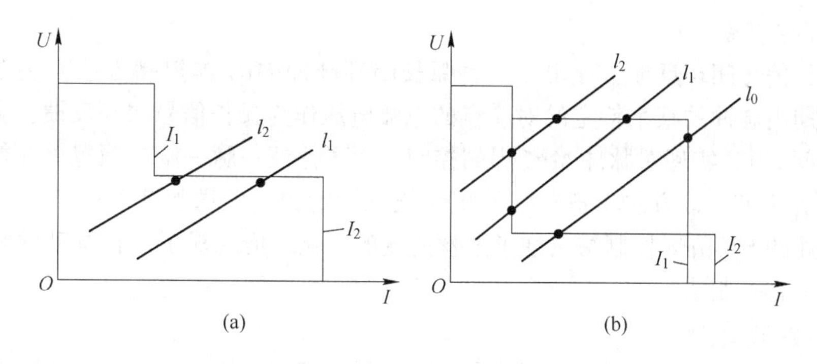


图 8-12 QH-ARC 控制法
（a）双阶梯形外特性；（b）方框形外特性

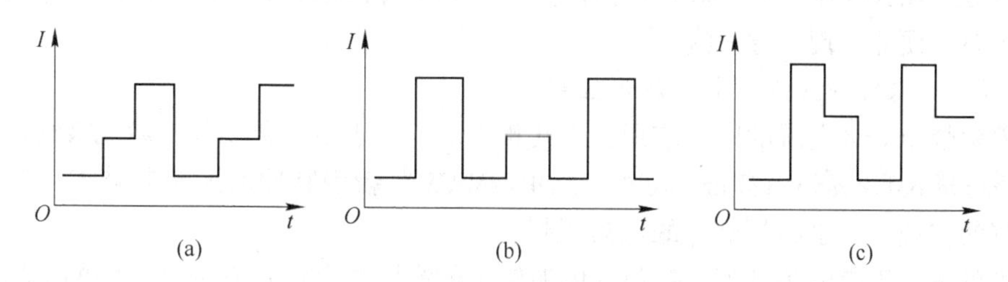


图 8-13 三种中值电流波形图
（a）前中值波形；（b）中间中值波形；（c）后中值波形

示为三种中值电流波形图。

a 前中值波形控制的特点

熔滴在中值阶段为长大阶段，而此时由于中值电流小于产生喷射过渡所需要的临界电流值，不会产生熔滴过渡，此时最利于控制熔滴大小。当熔滴继续长大到一定尺寸后，电流即过渡到峰值阶段，因为峰值电流大于产生喷射过渡所需的临界电流值，促使熔滴过渡，熔滴分离，穿过电弧进入到熔池。随后又进入到基值维弧阶段，等待下一个周期熔滴长大过渡阶段。

b 中间中值波形控制的特点

在基值-峰值控制阶段，由于熔滴的峰值电流大，熔滴较小，然而促使熔滴过渡的力（电磁力、等离子流力）大，熔滴直径小，熔池的流动性较好。而在基值-中值阶段，中值电流小于产生喷射过渡所需要的临界电流值，随着中值时间的增长，熔滴随之长大一直到发生过渡，促使熔滴过渡的力小，此时熔滴的直径比较大。

c 后中值波形控制的特点

电流在极短的时间内增大到大于所需要的临界值，在此期间形成熔滴并过渡到熔池中，而所过渡的熔滴是受到后半部分能量影响所致。这不仅为下次熔滴过渡的熔滴提供能量，促使熔滴长大，而且有助于提高熔池的流动性，提高焊接质量。到基值维弧阶段后，准备下一次熔滴过渡长大。

采用中值波形控制法使脉冲参数的可控制范围扩大，便于更加有效的控制熔滴过渡，提高了电弧的挺度和稳定性，有利于提高焊接速度和改善焊缝的成型。

E 闭环控制法

利用弧长信号闭环反馈，提出了一种弧长闭环脉冲 MIG 焊控制方法。该方法通过采样每一个周期内脉冲的某个特定的对应点的电弧电压作为弧长信号闭环反馈，调整脉冲参数（基值时间 $t_b$），实现对脉冲 MIG 焊的控制。为了保证一脉一滴，预置单元能量（$I_p$和$T_p$）并设定 $I_b$不变。该方法具备较强的抗弧长扰动能力，但送丝速度的波动引起过程不稳定，而前述的 Synergic 控制法关注了送丝速度的影响，但忽视了弧长扰动的影响，两者结合产生了综合控制法。

F 综合控制法

该方法同时具备了 Synergic 控制法和自适应闭环控制法的优点。送丝速度和电压的反馈信号均用于控制脉冲频率，而峰值电流时间的单元能量恒定，以期得到一脉一滴的熔滴过渡。该方法弧长控制性好，焊接质量高，只要保证峰值电流 $I_p$ 与峰值时间 $T_p$ 满足一定的匹配关系，便能实现一脉一滴。

8.3.4.4 双脉冲弧焊的电流波形控制

随着铝合金等轻金属的广泛应用，近几年出现了关于铝合金双脉冲熔化极气体保护电弧焊（double pulse gas metal arc welding，DP-GMAW）新型脉冲波形控制技术。目前弧焊效果最好的实现方法是高频脉冲的低频调制。

在送丝速度不变的条件下，使弧焊电源输出的高脉冲电流具有两个不同的平均电流值 $I_{AV1}$和 $I_{AV2}$，$I_{AV1}$为第一群高频脉冲电流的平均值，$I_{AV2}$为第二群高频脉冲电流的平均值。这两个平均电流按某一低频周期转换，由于平均电流值的不同，使焊丝的熔化速度也按照该低频周期发生变化，从而获得了鱼鳞状的焊缝外观，该方法就称为高频脉冲的低频调制。

其中，高频脉冲电流确保了熔滴过渡为一脉一滴，而低频脉冲电流是为了获得鱼鳞纹状的熔池。由于低频脉冲电流值的不同，在焊接过程中对熔池产生了一定的搅拌作用，促使熔池中气体的排出，减小了焊缝中气孔形成的可能性，从而提高了焊接质量，弥补了单脉冲 MIG 焊的不足。图 8-14 为典型的双脉冲电流波形图。图中 $T_W$表示弱脉冲时间，$T_S$表示强脉冲时间，$T_{BS}$、$I_{BS}$（$T_{PS}$、$I_{PS}$）分别表示强脉冲基值（峰值）时间和电流，$T_{BW}$、$I_{BW}$（$T_{PW}$、$I_{PW}$）分别表示弱脉冲基值（峰值）时间和电流。

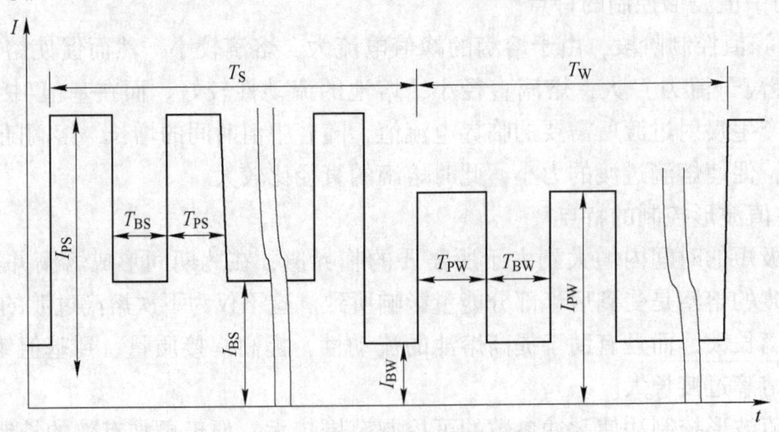


图 8-14 典型的双脉冲焊电流波形

双脉冲波形控制技术在国外已经成熟，如奥地利福尼斯的TPS系列的弧焊电源已经在铝合金焊接上取得了良好的工艺效果。由于铝合金自身对扰动的敏感性较高，同时双脉冲焊的电弧长度按低频进行变换，因此，双脉冲焊铝对脉冲弧焊电源的控制性能要求更高，电弧控制性能的进一步提高对铝合金脉冲弧焊是至关重要的。

### 8.3.5 弧焊电源的单片机控制

随着电子技术和信息技术的进步，弧焊电源向着数字化方向发展。弧焊电源的数字化包括两方面的内容：(1) 主电路的数字化。电力电子技术的发展为焊接装备的数字化提供了条件，大功率电力电子器件的出现使弧焊电源的主电路由模拟工作状态变为开关状态，完成了主电路从模拟到数字化的跨越，当前弧焊逆变器已成为焊机生产中的主流产品和重点发展方向。(2) 控制电路的数字化。它们是以单片机、DSP或ARM嵌入式微处理器为控制核心，通过软件编程实现弧焊工艺过程控制，这就大大增加了控制系统的柔性和适应性，便于操作和精确控制。

#### 8.3.5.1 单片机控制的功能和特点

单片机具有数值计算、数值分析和实时控制三个基本功能。采用单片机控制后，通过不同的控制算法可以获得弧焊电源的各种外特性；通过编程可实现任意复杂工艺的顺序控制；可以采用各种控制算法实现焊接参数的最优控制和匹配；利用现场通信技术可进行双机协同控制，实现双丝高速焊接；通过以太网IP接口技术可以实现焊接电源设备的远程管理、维护和升级。

A 单片机控制实现的功能

弧焊电源采用单片机控制后，通过软件编程大大丰富了控制系统的功能，增加了控制系统的灵活性和适应性，其主要功能如下：

(1) 外特性控制。通过不同的算法可获得恒流特性、恒压特性不同的斜率外特性、组合的外特性和输出线能量的任意控制，以满足各种弧焊方法和应用场合的需要。

(2) 动特性控制。通过软件编程可以实现P或PID调节器，在反馈量中加入电流的变化率（$di/dt$）可以控制电流的上升速度，使其符合焊接工艺的动态性能特征，使熔滴过渡稳定和减少飞溅。控制电流的变化率就相当于在电路回路里串联了一个可变的电抗器（也称为电子电抗器）。软件编程更加灵活，不仅能改善系统的动态性能，还能减小弧焊电源的体积和质量。

(3) 实现“一元化”调节功能。针对某一焊接方法，在不同焊接参数下进行大量的焊接工艺试验，找出焊接参数之间的最佳组合。在焊接时仅用单旋钮选择焊接电流（送丝速度），其他工艺参数与之配合实现一元化调节，而不必逐个调节焊接参数。

(4) 对焊接电流波形的控制。通过软件编程实现PID、模糊逻辑等控制算法，在焊接过程实时采集电流波形，可以实现$CO_2$焊的STT电源波形控制，脉冲MIG焊的脉冲参数控制等。

(5) 预置焊接参数。可以将焊丝材料与直径、工件材质与板厚、保护气体成分、电流等预置在单片机系统的ROM存储器中。焊接过程中操作人员可通过面板选择具体的焊接参数，单片机系统根据记忆再现，并在焊接过程监控这些焊接参数。

(6) 对焊接工艺程序的控制和焊接故障报警。如对先通气后通电、引弧、电流的递增和衰减等工艺程序进行控制，以及对焊接过程中可能产生的粘丝、熄弧、过电流、过电压、过热、触嘴等故障进行诊断和报警。

B 单片机控制的特点

与传统弧焊电源相比，单片机控制的弧焊电源性能更好，功能更全，具有以下特点：

(1) 控制更加灵活，系统升级方便。采用单片机控制后，弧焊电源的许多控制功能可以通过软件编程实现，只需要修改软件将其重新装配到单机片系统，或者在线修改控制算法和工艺参数，便可以改变弧焊电源的功能或者对其进行升级，不必改变硬件电路，这就极大地缩短了设计开发周期，节约生产成本。

(2) 便于实现各种先进的控制算法。在采用软件编程后，不仅可以实现常规的 PID 控制算法，而且还可以实现更加先进、智能化的控制算法，如自动调整参数、变结构控制、模糊控制、自适应控制、人工神经网络控制等，进而提高弧焊电源的控制精度和抗干扰能力。

(3) 控制电路的元器件数量显著减少。由于单片机的集成度不断提高，以前需要专用的 IC 和分立元件实现的功能，现在在单一的单片机上便可实现，例如：数字 I/O 口、定时/计数器、串行口、多通道 A-D、可编程计数器阵列（PCA）等，甚至配备多通道 PWM、CAN、总线控制。因此，一块单片机配置少量的外围电路就能够实现弧焊电源所需要的各种控制功能。

(4) 控制系统的可靠性更高，易于实现标准化。单片机的应用使许多模拟信号的处理被数字信号处理所取代，控制系统的可靠性得到极大的提高。对于某一系列的弧焊电源产品，可以采用同一套硬件控制电路，有利于组织生产；而软件可以利用编程实现模块化，将程序分为工艺时序、控制算法、键盘显示、输入输出接口、通信接口等不同的模块，根据不同的焊接方式修改相关参数进行产品开发，并将所需要的软件模块组合即可实现相应的焊接工艺。从软硬件两方面均可实现标准化，进一步提高系统的可能性和可靠性。

(5) 存储能力强，可实现一机多用。随着不同的高存储技术的涌现，存储的密度得到大幅度的提高。目前，多数单片机中集成了不同类型的大容量存储器，诸如 ROM、RAM、FLASH 和 EEPROM 等。因此，不同的焊接工艺程序以及控制参数便可在控制系统中存储，有助于实现一机多用的功能。

(6) 系统的一致性好，便于生产制造。采用单片机实现信号的数字化处理，消除了模拟器件中因温漂和时漂等带来的差异问题，保证了产品的一致性，便于调试和生产制造。

#### 8.3.5.2 单片机控制原理

弧焊电源的控制主要由主电路的驱动控制、电参数控制、信号检测电路、故障报警与处理电路、通信电路和人机界面 6 个模块组成。单片机在控制电路中占核心地位，是控制系统中的中枢大脑，保证上述模块按一定的规则协调有序的工作。

A 系统组成

在弧焊电源中，弧焊逆变器具有良好的动态响应性能，与单片机相互配合可进一步增强整机的功能和提高性能。此处以单片机控制的弧焊逆变器为例说明系统的组成，单片机控制的弧焊逆变器的闭环系统组成结构图如图 8-15 所示。由图可见，该系统由主电路

(电子功率单元) 和控制电路 (电子控制单元) 两个主要部分组成。在信号采集输入和控制信号输出通道上均采用了光点隔离和电磁隔离等措施以减少主电路对控制电路的干扰。

如图 8-15 所示，单片机控制的弧焊逆变器的闭环控制系统采用了“MCU+硬件驱动”的方案，其由整流滤波电路、IGBT 全桥构成的逆变主电路、送丝系统、控制电路、人机交互系统等组成。该系统采用相对成熟的 3846 驱动芯片实现有限双极性软开关控制 IGBT 模块，以高性能 MCU 作为流程控制核心，可完成电流保护、过电压保护、过温保护、电流给定、送丝速度给定、电压给定、工艺逻辑顺序控制、串口通信、数据存储、专家系统生成和管理等功能。通过 ARM+CPLD 模式可实现控制面板上的编码器、按键、LED 灯、表和串口通信的控制。

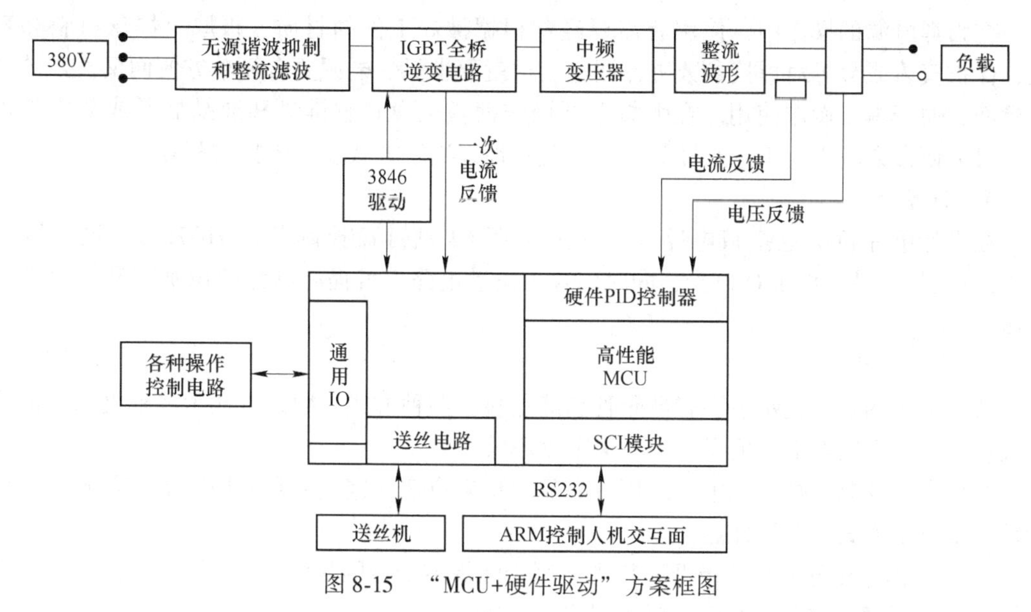


图 8-15 “MCU+硬件驱动”方案框图

“MCU+硬件驱动”方案的特点：

(1) 采用硬件 PLD 控制器，具有系统响应速度快、抗干扰能力强和运行稳定性好等优点。

(2) 硬件驱动在很大程度上降低了 MCU 的工作负荷，MCU 可以在极短的时间内完成流程控制和数据处理任务。

(3) 有限双极性软开关 (基于 3846 芯片驱动控制) 或硬开关主电路 (基于 SG3525 芯片驱动控制) 的应用，只需要进行输出电压给定，便能生产 PWM 驱动。相当于是实现 V-PWM 转换的“黑匣子”，加上一次侧电流保护，使其稳定性更高。

(4) 由于电路实现了 PID 控制，使 PID 参数调节失去了灵活性；同时，电器或模拟电子开关的应用，限制了恒流控制和恒压控制的瞬时切换。

B 控制过程

在编程时输入焊接参数，或借助于多圈电位器从基准电源产生电压信号，并经 A-D 转换输入焊接过程的焊接参数，最后通过键盘或控制开关发出焊接指令实现单片机的控制。此时单片机接上相关设备的控制通道，并向其发出提前送气指令以及引弧指令。当引弧成功后，电流在单片机的控制下自动降低到预设置。在熔化极气体保护焊时，微机控制系统通过对焊接电流信号与电弧电压的对比，使焊丝速度和电弧电压调节至预设的焊接参数；在TIG焊接时焊接电流通过电流反馈信号实现恒流特性控制。当工件预热（工件厚度和电弧电压较大时才需要预热）到一定时间后，单片机发出启动行走机构指令，同时输出一定数值的焊接速度信号，开始正常的焊接。在焊接进行过程中，单片机实时数字显示焊接电流及电弧电压值，从而自动切换焊接过程中的参数。当单片机发出收弧指令后进行收弧处理，收弧完成后，单片机进入焊接结束状态并关闭所有通道。如果在焊接过程中或焊接结束后出现故障信号，则单片机以中断方式进行处理并发出报警信号，显示故障原因，以便操作人员查找并排除故障，待故障清除后方可进行焊接。

#### 8.3.5.3 人机界面

在弧焊电源的操作中，使用者需要经常根据被焊工件的材质、板厚、焊丝材料和直径、保护气体成分等对焊接参数进行调整。这就要求弧焊电源要有简单方便而又直观的操作界面，便于焊工操作使用。在弧焊电源操作面板上设置软键盘和液晶显示或数码管显示，可方便参数输入、工艺选择等，并能直观地以数字方式显示焊接过程参数。

A 键盘

在设计单片机键盘接口电路中，输入常用64键键盘控制芯片HD7279。这是因为HD7279占用单片机的I/O口少，同时内含去抖动电路，可提高键盘的识别率和简化编程工作。

B 数字显示

弧焊电源的数字显示主要有数码管和液晶显示两种方式，数码管显示清晰度高，但功耗大；液晶显示功耗低，但视角大时清晰度不够好。

在数字式控制弧焊电源中，采用液晶显示愈来愈多。这主要是采用图形点阵式液晶显示较其他显示方式有以下优点：

（1）工作电压低，功耗极低，特别适用于弧焊逆变器的显示。

（2）液晶显示属被动显示，受外界光线干扰小。

（3）图形点阵式液晶显示的信息量大，分辨率高，不产生电磁干扰。

（4）可靠性高，使用寿命长。

#### 8.3.5.4 单片机控制系统的实现

由于单片机控制的弧焊电源中需要执行时序控制、波形控制、通信、键盘显示和故障报警等多项控制任务，则对其实时性要求非常高。因此单片机控制系统应满足以下要求：

（1）单片机系统应具有较高的运算速度。由于系统运行的是实时多任务软件，要对焊接电流、电弧电压进行控制，需要实时采集电弧电压、电流信号，并同时对数据进行计算处理而发出相应的控制量。因此，需要综合考虑微处理器的指令处理速度、主频、A-D、D-A、存储器速度的适当配合。

（2）对于熔化极气体保护焊，送丝系统应具备快速的动态响应能力、送丝平稳、速度可调范围宽和结构简单可靠等特点。

（3）由于弧焊电源自身是一个强干扰源，若焊接环境条件差，外界干扰源增多，必须采取合理的抗干扰措施，才能保证控制系统的正常工作。

（4）在设计单片机控制系统时，需要综合考虑控制器的成本、性价比和体积等各种因素。为了提高系统的可靠性，系统采用多功能模块化设计、模块功能单一化等措施。弧焊电源单片机控制系统的硬件设计应满足以下要求：

1）确定单片机控制系统输入输出模拟量和开关量及其通道数量。

2）单片机控制系统的硬件结构。

3）弧焊电源与微机的接口。

弧焊电源及相应设备采用单片机系统进行控制，为了保证其安全可靠的工作，实现高质量的焊接，需要对输入输出模拟量、开关量和机器通道数进行合理的设计。

8.3.5.5 单片机通信系统

计算机技术的发展已经进入到后PC时代，即以嵌入式、网络化为主要特征。IPV6技术的实施，为每台工业设备内置IP地址实现远程通信提供了充足的地址资源。当前在普通单片机中一般都集成有不同方式的串行通信接口，如主控同步串行端口（MSSP）和通用同步/异步收发器（USART）。

主控同步串行端口（MSSP）模块，是用来与其他外围芯片或单片机芯片进行通信的串行接口，这些外围芯片是串行EEP、ROM、移位寄存器、显示或A-D转换器等。MSSP模块在12模式下可实现所有主控和从动功能，硬件上可对启动START和STOP位进行检测而产生中断的功能来判断总线何时是空闲的。

通用同步/异步收发器（USART）也叫串行通信接口，即SCI接口。USART可被配置成与CRT终端和PC微机等外围模块进行通信的全双工异步通信系统，也可被配置成与A-D或D-A的接口电路、与串行$E^2$PROM等外围模块进行的半双工同步通信系统。

在采用单片机控制的通信中通常涉及串口通信和CAN总线通信。串口通信是单片机通信方式中最常见的一种，它既可实现双机之间的通信，也可与上位PC进行通信。CAN总线是一种有效支持分布式控制或实时控制的串行通信网络，具有通信速率高、抗干扰能力强等特点，能够很好地满足系统对通信距离、通信速率和稳定性等要求，特别适用于焊接这类工业控制系统。具体内容请参照相关书籍，这里不再赘述。

8.3.5.6 单片机系统的软件

多功能数字化弧焊电源在控制逻辑和时序上比常规弧焊电源复杂得多，不仅需要响应各种开关量，还需要接收来自计算机和人机交互系统等的信号。控制系统软件设计的基本要求就是能够良好地接收并响应信号。弧焊方法包括$CO_2$焊、脉冲MIG焊、双脉冲弧焊。

单片机控制的数字化弧焊电源的工作流程可粗略地划分成主机初始化、控制面板初始化、通信、检测、正常焊接、故障服务、参数保存等过程。各种物理量的检测和控制涵盖了上述的每一个过程，包括温度、电流、电压、通信状态等。具体可参照相关书籍，这里不再赘述。

### 8.3.6 弧焊电源的ARM控制

ARM（advanced rISC machinea，ARM）是通用的32位微处理器，它是基于精简指令系统计算机（RISC）构建的。ARM微处理器已经遍及工业控制、网络系统、消费类电子通信系统、无线系统等各类产品市场，基于ARM技术的微处理器应用占据了32位RISC微处理器80%以上的市场份额。采用RISC架构的ARM微处理器的主要特点包括：

（1）小体积，低功耗，低成本，高性能。

（2）大量使用寄存器，指令执行速度更快。

（3）支持双指令集，能很好地兼容 8 位/16 位器件。

（4）寻址方式灵活简单，执行效率高。

（5）大多数数据操作都在寄存器中完成。

（6）指令长度固定。

在焊接生产过程管理信息化方面，焊接工作者做了大量的研究工作，例如焊接工艺制订、焊材用量计算和统计、焊工技术档案管理、焊接工艺专家系统等，但这些研究还主要集中在焊接生产的管理和决策层，对焊接现场设备的网络化研究还十分薄弱。

ARM 芯片具有丰富的接口和很强的通信能力，兼有单片机和 DSP 的综合优势，且成本低，近年来在弧焊方面得到了广泛关注。其中具有代表性的是 ST 公司采用 ARM 的 Cortex-M3 核的 STM32 系列产品。

许多 ARM 芯片都具有网络控制功能，从硬件方面，MAC 控制器和物理层接口（physical layer，PHY）两大部分构成了以太网接口电路。目前常见的以太网接口芯片均包括这两部分，从网络化实现的技术可行性来看，采用 ARM 嵌入式微处理器中的网络模块，利用以太网网络通信技术，在每台弧焊电源中内置 IP 地址，这样弧焊电源就可以通过 RJ45 接口直接连接到企业的 Intranet 网中。

ARM 嵌入式技术在联网方面的优势，为弧焊电源实现网络化控制奠定了基础。若单片机控制的弧焊电源具有网络功能，则可以与企业现有的网络信息系统无缝连接。实现焊接过程的网络化管理与监控，这对于焊接质量的控制和提高，以及焊接制造过程的敏捷性具有重要意义，并使焊机的远程故障诊断与维护成为可能。

8.3.6.1 数字化弧焊电源的群控和网络化管理

由单台 PC 组成的控制系统只能控制局部、小范围内的生产过程与设备，如要控制一个车间，乃至一个大中型企业的生产过程和设备，必然要使用网络技术。将多台 PC 连接，可以实现此任务。在现代化企业中，计算机已经在自动控制、办公自动化、经营管理、市场销售等方面起到重要作用，企业网络（enterprice networks）已成为连接企业内部各车间、部门和与外部交流信息的重要集成设施。在市场经济与信息社会中，企业网络对企业的综合竞争能力具有重要作用。因此了解计算机在焊接中的应用，必须了解目前计算机在企业中应用的全貌，并研究如何将计算机对弧焊过程的控制、焊工档案的管理、弧焊工艺卡的制订等应用技术集成于整个企业信息管理网络中。

目前，国内众多焊接企业存在着焊工焊接水平普遍偏低现象，再加上工资计费与焊件数量关联，导致大部分焊工不考虑焊接工艺，普遍使用超过弧焊参数范围的参数焊接，未能充分发挥数字化弧焊电源、设备性能，严重影响弧焊质量。

群控管理系统将数字化弧焊电源，设备和管理人员通过网络有效结合起来，但是，焊接企业普遍存在弧焊现场环境恶劣、焊机位置不固定等问题。这对群控管理系统的可靠性、安全性、实时性提出了更高的要求。群控管理系统分为有线网络和无线网络。有线网络布线复杂，容易遭到破坏；无线网络需要保证通信的越障能力和抗干扰能力。

目前，焊接群控系统可以采取 PLC 群控和 PC 微机群控。通信方式可以采取 R485CAN 总线、工业以太网、无线通信等方式。

焊接群控系统主要由上位监控计算机系统模块、数据通信模块和单机焊接控制器模块三大部分组成。这三大模块协调工作完成对整个系统的管理和监控工作。

上位监控计算机系统模块，是群组弧焊系统运行时的总中央处理器，是群控系统的中枢神经，是整个群控系统的核心。由它进行分派任务和监控工作，主要作用分为两个部分：

（1）完成通电管制和优先级排队的决策算法。单个弧焊系统开始焊接任务之前，通过通信网络向上位主控计算机发出通电申请时，主控计算机根据当前的弧焊系统群组运行情况，调用应答控制算法计算出最佳方案，对通电申请进行反馈，将通电允许命令及时分配给最合理的弧焊系统，然后弧焊系统才能通电完成焊接任务。

（2）与各个单机控制器通信，负责下达通电命令及接受焊接完成的停止工作反馈信息；实现对焊接过程的现场监控、显示、设备管理和故障的查询、处理；对数据进行存储和交换、在线修改和编写焊接规范、完成历史记录以及报表的打印等。

8.3.6.2 数字化弧焊电源的人机接口

人机交互系统是弧焊电源的外在表现，是人机最直接的操作界面，是操作者向CPU输入信息、发出指令以及观察现场参数和信息的窗口。因此，人机交互系统须具有友好性、灵活性、功能性、明确性、可靠性等特点。

对于弧焊控制系统而言，人机接口对速度要求较低，而对控制能力的要求较高，对总线宽度的要求较低。如果直接在主控芯片上扩展人机接口，这样会浪费主控芯片宝贵的外部控制资源。同时主控芯片需要经常响应慢速的人机接口而中断，这样对主控芯片的运算能力也是一个比较大的浪费。为使主控芯片的数据处理能力、高速性能得到充分的发挥，通常采用独立的面板处理器来完成键盘、显示以及与主控系统通信等。

采用STM32作为控制核心，结合CPLD实现编码器信号的输入和LED灯的控制，以及按键的扫描，并利用RS232串行总线和GPO脚与主控芯片DSP通信，整个面板的硬件结构框图如图8-16所示。

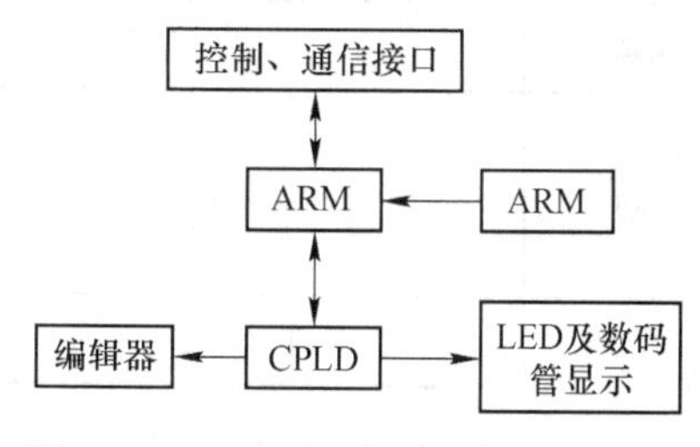


图8-16 人机交互系统硬件结构框图

## 8.3.7 弧焊电源的DSP控制

DSP是一种具有特殊结构的微处理器，可看成是一种特殊的单片机。与传统的单片机类似，DSP将中央处理器、控制单元以及外围设备集成到一个芯片上。与普通单片机不同的是DSP采用了改进的哈佛结构，实行并行运行机制；采用了多组总线技术和流水线操作；同时，具备了专门的硬件乘法器和特殊的DSP指令等，使其具有高速的数据运算能力。DSP以其强大的指令系统及接口功能显示出其功能强、速度快、编程和开发方便等特点，它广泛应用于通用数字信号处理、通信、语音处理、图像处理和仪器仪表及军事与尖端科技等方面。近年来DSP在自动控制领域也获得广泛应用，DSP芯片已经成为数字电路设计的主要器件。

由于DSP是一种特殊的单片机，其工作原理与普通的单片机是一致的。其工作过程是从一个制定的区域（储存器、I/O接口等）读取数据，利用这些数据并按照一定的控制方法进行计算，最终将计算结果通过输出端口对被控制对象进行控制。在数字化逆变弧焊电源系统的DSP控制中，可利用DSP直接输出所需要的PWM信号，对弧焊逆变器中的功率半导体开关器件的通断进行控制，从而获得所需要的输出电流或电压。

DSP控制采用了数据总线和地址总线，数据和地址信息分别在两条总线上流动。这两条总线的模块包括DSP的中央处理单元（CPU）、程序存储器、数据存储器以及内部外设等功能模块。程序储存器包括芯片内部储存器和外部存储器。CPU根据程序的流程控制数据和地址总线的占用情况，同时进行相关的计算。程序储存器用于储存人为编写的程序代码，使得DSP控制器能够按照人的意志进行相关的工作。而数据储存器则用于储存计算、控制过程中所需要使用的数据，如初始化数据、计算中间结果和最终结果等。片内外设为集成在片内与芯片外部进行数据交换的功能模块，如PWM、I/O输出及通信等。

图8-17所示为DSP集成控制系统的结构框图，包括整流滤波电路、IGBT全桥构成的逆变主电路、主变压器、整流滤波电路、基于DSP的控制系统、基于ARM的全数字化面板等部分。

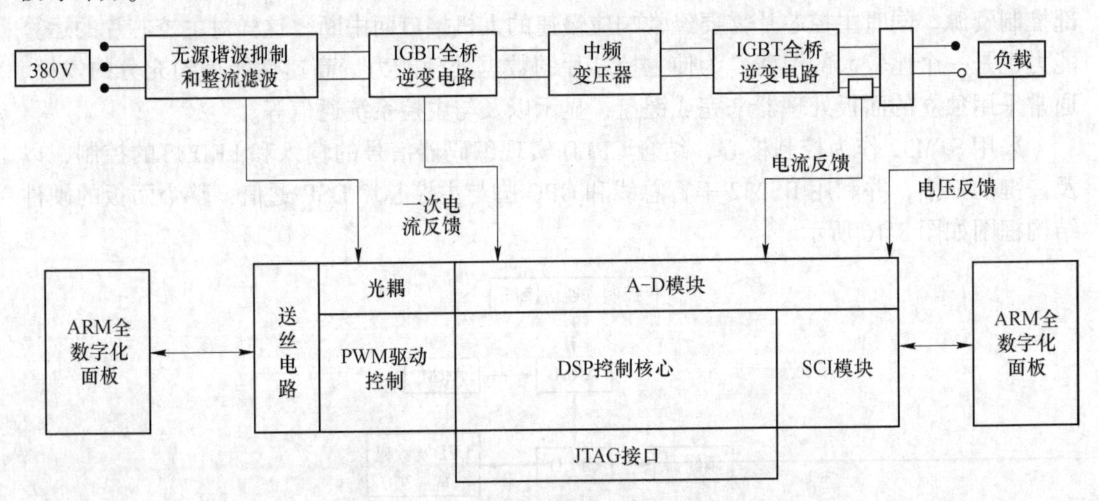


图8-17 DSP集成控制系统结构框图

DSP控制系统的特点是：

（1）采用强大的DSP控制核心（自带硬件乘法器），可以将所有模拟/数字信号接入DSP进行实时处理，简化了硬件设计，减少了硬件环节，提高了稳定性。

（2）软件实现PID控制，便于PID参数的修改和试验，也为模糊控制、自适应控制，甚至变PID参数控制提供了可能。另外恒流、恒压控制可以任意切换，可以探索和试验各种复杂的控制工艺。

（3）采用基于ARM的数字化面板，人机交互界面非常直观、友好、人性化。

（4）DSP直接输出PWM驱动IGBT，对于硬件和软件的抗干扰设计以及保护设计要求非常高，否则极有可能导致模块烧毁。

现代 GMAW 弧焊电源应满足多方面的不同需求，如：适合于短路过渡焊接脉冲焊接、射流过渡焊接和高熔敷率焊接等焊接工艺的合理的弧焊电源外特性，可以通过一次侧工作于开关状态的弧焊逆变器实现；大量的焊接参数的设计必须实现 Synergie 控制（一元化控制）以使弧焊电源便于操作；为满足新的质量控制要求，弧焊电源必须实时记录焊接参数、识别偏差量等。

基于上述思想，随着新型的功能强大的数字信息处理器 DSP 的出现，Fronius 公司推出了全数字化弧焊电源，随后 Panosonic 等公司也推出了各自的全数字化弧焊电源产品，并相继进入中国市场。全数字化弧焊电源实现了柔性化控制和多功能集成，具有控制精度高、系统稳定性好、产品一致性好、功能升级方便等优点。如 Fronius 公司的 Transpluas synergie 2700/4000/5000 系列产品，在一台焊机上实现了 MIG/MAG、TIG 和焊条电弧焊等多种焊接方法，可存储近 80 个焊接程序，实时显示焊接参数；通过单旋钮给定焊接参数和电流波形参数，可以实现熔滴过渡和弧长变化的精确控制。同时，此类弧焊电源还可以通过网络进行工艺管理和控制软件升级。

就控制系统结构而言，全数字化弧焊电源的控制部分由单片机和 DSP 共同构成。单片机负责系统的总体管理及给定参数的输出。而弧焊逆变器的 PWM 信号产生和电流、电压的弧焊电源及其数字化控制、PI 控制则由 DSP 完成。与传统的硬件电路构成的 PWM 信号发生器和 PI 控制器相比，基于软件方式实现的控制器具有更大的灵活性。

## 8.4 数字化控制弧焊电源产品简介

NBM-630 型 IGBT 逆变式微机控制多功能弧焊电源系统，是华南理工大学与广州市同诚焊接设备技术有限公司联合研发、生产的一款高性能、低成本的多用途弧焊电源、设备。其核心部分是 630A IGBT 逆变式弧焊电源。逆变式弧焊电源由低成本的高速单片机 77E58 进行控制和管理，可变换恒压、恒流、L 形等多种外特性，并可输出脉冲焊接电流，因而适用于焊条电弧焊、钨极氩弧焊、熔化极气体保护焊和熔化极脉冲弧焊等多种焊接方法，可用于各种金属材料的焊接。

### 8.4.1 产品主要技术指标

产品主要技术指标包括：

（1）网络电压 $U_1$：380V 三相、50Hz/60Hz；

（2）额定输入电流 $I_{fe}$：53.9A；

（3）额定输入容量 $S_e$：35.5kV · A；

（4）额定输入功率 $P_{fe}$：32.2kW；

（5）额定焊接电流 $I_{fe}$：630A；

（6）焊接电流调节范围 $I_{f,min} \sim I_{f,max}$：50~630A；

（7）额定电弧电压 $U_{fe}$：44V；

（8）电弧电压调节范围 $U_{f,min} \sim U_{f,max}$：16~44V；

（9）空载电压 $U_0$：75V；

（10）额定负载持续率 $F_{se}$：60%（10min）；

(11) 额定输出功率 $P_{fe}$：27.7kW；

(12) 额定效率 $\eta_{fe}$：86%（最高 88%）；

(13) 质量：75kg；

(14) 外形尺寸：780mm×380mm×480mm。

### 8.4.2 控制回路

控制回路是以高速 51 系列单片机 77E58 为核心组成的控制系统，其组成框图如图 8-18所示。电弧电压和电弧电流分别经电压传感器和电流传感器放大，滤波整流后分成两路，经 A-D 进行数字化采样后送入单片机控制器，做进一步运算，结果经 D-A 模拟化送入特性控制电路进行模拟运算，控制 PWM 电路的脉冲宽度，经驱动电路放大后驱动 IGBT 全桥逆变回路的通/断时间比率，从而获得焊接所需要的电压、电流外特性及动特性。另外，单片机控制器还通过第三路 D-A 控制送丝电路而获得相应配合的送丝速度，得到稳定的焊接过程。人机指令接口接受用户的调节指令，控制电路输出不同的电压、电流的幅值、恒压或恒流外特性，或脉冲变化外特性及变化速度（脉冲频率），各站的宽度（脉冲宽度）以及送丝速度等。预留的 RS232 接口作为升级及后续开发使用。

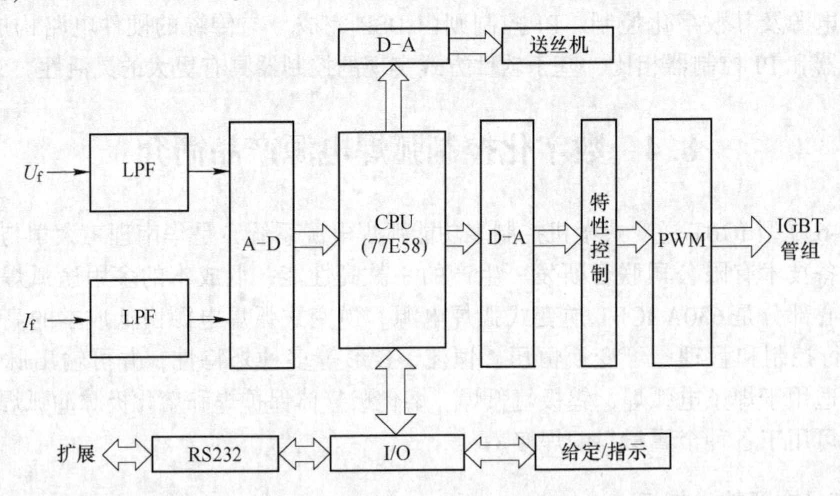


图 8-18 单片机控制框图

### 8.4.3 逆变主电路

逆变主电路采用 IGBT 全桥式逆变主电路，如图 8-19 所示，该电路的主要特点是变换功率大，逆变桥由两组模块中的 4 个大功率 IGBT 晶体管 $VT_1$、$VT_2$、$VT_3$、$VT_4$四部分组成。通过脉宽调制（PWM）电路和驱动电路，使 $VT_1$、$VT_2$、$VT_3$、$VT_4$按对边上的两对 IGBT 交替通断，向主变压器传递中频（20kHz）高压（约 540V）电能。

### 8.4.4 电气特性

该产品的电气特性包括：

(1) 良好的动特性。$CO_2$焊接时电源输出为恒压特性，借助电子电抗器对短路电流的

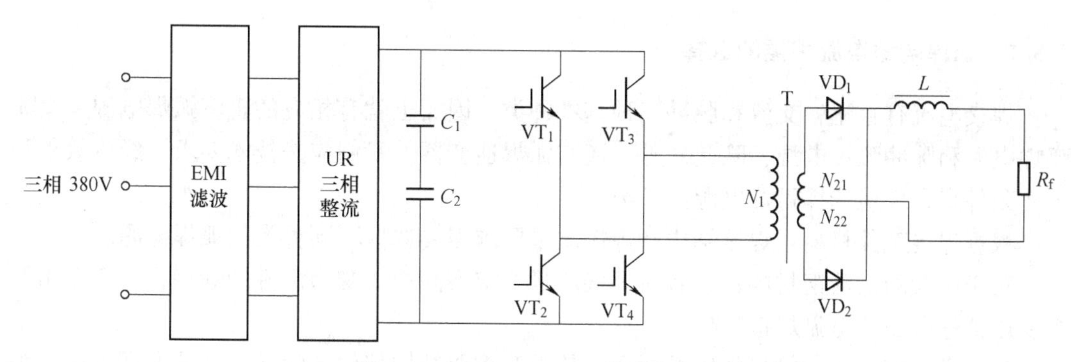


图 8-19 NBM-630 IGBT 逆变主电路

上升率 $di_{sd}/dt$ 进行无级调节，实现最佳控制，从而使熔滴有节奏地平稳过渡到熔池中，减少飞溅，促使良好的焊缝成形。脉冲 MIG 焊接时，峰值电流和基值电流快速切换，频率可达 500Hz。

（2）多种外特性。该产品为适应多种焊接方法、多种金属材料焊接的需要，设计了多种外特性并可随时进行切换。恒压特性用于半自动、自动 $CO_2$/MAG 焊接方法；恒流特性用于焊条电弧焊、TIG 焊等方法；“L”形外特性配合峰值恒流或恒压特性，可用于 PMIG 焊接方法。外特性曲线如图 8-20 所示。

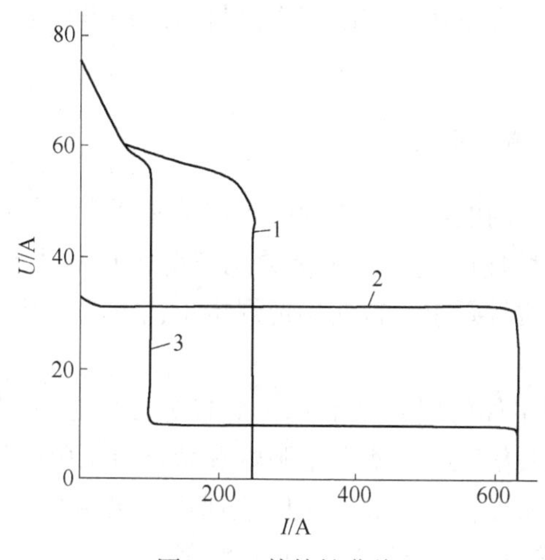


图 8-20 外特性曲线

1—恒流特性；2—恒压特性；3—“L”特性

## 8.5 弧焊电源的选择

弧焊电源在焊接设备（焊机）中是决定电气性能和焊接性能的关键部分。尽管弧焊电源具有一定的通用性，但不同类型的弧焊电源，在结构、电气性能和主要技术参数等方面却各有不同。因而在应用时只有合理的选择，才能确保焊接过程的顺利进行，既保证焊接质量，又具有良好的经济性。

### 8.5.1 弧焊电源电流种类的选择

焊接电流有直流、交流和脉冲三种基本种类，因而也就有相应的直流弧焊电源、交流弧焊电源和脉冲弧焊电源，除此之外，还有弧焊逆变器。我们应按技术要求、经济效果和工作条件来合理地选择弧焊电源的种类。

根据焊接工件材料、焊接结构和焊接质量要求需要选择不同种类的弧焊电源。

对于一般的低碳钢材料，或者对焊接质量要求不高的非受力部件的焊接，一般选用弧焊变压器进行交流电弧焊接。

对于合金钢、铸铁等材料以及桥梁、船舶等重要结构部件的焊接，为了保证焊接接头质量，需要采用稳定的直流电弧，因此需要选择直流弧焊电源（弧焊整流器、弧焊逆变器）。

对于铝、镁及其合金材料的焊接，由于材料的特殊性，一般需要采用正弦波或者方波交流弧焊电源。

对于焊接热敏感性较大的合金钢材料，焊接薄板结构、管道及全位置自动焊接、厚板的单面焊双面成型，则需要选择脉冲电弧电源进行焊接。

对于在水下、高山、野外施工等场合下没有交流电网，宜选用汽油或者柴油发动机拖动直流弧焊发电机。

在小单位或者实验室，设备数量有限而焊接材料的种类较多，可选用交、直流两用或者多用弧焊电源。

### 8.5.2 焊接工艺方法选择弧焊电源

不同的弧焊电源具有不同的特性，不同的焊接结构厚度、焊接工艺方法所需要的弧焊电源的外特性、动特性和焊接电流、电压参数调节范围也均不相同。根据被焊工件的材料、厚度、结构以及焊接质量要求。首先确定焊接工艺方法，然后，根据焊接工艺方法来选择不同特性的弧焊电源。

（1）工件材料。被焊工件材料的性能对于焊接方法的选择是非常重要的。对于不锈钢材料，通常可以选用钨极氩弧焊、焊条电弧焊和熔化极氩弧焊等；对于铝、镁及其合金材料，不适宜选用 $CO_2$电弧焊、埋弧焊，而应该选用钨极氩弧焊、熔化极氩弧焊。表 8-1 是推荐的常用材料及板厚适用的焊接方法，可供参考。

**表 8-1 常用材料及板厚适用的焊接方法**

| 材料 | 厚度/mm | 焊接方法 | | | | | | | |
|---|---|---|---|---|---|---|---|---|---|
| | | 焊条电弧焊 | 埋弧自动焊 | 气体保护金属极电弧焊 | | | | 钨极氩弧焊 | 等离子弧焊 |
| | | | | 射流过渡 | 潜弧 | 脉冲电弧 | 短路电弧 | | |
| 碳钢 | 0~3 | △ | △ | | | △ | | △ | |
| | 3~6 | △ | △ | △ | △ | △ | △ | △ | |
| | 6~19 | △ | △ | △ | △ | △ | | | |
| | 19 以上 | △ | △ | △ | △ | △ | | | |

续表 8-1

| 材料 | 厚度/mm | 焊接方法 | | | | | | | |
|---|---|---|---|---|---|---|---|---|---|
| | | 焊条电弧焊 | 埋弧自动焊 | 气体保护金属极电弧焊 | | | | 钨极氩弧焊 | 等离子弧焊 |
| | | | | 射流过渡 | 潜弧 | 脉冲电弧 | 短路电弧 | | |
| 不锈钢 | 0~3 | △ | △ | | | △ | △ | △ | |
| | 3~6 | △ | △ | △ | | △ | △ | △ | △ |
| | 6~19 | △ | △ | △ | | △ | | | △ |
| | 19 以上 | △ | △ | △ | | △ | | | |
| 低合金钢 | 0~3 | △ | △ | | | △ | △ | △ | |
| | 3~6 | △ | △ | △ | | △ | △ | △ | |
| | 6~19 | △ | △ | △ | | △ | | | |
| | 19 以上 | △ | △ | △ | | △ | | | |
| 铝及铝合金 | 0~3 | | | △ | | △ | | △ | △ |
| | 3~6 | | | △ | | △ | | △ | |
| | 6~19 | | | △ | | | | △ | |
| | 19 以上 | | | △ | | | | | |
| 钛及钛合金 | 0~3 | | | | | △ | | △ | △ |
| | 3~6 | | | △ | | △ | | △ | △ |
| | 6~19 | | | △ | | △ | | △ | △ |
| | 19 以上 | | | △ | | △ | | | |
| 镁及镁合金 | 0~3 | | | | | △ | | △ | |
| | 3~6 | | | △ | | △ | | △ | |
| | 6~19 | | | △ | | △ | | | |
| | 19 以上 | | | △ | | △ | | | |

注：有△表示推荐。

（2）焊接工件结构。在焊接过程中，焊接结构件中的焊缝长短、位置和形状的不同，对所选用的焊接方法和所要求的弧焊电源特性起决定性的作用。在结构产品中，规则的长焊缝和环焊缝宜选用熔化极气体保护焊和埋弧自动焊；而对于打底焊、短焊缝焊接等选择焊条电弧焊比较合适。

（3）工件厚度。工件厚度在一定程度上影响焊接工艺方法的选择，因为每种焊接工艺方法的热源情况有所不同，都有一定的工件厚度使用范围。比如对于超薄板焊接适合于选用微束等离子弧焊或钨极氩弧焊；而对于一般薄板则可以选用钨极氩弧焊、熔化极气体保护焊和等离子弧焊；对于中厚度板则可以选用熔化极气体保护焊和埋弧焊等。

（4）接头形式和焊接位置。对于狭小位置焊接接头的焊接适合采用焊条电弧焊；而对于薄板立焊适合采用熔化极气体保护焊等；对于平焊适合采用埋弧自动焊或者熔化极气体保护焊。

而不同的焊接工艺方法其电弧特性不同，每种工艺方法又有对电源特性的要求，因此不同的焊接方法需要不同的弧焊电源特性。

（1）焊条电弧焊。用酸性焊条焊接一般金属结构，可选用动铁式、动线圈式或抽头式弧焊变压器（BX1-300、BX3-300-1、BX6120-1 等）；用碱性焊条焊接较重要的结构钢，可选用直流弧焊电源，如弧焊整流器（ZX-400、ZX1-250、Z5-250Z5-400、ZX7-400 等），在没有弧焊整流器的情况下，也可采用直流弧焊发电机。这些弧焊电源均应为下降特性。

（2）埋弧焊。一般选用容量较大的弧焊变压器。如果产品质量要求较高，应采用弧整流器或矩形波交流弧焊电源。这些弧焊电源一般应具有下降外特性，在等速送丝的场合宜选用较平缓的下降特性；在变速送丝的场合，则选用陡度较大的下降特性。

（3）钨极氩弧焊。钨极氩弧焊要求用恒流特性的弧焊电源，如弧焊逆变器、弧焊整流器。对于铝及其合金的焊接，应采用交流弧焊电源，最好采用矩形波交流弧焊电源。

（4）$CO_2$气体保护焊和熔化极氢弧焊。在这些场合可选用平特性（对等速送丝而言）或下降特性（对变速送丝而言）的弧焊整流器和弧焊逆变器，对于要求较高的氢弧焊必须选用脉冲弧焊电源。

（5）等离子弧焊。最好选用恒流特性的弧焊整流器或弧焊逆变器。如果为熔化极等离子弧焊，则按熔化极氢弧焊选用弧焊电源。

（6）脉冲弧焊。脉冲等离子弧焊和脉冲弧焊应选用脉冲弧焊电源。在要求高的场合，宜采用弧焊逆变器、晶体管式脉冲弧焊电源。

（7）新型数字化逆变电源。根据焊接工艺复杂性要求选用此类焊接电源，实现一机多用。高性能脉冲 MIG、无飞溅短路过渡焊接等，辅以焊接专家系统可极大地提升焊接质量。

从上述描述可见，一种焊接工艺方法并非一定要用某一种形式的弧焊电源。但是被选用的弧焊电源，必须满足该种工艺方法对电气性能的要求。其中包括外特性、调节性能、空载电压和动特性。

### 8.5.3 弧焊电源功率的选择

在弧焊电源的选择中，需要根据焊接工程实际的要求选择弧焊电源的功率。

粗略确定弧焊电源的功率的主要参数是焊接电流。为简便起见，可按所需的焊接电流对照弧焊电源型号后面的数字来选择容量。例如，BX1-300 中的数字“300”就是表示该型号电源的额定电流为 300A。

不同负载持续率 *FS* 下的许用焊接电流在第 3 章已讨论过，弧焊电源能输出的电流值主要由其允许温升确定，因而在确定许用焊接电流时需考虑负载持续率（*FS*）。在额定负载持续率（$FS_e$）下，额定焊接电流工作时，弧焊电源不会超过它的允许温升。当 *FS* 改变时，弧焊电源在不超过其允许温升情况下使用的最大电流，可以根据发热量相等，达到同样额定温度的原则进行换算。

当实际的负载持续率比额定负载持续率大时，许用的焊接电流应比额定电流小；反之亦然。例如，已知某弧焊电源的额定负载持续率 $FS_e$为 60%，输出的额定电流 $I_e$为 500A，可按上式求出在其他 *FS* 下的许用电流，见表 8-2。

表 8-2 不同负载持续率下的许用焊接电流

| *FS*/% | 50 | 60 | 80 | 100 |
|---|---|---|---|---|
| *I*/A | 548 | 500 | 433 | 387 |

### 8.5.4 根据工作条件和节能要求选择弧焊电源

在一般生产条件下，尽量采用单站式弧焊电源。但是在大型焊接车间，如船体车间，焊接站数多而且集中，可以采用多站式弧焊电源。由于直流弧焊电源需用电阻箱分流而耗电较大，应尽可能少用。

在维修性的焊接工作情况下，由于焊缝不长，连续使用电源的时间较短，可选用额定负载持续率较低的弧焊电源。例如，采用负载持续率为 40%、25%，甚至 15% 的弧焊电源。

弧焊电源用电量很大，从节能要求出发，应尽可能选用高效节能的弧焊电源，如弧焊逆变器，其次是弧焊整流器、变压器，除了特别需要，不用直流弧焊发电机。

## 8.6 弧焊电源的安装与使用

### 8.6.1 弧焊电源的安装

在弧焊电源安装时应该首先阅读有关弧焊电源的说明书，根据其安装要求以及有关电焊机安全使用要求的国家标准（GB 15579）进行安装。在实际安装过程中应注意以下几个问题。

8.6.1.1 电缆、熔断器和开关的选择

A 电缆的选择

电缆的选择包括从电网到弧焊电源的动力线和从弧焊电源到焊件的焊接电缆。选择动力电缆线时应考虑：

1）材料。在不影响使用性能的条件下，电缆尽量选用铝电缆。

2）电压等级。一般选用耐压为交流 500V 的电缆为动力线。

3）使用场合。在室外用的电缆需能耐日晒雨淋；在室内使用的电缆，必须有更好的绝缘。在需要移动的场合应采用柔软的多芯电缆，在固定场合使用单芯电缆。

4）电缆截面积根据允许温升确定，许用电流密度与材料性质和散热条件有关。

焊接电缆的选择应考虑耐磨、能承受较大的机械外力和具有柔软性以便移动等。按电流和电缆线长度选择焊接电缆截面积，可参照表 8-3。根据用途的不同，可以按表 8-4 选择动力线和焊接电缆的型号及种类。

表 8-3 按电流和长度选择焊接电缆截面积（铜电缆） （$mm^2$）

| 电流/A | 导线长/m | | | | | | | | |
|---|---|---|---|---|---|---|---|---|---|
| | 20 | 30 | 40 | 50 | 60 | 70 | 80 | 90 | 100 |
| 100 | 25 | 25 | 25 | 25 | 25 | 25 | 24 | 28 | 35 |
| 150 | 35 | 35 | 35 | 35 | 50 | 50 | 60 | 70 | 70 |

续表 8-3

| 电流/A | 导线长/m | | | | | | | | |
|---|---|---|---|---|---|---|---|---|---|
| | 20 | 30 | 40 | 50 | 60 | 70 | 80 | 90 | 100 |
| 200 | 35 | 35 | 35 | 50 | 60 | 70 | 70 | 70 | 70 |
| 300 | 35 | 50 | 60 | 60 | 70 | 70 | 70 | 85 | 85 |
| 400 | 35 | 50 | 60 | 70 | 85 | 85 | 85 | 95 | 95 |
| 500 | 50 | 60 | 70 | 85 | 95 | 95 | 95 | 120 | 120 |
| 600 | 60 | 70 | 85 | 85 | 95 | 95 | 120 | 120 | 120 |

**表 8-4 按电流和长度选择动力线和焊接电缆的型号**

| 型号 | 名 称 | 主要用途 |
|---|---|---|
| YHZ | 中型橡套电缆 | 500V，电缆能承受相当机械外力 |
| YHC | 重型橡套电缆 | 500V，电缆能承受较大机械外力 |
| YHH | 电焊机用橡套软电缆 | 供连接电源用 |
| YHHR | 电焊机用橡套特软电缆 | 主要供连接卡头用 |
| KVV 系列 | 聚氯乙烯绝缘及护套控制电缆 | 用于固定敷设，供交流 500V 及以下或直流 1000V 及以下配电装置连接用 |
| VV 系列 | 聚氯乙烯绝缘及护套电力电缆 | 用于固定敷设，供交流 500V 及以下或直流 1000V 以下电力电路 |
| VLV 系列 | | 用于 1~6kV 电力电路 |

B 熔断器的选择

常用的熔断器有管式、插式和螺旋式等。熔断器的额定电流应大于或等于熔体的额定电流。

对于弧焊变压器、弧焊整流器和弧焊逆变器，只要保证熔断器的额定电流略大于或等于该弧焊电源的额定初级电流即可。对于直流弧焊发电机，由于电机起动电流很大，熔断器不可按电动机额定电流来选用，而应按式（8-1）选择。即

$$熔断器额定电流 = (1.5 \sim 2.5) \times 电动机额定电流 \quad (8\text{-}1)$$

当有起动器时，式（8-1）中的系数取 1.5。

C 开关的选择

常用的开关有刀开关、铁壳开关等。弧焊变压器、弧焊整流器、弧焊逆变器、晶体管式弧焊电源和矩形波交流弧焊电源开关的额定电流，应大于或等于一次额定电流。弧焊发电机开关额定电流为电动机额定电流的 3 倍。

8.6.1.2 弧焊电源的安装

A 弧焊整流器、弧焊逆变器和晶体管式弧焊电源安装

a 安装前的检查

（1）新的长期未用的电源，在安装前必须检查绝缘情况，可用 500V 绝缘电阻表测定。但在测定前，应先用导线将整流器或硅整流元件、大功率晶体管组短路，以防止硅元件或晶体管被过电压击穿。

焊接回路、二次绕组对机壳的绝缘电阻应大于 2.5MΩ，整流器、一次绕组、二次绕

组对机壳的绝缘电阻应不小于2.5MΩ。一、二次绕组之间绝缘电阻也应不小于5MΩ。与一、二次回路不相连接的控制回路与机架或其他各回路之间的绝缘电阻不小于2.5MΩ。

（2）在安装前检查其内部是否有因运输而损坏或接头松动的情况。

b　安装时注意事项

（1）电网电源功率是否符合弧焊电源额定容量的要求；开关、熔断器和电缆的选择是否正确；电缆的绝缘是否良好。

（2）动力线和焊接电缆线的导线截面积和长度要合适，以保证在额定负载时动力线电压降不大于电网电压的5%，焊接回路电缆线总压降不大于4V。

c　外壳接地和接零

若电源为三相四线制，应把外壳接到中性线上。若前者为不接地的三相制，则应把机壳接地。

d　注意采取防潮措施

安装在通风良好的干燥场所。

B　弧焊变压线接线

弧焊变压器接线时注意出厂铭牌上所标的一次电压值，一次电压有380V、220V或两用的。多台安装时，应分别接在三相电网上，以尽量求得三相负载平衡。其余事项与弧焊整流器相同。

C　弧焊发电机注意事项

直流弧焊发电机除上述有关事项之外还要注意：

（1）若电网容量足够大，可直接起动，如果电网容量不足，则应采用降压起动设备。

（2）对于容量大的弧焊电源，为保证网路电压不受其他大容量电器设备的影响，或避免影响其他用电设备的工作，应安装专用的线路。

### 8.6.2　弧焊电源的使用

正确地使用和维护弧焊电源，不仅能保持工作性能正常，而且还能延长弧焊电源的使用寿命。

8.6.2.1　使用和维护常识

（1）使用前必须按产品说明书或有关国家标准对弧焊电源进行检查，并尽可能详细地了解基本原理，为正确使用建立一定的知识基础。

（2）焊前要仔细检查各部分的接线是否正确，特别是焊接电缆的接头是否拧紧，以防过热或烧损。

（3）弧焊电源接入电网后或进行焊接时，不得随意移动或打开机壳的顶盖。

（4）空载运转时，首先听其声音是否正常，再检查冷却风扇是否正常鼓风，旋转方向是否正确。

（5）机内要保持清洁，定期用压缩空气吹净灰尘，定期通电和检查维修。

（6）要建立必要的严格管理使用制度。

8.6.2.2　环境条件

（1）周围环境空气温度范围：在焊接期间为-10～+40℃；在运输和储存过程中为-20～+55℃。

（2）空气相对湿度：40℃时不超过50%；20℃时不超过90%。

（3）周围空气中的灰尘、酸、腐蚀性气体或物质等不超过正常含量，由于焊接过程而产生的这些物质除外。

（4）海拔应不超过1000m。

（5）焊接电源的倾斜度应不超过10°。

8.6.2.3　供电电源

（1）电压波形应为实际的正弦波。

（2）电网电压的波动不超过额定值的±10%。

（3）电网电压频率的波动不超过额定值的±1%。

（4）三相电压不平衡度≤±4%。

## 思　考　题

8-1 什么是数字化，什么是数字化弧焊电源？

8-2 数字化弧焊电源有什么特点？

8-3 什么是DSP，DSP在数字化弧焊电源中有什么作用？

8-4 利用DSP进行PWM控制的基本原理是什么？

8-5 数字化控制中如何进行电源特性控制？

扫码看答案

# 参 考 文 献

[1] 黄石生．弧焊电源及其数字化控制［M］．北京：机械工业出版社，2016.
[2] 胡绳荪，杨立军．弧焊电源及控制［M］．北京：化学工业出版社，2010.
[3] 胡绳荪．现代弧焊电源及其控制［M］．北京：机械工业出版社，2018.
[4] 王建勋，任廷春．弧焊电源［M］．北京：机械工业出版社，2009.
[5] 王宗杰．熔焊方法及设备［M］．北京：机械工业出版社，2016.
[6] 黄石生．电子控制的弧焊电源［M］．北京：机械工业出版社，1991.
[7] 黄石生．逆变理论与弧焊逆变器［M］．北京：机械工业出版社，1995.
[8] 潘际銮，等．现代弧焊控制［M］．北京：机械工业出版社，2000.
[9] 陈善本．焊接过程现代控制技术［M］．哈尔滨：哈尔滨工业大学出版社，2001.
[10] 中国焊接协会焊接设备分会．逆变焊机选用手册［M］．北京：机械工业出版社，2012.
[11] 郑宜庭，黄石生．弧焊电源［M］．北京：机械工业出版社，1991.
[12] 何方殿．弧焊整流电源及控制［M］．北京：机械工业出版社，1983.
[13] 李爱文，张承慧．现代逆变技术及应用［M］．北京：科学出版社，2000.
[14] 黄石生．新型弧焊电源及其智能控制［M］．北京：机械工业出版社，2000.
[15] 华学明，吴毅雄，焦馥杰，等．数字化焊接电源系统的特征［J］．焊接技术，2002，31（2）：6~7.
[16] 任廷春．弧焊电源［M］．北京：机械工业出版社，1998.
[17] 赵家瑞．逆变焊接与切割电源［M］．北京：机械工业出版社，1995.
[18] 田化梅．电路分析［M］．武汉：湖北科学技术出版社，2004.
[19] 王世才．电工基础［M］．北京：中国电力出版社，2007.
[20] 冒天诚．船舶电气传动自动化系统［M］．北京：科学技术文献出版社，1992.
[21] 李洁，晁晓洁，贾渭娟，等．电力电子技术［M］．2 版．重庆：重庆大学出版社，2019.
[22] 宋家友．电子技术快学快用［M］．福州：福建科学技术出版社，2009.
[23] 关健，李欣雪．电力电子技术［M］．北京：北京理工大学出版社，2018.
[24] 赵书安．太阳能光伏发电及应用技术［M］．南京：东南大学出版社，2011.
[25] 荣红梅．电工电子技术［M］．北京：北京理工大学出版社，2017.
[26] 王红军，高宏泽．电子元器件故障检测与维修实践技巧全图解［M］．北京：中国铁道出版社，2018.
[27] 苏莉萍．电子技术基础［M］．西安：西安电子科技大学出版社，2017.
[28] 刘建清．从零开始学模拟电子技术［M］．北京：国防工业出版社，2007.
[29] 薛金星．基础知识手册 初中物理［M］．北京：北京教育出版社，2011.
[30] 任致程，任国雄．感应电动机与启动设备［M］．北京：人民邮电出版社，1999.
[31] 叶文荪．电工技术一本通［M］．合肥：安徽科学技术出版社，2015.
[32] 郑玩相．法拉第讲的电磁与电动机的故事［M］．吴荣华，许极振，译．昆明：云南教育出版社，2012.
[33]《基础物理》编写组．上海市大学教材 基础物理 工科用 中［M］．上海：上海人民出版社，1974.
[34] 苏和，王文亮．基础物理手册［M］．呼和浩特：内蒙古人民出版社，1981.
[35] 中国人民解放军总政治部文化部．放映电工基础［M］．北京：中国电影出版社，1980.
[36] 郭宗智．电工基础［M］．西安：西安电子科技大学出版社，2008.

# 参考文献